CRISPR
基因编辑技术

CRISPR
Gene Editing
Technology

刘世利　主编　　　李海涛　王艳丽　副主编

U0248752

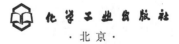

化学工业出版社

·北京·

内容简介

《CRISPR基因编辑技术》由山东大学、北京大学、清华大学、浙江大学、四川大学、温州医科大学、香港中文大学、中国科学院生物物理研究所、中国农业科学院等高校和科研院所的一线专家联合编写，系统介绍CRISPR这一基因编辑技术的发展史、研究进展、结构组成、表观编辑、脱靶效应、脱靶检测方法、实验方案、实验模型和递送系统，以及该技术在微生物学、免疫学、疾病治疗和传染病核酸检测中的应用。全书论述扼要，汇入了不少典型的实验方案，体现了该技术的最新进展及在多个领域的应用，实用性强。

《CRISPR基因编辑技术》可供生命科学、基础医学、药学、农学等领域的研究生和其他研究人员参阅。

图书在版编目（CIP）数据

CRISPR基因编辑技术/刘世利主编．—北京：化学工业出版社，2020.10（2024.1重印）
ISBN 978-7-122-37533-9

Ⅰ.①C… Ⅱ.①刘… Ⅲ.①基因工程 Ⅳ.①Q78

中国版本图书馆CIP数据核字（2020）第149693号

责任编辑：傅四周　　　　　　　　　　文字编辑：刘洋洋　陈小滔
责任校对：王素芹　　　　　　　　　　装帧设计：王晓宇

出版发行：化学工业出版社（北京市东城区青年湖南街13号　邮政编码100011）
印　　装：北京虎彩文化传播有限公司
710mm×1000mm　1/16　印张16¾　字数259千字　2024年1月北京第1版第6次印刷

购书咨询：010-64518888　　　　　售后服务：010-64518899
网　　址：http://www.cip.com.cn
凡购买本书，如有缺损质量问题，本社销售中心负责调换。

编者名单

（按姓名汉语拼音排序）

鲍　琳　国家纳米科学中心
陈爱亮　中国农业科学院农业质量标准与检测技术研究所
崔雪晶　国家纳米科学中心
董天一　山东第一医科大学附属省立医院
范子彦　国家烟草质量监督检验中心
冯　强　山东大学
谷　峰　温州医科大学
韩明勇　香港中文大学（深圳）附属第三医院
黄　啸　潍坊医学院
黄红兰　吉林大学
李彩霞　公安部物证鉴定中心
李海涛　清华大学
李寅青　清华大学
梁敏敏　北京理工大学
林旭瑷　浙江大学
凌建亚　山东大学
刘世利　山东大学
宋　宁　北京大学
孙　伟　中国科学院生物物理研究所
王红仁　四川大学
王晓宇　国家纳米科学中心
王艳丽　中国科学院生物物理研究所
张　岩　博奥生物集团有限公司
赵文涛　清华大学

前言
PREFACE

CRISPR-Cas 这项技术自问世以来，已经无数次吸引了人们的目光，在短短几年之内，它已经成为生物科学领域最炙手可热的研究工具，并有上千篇相关文献发表。CRISPR-Cas 技术的先驱者们，包括珍妮弗·杜德娜（Jennifer Doudna）和艾曼纽·夏邦杰（Emmanuelle Charpentier）两位美女科学家以及华裔科学家张锋，在该领域做出了重要贡献。这里当然还包括提高了 Cas9 的特异性并发明了 CRISPR-Cas 碱基编辑技术的顶尖科学家大卫·刘（David R. Liu），他的实验室培养出了许多国内 CRISPR-Cas 领域的精英。

为了使广大科研工作者尤其是许多没有经验但感兴趣的人更好地了解 CRISPR-Cas 技术，在化学工业出版社编辑的提议下，经过编者们一年多的辛苦写作和出版者的审校工作，本书成功出版了！全书共 15 章，系统介绍了 CRISPR-Cas 技术的发展史、研究进展、结构组成、表观编辑、脱靶效应、脱靶检测方法、实验方案、实验模型和递送系统，以及在微生物学、免疫学、疾病治疗和传染病核酸检测中的应用。

CRISPR-Cas 系统，其中 CRISPR 全称是 clustered regularly interspaced short palindromic repeats（簇状规则间隔短回文重复序列），而 Cas 的全称是 CRISPR associated proteins（CRISPR 相关蛋白）。CRISPR-Cas 系统广泛存在于古菌与细菌中，是原核生物的一种获得性免疫系统（类似于哺乳动物的适应性免疫），通过识别并降解再次入侵的核酸，实现抵抗外来遗传物质（如噬菌体）的入侵。同时，CRISPR-Cas 系统由于其精确的靶向功能。已被开发成一种高效的 CRISPR-Cas 基因编辑工具。在 CRISPR-Cas 系统中，研究最深入、应用最成熟的是 CRISPR-Cas9 系统。CRISPR-Cas9 是继锌指核酸酶（ZFN）、类转录激活因子效应物核酸酶（TALEN）之后出现的第三代基因组定点编辑技术。

在此感谢各位编者辛勤的付出，是你们在本领域的丰富知识和宝贵经验使得这本书更具阅读价值。本书难免有不妥之处，敬请广大读者批评指正！

刘世利

2020 年 7 月

目 录
CONENTS

第10章 细菌中的CRISPR-Cas系统及其功能 ———— 191

第11章 CRISPR-Cas技术在抵抗病原微生物感染中的应用 — 206

第15章　CRISPR-Cas在传染病检测和治疗中的应用————237

CRISPR

第1章
CRISPR-Cas 系统概述

刘世利　范子彦

1.1 引言

在基因工程领域，簇状规则间隔短回文重复序列（CRISPR）和 CRISPR 相关蛋白（Cas）系统的研究和应用近年来取得了巨大进展。现在已经开发出了多种 CRISPR-Cas9 作为基因组编辑工具。迄今为止，所有 CRISPR-Cas 系统被归为两类，每个类别又进一步分为几种亚型。由于目前 CRISPR-Cas 领域还有多种应用工具正处于开发阶段，许多研究团队和公司也正就这些系统的专利权争吵不休。本章将就 CRISPR-Cas 系统做一个简短的概述。

自从 Ishino 等在 1987 年发现 CRISPR-Cas 系统以来 [1]，CRISPR-Cas 系统已发展成为一种基因编辑的强大工具。Mojica 等在 20 世纪 90 年代完成了 CRISPR-Cas 系统的大部分初始表征工作 [2]，而 CRISPR 的名字则是由 Jansen 等在 2002 年首次提出的 [3]。自那时起，人们开始了 CRISPR-Cas 系统所涉及的蛋白质和分子的发现和表征过程 [4]。以 2 类 II 型的 CRISPR-Cas9 系统为例 [4-6]，CRISPR-Cas 系统进行基因编辑包括三个过程：表达、干扰和适应（匹配）[4,5]。在表达过程中，与特定靶序列（原间隔序列）同源的 CRISPR 阵列被转录为许多前 CRISPR RNA（pre-crRNA）[4-6]［图 1.1（a）］，这些 pre-crRNA 与更小的反式激活 crRNA（tracrRNA）通过碱基配对形成复合物 [4-6]。这种复合物可以与 Cas9 蛋白结合，导致较长的 pre-crRNA 被 RNA 酶 III 切割，分离成单独的 crRNA/tracrRNA 复合物［图 1.1（b）］。当 crRNA/tracrRNA 将 Cas9 复合物引导至目标序列时，crRNA 结合所谓的原间隔序列相邻基序（PAM）后的目标序列，干扰就开始了［图 1.1（c）］。在此阶段靶序列解旋，并被 Cas9 蛋白的核酸酶结构域（RuvC 和 HNH）切割 [4-6]，在靶 DNA 序列中留下断裂双链，然后 Cas9 复合物脱离。之后是将所需的 DNA 修复模板插入，并在干扰的末期通过同源定向修复（HDR）将其连接至经切割的靶 DNA 的平末端。修复的间隔区序列被转录并匹配嵌入基因组［图 1.1（d）］[4-6]。在大多数已知的 CRISPR-Cas 系统中，适应过程由 Cas1 和 Cas2 蛋白（在某些时候为 Cas4）控制，这些蛋白质通过整合 RNA，然后诱导 RNA 逆转录成 DNA，从而将所需的间隔区序列匹配入 CRISPR 阵列 [4-6]。通过这些过程，某些细菌能够在感染过程中将病毒基因组整合到自己的基因组（即 CRISPR 阵列）中，从而在将来的感染过程中实现更有效的免疫反应 [4-7]。这些过程经过修改，就成为了分子生物学和基因工程领域的强大工具。

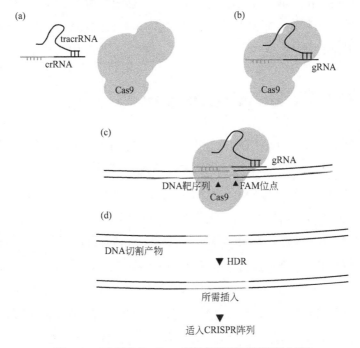

图 1.1　CRISPR-Cas 系统进行基因编辑的过程

（a）来自 CRISPR 阵列的 crRNA 与较小的 tracrRNA 分子结合，成为 gRNA 复合体；（b）gRNA 与 Cas9 蛋白结合，形成 gRNA：Cas9 复合物；（c）gRNA 指导 Cas9 蛋白识别 PAM 基序并靶向特定的 DNA 序列，RuvC 和 HNC 核酸酶位点切割靶序列，留下两个同源的平末端；（d）所需的 DNA 修复模板插入所需的基因并通过 HDR 修复 DNA 链，然后使产物 DNA 适应匹配插入生物体的基因组

1.2　CRISPR-Cas分类

　　原核生物和感染它们的病毒之间的相互作用不断演化，导致了 CRISPR-Cas 系统的广泛多样性 [7]。人们一般将已知的 CRISPR-Cas 系统分为两类（1类和 2 类）：包括六个型和 19 个亚型 [4-8]。CRISPR-Cas 系统广泛分布在古菌（约90%）和细菌（50%）基因组中，1 类系统是最常见的（90%）[5-7]。1 类和 2类系统之间的主要区别在于效应模块的组成方式。在 1 类中，效应子由几种具有不同功能的蛋白质组成；而在 2 类中，效应子只与单个蛋白质（多结构域）相关 [4,7]。整合（适应步骤）涉及的蛋白质是 Cas1 和 Cas2，它们将病毒

原间隔序列整合到细菌 / 古菌基因组中，其功能在全部类别中都是保守的（Ⅳ型未知除外）[4,5]。相反，参与靶标识别和切割步骤的效应模块在全部类型中通常都是可变的。1 类分为三种类型（Ⅰ、Ⅲ和Ⅳ型），其效应模块是由一系列不同的 Cas 和其他辅助蛋白完成的 [4-7]。2 类系统在研究中应用更多，下面对其进行详细介绍。

1.3 2类CRISPR-Cas系统

迄今为止，大多数研究人员使用的都是 2 类 CRISPR-Cas 系统，因为这类系统只需要一种蛋白质 [4,7]。在该类中，研究最多的是Ⅱ型，其中发现了著名的 Cas9 效应蛋白。Cas9 是具有两个核酸酶结构域（RuvC 和 HNH）的蛋白质 [6]，在两条 RNA 的介导下目标 DNA 产生带有平末端的双链断裂（DSB）。这两种 RNA 分子分别是 crRNA 和 tracrRNA，它们共同引导干扰。研究人员已经将这两种 RNA 分子进行了生物工程改造，组合成为一个具备 crRNA 和 tracrRNA 功能的向导 RNA 分子（gRNA），从而使 CRISPR 系统更易于使用 [9]。化脓链球菌的 Cas9（spCas9）是最广泛使用的效应蛋白，它可以高效产生 DSB。但是，spCas9 有三个主要限制。首先，其 PAM 是 NGG，需要序列包含两个连续的 G（GG）才能生成 DSB，使得它在富含 AT 序列中的使用成为问题 [10]。其次，该蛋白质包含 1368 个氨基酸，当将它的序列引入病毒载体时可能遇到困难 [11]。再次，spCas9 容易产生脱靶效应，这意味着 DSB 可能在不正确的位置产生 [12]。人们已经尝试了针对这些问题的几种解决方案，其中一种可能的解决方案是修饰 spCas9 编码序列以获得具有较少脱靶效应的更好突变体。这方面研究已经通过产生高度特异性的 Cas9 取得了进展，这一 Cas9 包含了使核酸酶结构域与非特异性 DNA 之间相互作用减少的突变：spCas9 HF（高保真）[13]。为了克服 PAM 的限制，对 spCas9 进行了工程设计以获取不同的 PAM 基序，从而使该工具更适合不同类型的 DNA 序列，如 VQR、EQR 和 VRER[14]。另一种对 spCas9 的改造是去除了一个核酸酶结构域，结果生成了缺刻酶 Cas9（nCas9）。nCas9 能够诱导单链断裂，可以选择使用两种酶和两个 gRNA，从而实现了在诱导缺失或其他改变时减少脱靶效应 [15]。为了解决 spCas9 的尺寸问题，可以使用其他生物体的 Cas9 同源物。例如，saCas9（金黄色葡萄球菌 Cas9）较小，并具有不同的 PAM 位点 [16]。Cas9 蛋白不断地被改造以获得更多在尺寸、识别位点和靶效应方面的改进。

2 类 CRISPR-Cas 系统的第二种类型是 V 型，该型具有与 II 型相同的 RuvC 核酸酶结构域特征，但 HNH 结构域不相同。V 型分为多种亚型（A～K），应用最广泛的是亚型 A，Cpf1 效应核酸酶（也称为 Cas12a）属于此亚型[6]。这种类型的核酸酶具有四个独特的特征，使其能够发展成为 Cas9 效应蛋白的互补因子。第一，这种核酸酶不需要一个有效的 tracrRNA 序列，从而使设计更容易且更具成本效益。第二，这种蛋白质的尺寸比 Cas9 小，从而更容易插入病毒载体。第三，这种酶切割时会留下交错的末端，增加了非同源末端连接（NHEJ）敲入基因的机会。第四，它可以识别 AT 富集的 PAM 位点，使该酶与 Cas9（CG 富集区）互补。由于以上这些功能，Cpf1 已成为基因组编辑领域极为有用的工具[12,17]。Cpf1 不断被改造以提高效率，据报道它已成为植物编辑的出色工具，甚至比 Cas9 都好用[18]。CRISPR-Cas 系统的高效及其相对易用性使其有可能创造出基因组中包含多个突变的生物。一种快速获得多突变生物的方法是使用慢病毒 gRNA 文库，文库中任何 gRNA 都可以整合到上述 Cas 中。这样，一种生物就可以在一个世代内产生多个突变[18,19]。2 类的最后一个成员是最近发现的 VI 型，它最不寻常的特征在于可以编辑 RNA 而不是 DNA。下文将进一步与其他非基因组编辑的 CRISPR-Cas 系统一并进行讨论。

1.4　CRISPR-Cas系统的递送方法

应用 CRISPR-Cas 系统时一个重要的考虑是选择有效的方法将此系统递送给需要进行突变的生物。现在有一些可用的方法，选择方法时在很大程度上取决于要转染生物的特征。在植物模型中，根瘤农杆菌中的质粒通常用作载体，而在哺乳动物细胞中，优先使用 gRNA-Cas9 复合物[9,18]。

1.5　CRISPR-Cas系统的非基因组编辑方法

1.5.1　用 CRISPR-Cas13 和 rCas9 靶向 RNA

CRISPR-Cas 的最新发现之一是 2 类 VI 型的 Cas13（Cas13a、Cas13b 和

Cas13c)，在 2015 年由 Shmakov 等人报道[6]。应当注意的是，Cas13a 以前被称为 C2c2（Cas13b=C2c4，Cas13c=C2c7）[6,20,21]，并且一些文献交替地使用这些名称。Cas13 与其他主要的 CRISPR-Cas 系统（例如 CRISPR-Cas9）的区别在于，它靶向单链 RNA（ssRNA）而不是双链 DNA（dsDNA），并且倾向于非特异性切割 RNA[20,21]。与大多数先前描述的系统不同，Cas13 仅由一个单独的 crRNA 分子而非 crRNA/tracrRNA 复合体引导。将 Cas13 与 Cas 类型区分开的另一种机制是其双 HEPN 核酸酶结构域，该结构域在切割后会在靶 RNA 中产生平末端[20,21]。O'Connell 等和 Nelles 等通过修饰 PAM 递呈寡核苷酸（PAMmers）来产生 CRISPR-Cas9（CRISPR-rCas9）系统的突变体[22,23]，该突变体可以像 CRISPR-Cas13 系统一样靶向 ssRNA。这些 PAMmer 将引导 Cas9 特异性结合靶 ssRNA 序列[22,23]。

1.5.2　CRISPRa/CRISPRi、表观遗传修饰和标记

Lundh 等证明[24]，Cas9 蛋白可以被酶促灭活（dCas9），失去其切割能力，但保留了靶向和结合特定 DNA 序列的能力。可以将此 dCas9 蛋白与激活子或阻遏子结构域结合，来系统性地激活或抑制上游基因。这是一个可逆的过程，因为基因组没有被直接编辑[24-27]。一个简单的模型，激活子或阻遏子结构域附着到 dCas9 复合物上，导致一个或几个上游基因的激活（进而转录）或被抑制。当使用激活域时，该系统称为 CRISPRa；当使用阻遏域时，该系统称为 CRISPRi[24-27]。这些技术已经发展成为有用的遗传筛选工具[28,29]。CRISPR-dCas9 还有另一个用途：表观遗传修饰。通过将 dCas9 复合物连接到已知的表观遗传修饰因子［例如组蛋白脱甲基酶（LSD1）或人乙酰转移酶（p300）］，dCas9 可以非常精准地靶向基因组。这种机制与其他 CRISPR-Cas 系统的区别在于，dCas9-LSD1 复合物作用于染色质，而基因组仍包裹在组蛋白中。因此，这些修饰是调节遗传基因表达的有用工具。这些复合物也可用于激活或抑制转录，例如，LSD1 抑制了小鼠胚胎干细胞中的多能性维持基因（例如 *Oct4* 和 *Tbx3*）[25]。研究人员对 Cas9 和 Cas13 系统都进行了改造，使之用作遗传标记（dCas9 用于 DNA，dCas13 用于 RNA）。例如，Chen 等人证明了标记有绿色荧光蛋白（EGFP）的 dCas9 复合物可以被 gRNA 引导至目标序列，然后在 EGFP 动态成像过程中发出荧光[30,31]。

1.6　CRISPR-Cas商业化现状

与其他基因组编辑技术（例如锌指核酸酶技术[32]和类转录激活因子效应物核酸酶技术[33]）不同，CRISPR 最初是在学术研究机构内部开发出来的[34]。2012 年，来自美国加州大学伯克利分校的 Jennifer Doudna 和 Emmanuelle Charpentier 发表了一篇论文，并启动了她们的专利申请，证实了使用 CRISPR-Cas9 系统可以编辑 DNA[35]。2012 年底，麻省理工学院 - 哈佛大学博德研究所（Broad Institute）的张锋所领导的另一个小组也申请了专利，该专利证明了 CRISPR-Cas9 在哺乳动物细胞中的应用[19,36]，他们的论文发表于 2013 年。这引发了关于哪个团体将拥有 CRISPR-Cas9 知识产权的争论。这个问题目前仍未解决，另外四名研究人员现在也声称拥有该系统的专利权[37]。自 CRISPR-Cas 被开发以来，CRISPR 相关产品的专利数量以前所未有的速度增长，在短时间内已经形成了一些商品化产物[34]。2015 年，对 CRISPR 的投资增加了 5 倍，生物技术公司获得了总计 12 亿美元的风险投资[34]。这项技术向私营行业的扩展以两种方式发生。一种是最初的研发人员创建了自己的公司，例如 Charpentier 的 Caribou Biosciences、Doudna 的 CRISPR Therapeutics 和张锋的 Editas。另一种方式是许多行业领先的生物技术公司已经利用该技术开发了新的市场机会，例如阿斯利康、杜邦、诺华、赛默飞世尔科技和西格玛奥德里奇等，并进入了市场[38]。FDA（美国食品药品监督管理局）关于使用 CRISPR 产品的法规在肿瘤治疗方面仍不清楚，可能还要花费数年才能获得最终批准[34]。但是，在农业科学方面的情况要明朗一些：在美国，一些基因敲除和突变的作物已被批准[39]。尽管目前仍无法解决谁可以拥有 CRISPR-Cas9 原始专利的问题，但 CRISPR 已经很好地由公司商业化并由研究人员进行进一步研发。

1.7　结语

CRISPR-Cas 系统的发现、表征和开发是 21 世纪分子生物学的一个重要里程碑。这些系统的当前状态，以及未来开发更易于使用的突变体的潜力，有望为基因工程打开许多大门，包括基因组编辑和非基因组编辑领域。目前有必要进行进一步的研究，以全面了解其所有类别和亚型的分子机制（例如 1 类，

Ⅳ型)。某些现有系统(例如 CRISPR-Cas9)仍然存在局限性,但最近的发现规避了其中一些局限性,更多方法正在研发中。CRISPR-Cas 专利纠纷最终将会得到解决,这可能会也可能不会改变市售 CRISPR-Cas 系统的可用性和成本。无论如何解决专利纠纷,CRISPR-Cas 系统都会在不久的将来在更广泛的领域中发挥其重要作用,如基因工程和筛选、哺乳动物基因治疗以及动植物育种等。

参考文献

[1] Ishino Y, Shinagawa H, Makino K, et al. Nucleotide sequence of the iap gene, responsible for alkaline phosphatase isozyme conversion in *Escherichia coli*, and identification of the gene product. J Bacteriol, 1987, 169: 5429-5433.

[2] Mojica F J M, Diez-Villaseñor C, García-Martínez J, et al. Intervening sequences of regularly spaced prokaryotic repeats derive from foreign genetic elements. J Mol Evol, 2005, 60: 174-182.

[3] Jansen R, Embden J D A, Gaastra W, et al. Identification of genes that are associated with DNA repeats in prokaryotes. Mol Microbiol, 2002, 43: 1565-1575.

[4] Mohanraju P, Makarova K S, Zetsche B, et al. Diverse evolutionary roots and mechanistic variations of the CRISPR-Cas systems. Science, 2016, 353: 5147.

[5] Jackson S A, McKenzie R E, Fagerlund R D, et al. CRISPR-Cas: adapting to change. Science, 2017, 356: 5056.

[6] Shmakov S, Smargon A, Scott D, et al. Diversity and evolution of class 2 CRISPR-cas systems. Nat Rev Microbiol, 2017, 15: 169-182.

[7] Makarova K S, Wolf Y I, Alkhnbashi O S, et al. An updated evolutionary classification of CRISPR-cas systems. Nat Rev Microbiol, 2015, 13(11): 722.

[8] Hille F, Charpentier E. CRISPR-Cas: biology, mechanisms and relevance. Philos Trans R Soc Lond B Biol Sci, 2016, 371: 1707.

[9] Zhang J H, Adikaram P, Pandey M, et al. Optimization of genome editing through CRISPR-Cas9 engineering. Bioengineered, 2016, 7(3): 166-174.

[10] Deltcheva E, Chylinski K, Sharma C M, et al. CRISPR RNA maturation by trans-encoded small RNA and host factor RNase Ⅲ. Nature, 2011, 471(7340): 602-607.

[11] Fu Y, Foden J A, Khayter C, et al. High-frequency offtarget mutagenesis induced by CRISPR-Cas nucleases in human cells. Nat Biotechnol, 2013, 31(9): 822-826.

[12] Nakade S, Yamamoto T, Sakuma T. Cas9, Cpf1 and C2c1/2/3-What's next? Bioengineered, 2017, 8(3): 265-273.

[13] Kleinstiver B P, Pattanayak V, Prew M S, et al. High-fidelity CRISPR-Cas9 nucleases with no detectable genomewide off-target effects. Nature, 2016, 529(7587): 490-495.

[14] Kleinstiver B P, Prew M S, Tsai S Q, et al. Engineered CRISPR-Cas9 nucleases with altered PAM specificities. Nature, 2015, 523(7561): 481-485.

[15] Ran F A, Hsu P D, Lin C Y, et al. Double nicking by RNA-guided CRISPR Cas9 for enhanced genome editing specificity. Cell, 2013, 155: 479-480.

[16] Ran F A, Cong L, Yan W X, et al. In vivo genome editing using staphylococcus aureus Cas9. Nature, 2015, 520(7546): 186-191.

[17] Zetsche B, Gootenberg J S, Abudayyeh O O, et al. Cpf1 is a single RNA-guided endonuclease of a class 2 CRISPR-Cas system. Cell, 2015, 163: 759-771.

[18] Scheben A, Wolter F, Batley J, et al. Towards CRISPR/Cas crops - bringing together genomics and genome editing. New Phytol, 2017, 216(3): 682-698.

[19] Cong, L, Ran F A, Cox D, et al. Multiplex genome engineering using CRISPR/Cas systems. Science, 2013, 339: 819-823.

[20] Abudayyeh O O, Gootenberg J S, Essletzbichler P, et al. RNA targeting with CRISPR-Cas13. Nature, 2017, 550 (7675): 280.

[21] Cox D B T, Gootenberg J S, Abudayyeh O O, et al. RNA editing with CRISPR-Cas13. Science, 2017, 358 (6366): 1019-1027.

[22] O'Connell M R, Oakes B L, Sternberg S H, et al. Programmable RNA recognition and cleavage by CRISPR/Cas9. Nature, 2014, 516(7530): 263-266.

[23] Nelles D A, Fang M Y, O'Connell M R, et al. Programmable RNA tracking in live cells with CRISPR/Cas9. Cell, 2016, 165(2): 488-496.

[24] Lundh M, Plucińska K, Isidor M S, et al. Bidirectional manipulation of gene expression in adipocytes using CRISPRa and siRNA. Mol Metab, 2017, 6: 1313-1320.

[25] Lo A, Qi L. Genetic and epigenetic control of gene expression by CRISPR-cas systems. F1000, 2017, 6: Faculty Rev-747.

[26] Gilbert L A, Horlbeck M A, Adamson B, et al. Genome scale CRISPR-mediated control of gene repression and activation. Cell, 2014, 159: 647-661.

[27] Qi L S, Larson M H, Gilbert L A, et al. Repurposing CRISPR as an RNA-guided platform for sequence-specific control of gene expression. Cell, 2013, 152: 1173-1183.

[28] Jost M, Chen Y, Gilbert L A, et al. Combined CRISPRi/a-based chemical genetic screens reveal that rigosertib is a microtubule-destabilizing agent. Mol Cel, 2017, 68 (1): 210-223.

[29] Kampmann M. CRISPRi and CRISPRa screens in mammalian cells for precision biology and medicine. ACS Chem Biol, 2017, 13: 406-416.

[30] Chen B, Gilbert L A, Cimini B A, et al. Dynamic imaging of genomic loci in living human cells by an optimized CRISPR/Cas system. Cell, 2013, 155: 1479-1491.

[31] Ma H, Naseri A, Reyes-Gutierrez P, et al. Multicolor CRISPR labeling of chromosomal loci in human cells. Proc Natl Acad Sci USA, 2015, 112: 3002-3007.

[32] Klug A. The discovery of zinc fingers and their applications in gene regulation and genome

manipulation. Annu Rev Biochem, 2010, 79: 213-231.

[33] Li T, Huang S, Jiang W Z, et al. TAL nucleases (TALNs): hybrid proteins composed of TAL effectors and FokI DNA-cleavage domain. Nucl Acids Res, 2011, 39(1): 359-372.

[34] Brinegar K, Yetisen A, Choi S, et al. The commercialization of genome-editing technologies. Crit Rev Biotechnol, 2017, 37(7): 924-932.

[35] Jinek M, Chylinski K, Fonfara I, et al. A programmable dual-RNA-guided DNA endonuclease in adaptive bacterial immunity. Science, 2012, 337(6096): 816-821.

[36] Ledford H. How the US CRISPR patent probe will play out. Nature, 2016, 531(7593): 149.

[37] Cohen J. Ding, ding, ding! CRISPR patent fight enters next round [Internet], 2017 Jul 26, Am 9: 00. [cited 2017 Dec 29].

[38] CRISPR commercialization risk regenhealthsolutions [Internet]. [cited2017 Dec 29].

[39] Wolter F, Puchta H. Knocking out consumer concerns and regulator's rules: efficient use of CRISPR/Cas ribonucleoprotein complexes for genome editing in cereals. Genome Biol, 2017, 18: 43.

CRISPR

第2章
基因编辑技术史话

黄 啸

2.1 引言

从广义上来讲，任何对于在内源表达的基因所做的改动都可以称为基因编辑（genome editing）。这些改动可以发生在某个基因的任意部位，包括扰乱、插入、替换、敲除等（图 2.1）。自从 20 世纪 50 年代 DNA 的双螺旋结构被发现以来，人类就开始了对基因编辑的探索。在人类历史的长河中，这七十年仅仅是短暂一瞬，然而，科学的进步使基因编辑技术的发展异常迅猛，从最早的质粒转化和转基因技术，到基因打靶（gene targeting）技术、锌指核酸酶（zinc finger nuclease, ZFN）技术、类转录激活因子效应物核酸酶（transcription-activator-like effector nuclease, TALEN）技术，到现在大名鼎鼎的 CRISPR（clustered regularly interspaced palindromic repeats）-Cas9（CRISPR-associated protein 9）技术，这些技术的发展，使被称为"上帝之手"的基因编辑，越来越贴近我们的日常生活。现在，基因编辑技术已不仅局限于科研，它对工农业、畜牧业、生物学、基础医学及临床医学都有十分重大的意义。灵活运用基因编辑技术，对造福人类健康、延长人类寿命具有非凡意义。本章系统地回顾近代基因编辑历史，使读者感性地了解基因编辑发展的历程，为更好地使用、改良，以及开发新的基因编辑工具奠定基础。

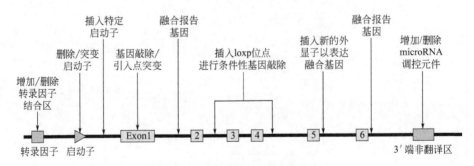

图 2.1 基因编辑的各种方式示意图

2.2 基因编辑技术的历史先河：基因打靶技术

真正实现在哺乳动物中进行基因编辑，实际上是起始于 20 世纪 70 年代的基因打靶技术。基因打靶技术最典型的例子就是在小鼠中实现对特定基

因的敲除 [1]。早在 1977 年，意大利裔美国科学家 Mario R. Capecchi 就开始致力于开发显微注射技术，尝试将 DNA 通过一个非常纤细的、口径只有 1μm 的玻璃管注射到哺乳动物的细胞核中。另外，在 20 世纪 80 年代初期，他发现了外源 DNA 片段可以以同源重组的方式整合到哺乳动物细胞的基因组中。在这个时期，他开始研究如何在哺乳动物个体上实现对某个基因的特定编辑。与此同时，美国科学家 Oliver Smithies 也在进行着这项研究。他们要解决两个问题：一是如何在哺乳动物细胞内对靶基因进行编辑，二是如何将这个编辑好的基因转入到小鼠的生殖腺并使之传代。首先的尝试是从哺乳动物细胞开始的。1985 年，Smithies 团队在《自然》发表文章，成功将一段 DNA 序列插入到人类 β 球蛋白基因中 [2]，然而，这并没有解决传代的问题。

在 1981 年，英国科学家 Martin J. Evans 为他们提供了一个解决方案：他成功分离并培养出了小鼠胚胎干细胞（ES 细胞）[3]，并在 1984 年证实了体外培养的 ES 细胞可以被移植到小鼠体内，并在小鼠体内分化为生殖细胞 [4]。得知这个研究成果之后，Capecchi 和 Smithies 的研究团队就开始致力于研究如何将设计好的 DNA 载体（targeting vector）转入 ES 细胞，提高同源重组的效率，并着手制作基因编辑小鼠 [5,6]。在激烈的竞争下，多个课题组在 1989 年报道了多系利用基因打靶技术制作的基因编辑小鼠 [7-10]。而作为这个技术的开创与完善者，Mario R. Capecchi、Martin J. Evans 和 Oliver Smithies 共同分享了 2007 年的诺贝尔生理学或医学奖。

基因打靶技术的流程示意图参见图 2.2[11]，这个过程可以大致分为两步。第一步需要在小鼠 ES 细胞中进行基因编辑的操作，主要是通过基因打靶载体的构建和利用电击穿孔法进行 ES 细胞转染，实现对 ES 细胞的基因打靶。第二步则是利用显微注射的方法，将筛选出的携带基因突变的 ES 细胞注入小鼠的胚泡（blastocyst）中。待嵌合体小鼠诞生后，通过回交测试 ES 细胞是否分化进入了生殖腺，最终完成基因打靶的操作。

基因打靶的整个实验过程相对漫长，而且对技术的要求也比较高。通常情况下，制作一系基因敲除小鼠需要一年以上的时间，比较耗时费力。但是，基因打靶技术开拓了哺乳动物基因编辑的先河，为即将出现的多种基因编辑技术奠定了坚实的技术和理论基础。从基因打靶而得到发展的多种基础实验技术，包括干细胞分离、培养以及鉴定技术，电击穿孔转染技术以及显微注射技术，直到现在仍被广泛应用。

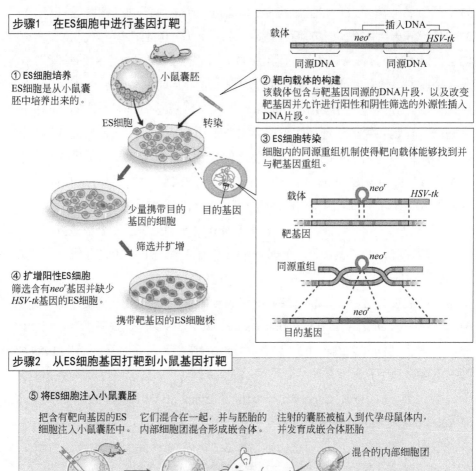

步骤1　在ES细胞中进行基因打靶

① ES细胞培养
ES细胞是从小鼠囊胚中培养出来的。

小鼠囊胚

ES细胞　　转染

少量携带目的基因的细胞

筛选并扩增

④ 扩增阳性ES细胞
筛选含有neoʳ基因并缺少HSV-tk基因的ES细胞。

携带靶基因的ES细胞株

载体
插入DNA
neoʳ
HSV-tk
同源DNA　　同源DNA

② 靶向载体的构建
该载体包含与靶基因同源的DNA片段，以及改变靶基因并允许进行阳性和阴性筛选的外源性插入DNA片段。

③ ES细胞转染
细胞内的同源重组机制使得靶向载体能够找到并与靶基因重组。

载体　neoʳ　HSV-tk

靶基因

同源重组　neoʳ

neoʳ

目的基因

步骤2　从ES细胞基因打靶到小鼠基因打靶

⑤ 将ES细胞注入小鼠囊胚

把含有靶向基因的ES细胞注入小鼠囊胚中。

它们混合在一起，并与胚胎的内部细胞团混合形成嵌合体。

注射的囊胚被植入到代孕母鼠体内，并发育成嵌合体胚胎

混合的内部细胞团

⑥ 嵌合体小鼠的出生与繁殖
嵌合体小鼠与正常小鼠交配以产生基因靶向和野生型后代。

嵌合体小鼠出生

嵌合体小鼠♂　　野生型小鼠♀

卵　　　　　卵
精子　　　　精子

基因打靶小鼠(当目的基因失活时称为"基因敲除小鼠")

野生型小鼠

图2.2　基因敲除小鼠的制作流程 [11]

2.3　昙花一现：锌指核酸酶技术和类转录激活因子效应物核酸酶技术

　　虽然基因打靶技术成功地解决了在哺乳动物中进行基因编辑的问题，但是由于它主要依赖自然发生的 DNA 同源重组机制，效率极其低下。在自然条件下，外源 DNA 在基因组中发生同源重组的概率可能仅有数百万分之一。因此，要经过层层筛选才能得到正确的 ES 克隆。然而，如果 DNA 发生断裂，然后再利用携带同源序列的外源 DNA 模板进行修复的话，同源重组发生的概率就会大大提高，其效率甚至可以达到 7% ～ 10%。按这个思路考虑，如果能有一把剪刀，在想要进行编辑的地方先切上一刀，通过这种方式触发细胞自身的 DNA 修复机制并利用外源 DNA 模板进行修复，那基因编辑的效率就会提升数万倍，人们也就可以随心所欲地进行基因编辑了。那么问题来了，自然界中有没有一种可以像 GPS 一样精准定位并进行基因剪切的工具呢？答案是肯定的，锌指核酸酶（ZFN）技术首先解决了这个问题。

　　20 世纪 80 年代初，在对 RNA 转录因子 TFⅢA（transcription factor ⅢA）进行研究的过程中，美国华盛顿大学的 Robert Roeder 及其团队发现这个转录因子可以找到基因组 DNA 上的特定序列，也就是编码 5S RNA 的那一段序列，并随后鉴定出了 TFⅢA 的完整序列。在 1985 年，英国化学家 Aaron Klug 提出了锌指结构模型[12]。在这个模型中，TFⅢA 的 DNA 识别模块包括 30 个氨基酸，而这些氨基酸则围绕在锌离子的周围，形成了一个手指样的立体结构。而这根"手指"恰好可以识别一种特定的 DNA 三碱基序列（图 2.3）。可以想象，如果把多个锌指按顺序组合起来，理论上就可以识别并定位任意 DNA 序列了。虽然这个过程需要大量工作和计算机的帮助，但是锌指结构的发现，为基因编辑找到了第一个可以精准定位的"GPS"。

　　定位的问题算是暂时解决了，但是，负责对 DNA 进行剪切的"剪刀"在哪里呢？最常见的"剪刀"就是限制性内切酶。众所周知，普通的限制性内切酶比较局限，只能识别特定的序列，比如 *Eco*RⅠ，它只能识别 GAATTC 序列。如果想要编辑的 DNA 不含有这种序列，它就没有用武之地。1996 年，美国约翰斯·霍普金斯大学的分子生物学家 Srinivasan Chandrasegaran 对一种限制性内切酶 *Fok*Ⅰ进行改造，使它正式应用到基因编辑领域中来。*Fok*Ⅰ所

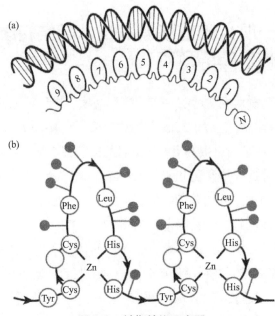

图 2.3 锌指结构示意图

（a）DNA 与多个锌指结构对应结合；（b）两个放大的锌指结构

识别的 DNA 序列是 GGATGCATCC，而非常有趣的是，*Fok* I 上识别 DNA 的部分和对 DNA 进行切割的部分是完全独立的。Chandrasegaran 和他的同事们利用了这种特性，将锌指酶与 *Fok* I 的切割模块整合了起来，并将之命名为锌指核酸酶 ZFN（图 2.4），开启了精准基因编辑的时代[13]。

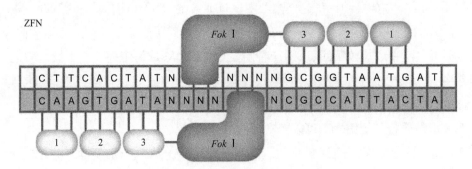

图 2.4 锌指核酸酶 ZFN 示意图

1、2、3 表示锌指蛋白，每个锌指蛋白对应 3 个碱基；*Fok* I 则负责对 DNA 进行剪切的工作

ZFN 使用起来非常繁琐，尤其是锌指部分，想找到合适的、对应三个碱基的锌指模块非常不易。有没有对应单个碱基的"锌指"或更简便的方法呢？科学家们并没有停止探索。在 2009 年，德国马丁路德哈勒 - 维腾贝格大学的

细菌学家 Ulla Bonas 团队和美国爱荷华州立大学的 Adam Bogdanove 团队同时在《科学》杂志发表文章 [14,15]，指出从黄单胞菌（*Xanthomonas*）中分离出来的类转录激活因子效应物（transcription activator-like effector, TALE）可以识别单个 DNA 碱基。TALE 的中心靶向结构域由 33 ～ 35 个氨基酸重复序列组成。这些重复序列中仅有两个氨基酸不同，而这两个氨基酸残基，则决定了其可以识别的单核苷酸。文章发表后，引起了全世界的基因编辑科学家的关注，因为大家都看到了对 ZFN 进行改良的可能性，即用 TALE 去替代 ZFN 中的锌指部分，这也代表了 TALEN（类转录激活因子效应物核酸酶）技术的诞生。TALEN 的结构示意图见图 2.5，每个 TALE 都对应一个 DNA 碱基。在 2011 年，多个科研团队都发表了他们开发的 TALEN 试剂盒，这包括 Bogdanove 团队、美国麻省总医院（Massachusetts General Hospital）的韩裔美籍科学家 Keith Joung 团队和麻省理工学院 - 哈佛大学博德研究所（Broad Institute）的华裔科学家张锋团队。显而易见，与 ZFN 相比，TALEN 的优越性在于每个 TALE 都对应一个 DNA 碱基，这使基因编辑的初始设计的工作量大大简化。因此，TALEN 基本上取代了 ZFN。

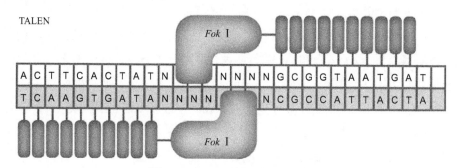

图 2.5　TALEN 的结构示意图

然而，无论是 ZFN，还是 TALEN，都未能在基因编辑领域引起广泛的应用，原因是多方面的。首先，这两项技术都需要进行复杂的设计，其中包括大量的计算机模拟和后续的蛋白质合成。在 21 世纪初，这种计算机模拟还不是很普及，在很大程度上限制了人们的应用。另外，ZFN 技术出现后，美国的圣加蒙（Sangamo Therapeutics）公司对 ZFN 技术进行了全面的收购，并对其进行专利保护，使 ZFN 技术成为圣加蒙公司的私有产品，其他人基本不能再对 ZFN 技术加以利用。虽然后来科学家们开发出了公益性的 ZFN 设计平台，其中代表性的为 Keith Joung 和同事们开发的 "OPEN" 平台，但是繁琐程度以及高昂的实验预算还是让许多人望而却步。最重要的是，在 TALEN 技术出现后的仅 1 年，一个崭新的、真正具有革命性意义的基因编辑技术划空而至，它就是 CRISPR 技术。尽管有些人不愿承认，但是 CRISPR 的出现，使 ZFN 和 TALEN 技术受到了冷落，并被藏到了基因编辑工具箱的角落，很少有人再去使用它们，也再没有人花精力去对其进行完善。它们就像昙花一样，在基因编辑的历史上留下了短暂绽放的瞬间。

2.4　革命时代的来临：CRISPR技术

TALEN 的发现始于细菌学家 Ulla Bonas 对黄单胞菌的研究。与 TALEN 的发现十分相似，CRISPR 的发现也与细菌学家的基础研究息息相关。CRISPR 的全称非常的佶屈聱牙：簇状规则间隔短回文重复序列（clustered regularly interspaced short palindromic repeats）。虽然这个名字的意义较难理解，但是，从字面上可以看出，这是源于对细菌 DNA 上一段序列的描述。这个发现，要从 1987 年说起。

1987 年，日本大阪大学的分子生物学家石野良纯（Yoshizumi Ishino）在研究大肠杆菌基因组的时候，发现了一些奇怪的重复结构，这些重复序列长 29 个碱基，反复出现了 5 次，并且两两之间被 32 个碱基组成的杂乱序列分隔 [16]。在当时，科学家们对这种现象一头雾水，也没有引起重视。然而，就在 5 年多以后的 1993 年，类似的重复序列在数种细菌中被多个研究团队发现 [17-19]，包括结核分枝杆菌和地中海嗜盐菌。在解开这些重复序列之谜的工作中，西班牙科学家 Francisco Mojica 做出了重大的贡献。在此后的研究中，他利用了生物信息学工具在 DNA 数据库中发现了多达 20 种的微生物基因组中包含这种重复序列 [20]。在 2001 年，Mojica 和同事 Ruud Jansen 一起，决定把这种重复序列命名为 CRISPR。

虽然名字已经确定了，但是这段奇怪的序列到底有什么功能，科学家们对此还是一筹莫展。2002 年，Ruud 团队发现了 CRISPR 序列附近总是伴随着一系列同源基因，他们将这些基因命名为 CRISPR-associated system，即 *cas* 基因。最初发现的四个 *cas* 基因被命名为 *cas1* ~ *cas4*。它们所编码的蛋白，也顺理成章地被称为 Cas 蛋白。至此，CRISPR 和 Cas 被紧紧联系了起来。2005 年，同时有 3 个相互独立的研究团队（其中也包括 Mojica 的团队）发文，证实在 CRISPR 序列中，夹在重复序列中的看似杂乱无章的部分，实际上是来源于噬菌体的 DNA ！他们提出了一个大胆的假设：CRISPR-Cas 很有可能是细菌抵御病毒入侵的免疫系统！细菌被病毒感染后，会把病毒的特征序列小心地处理一下并存放在自己的基因池中，以便下次再被感染的时候可以迅速识别并进行抵御。遗憾的是，3 个团队的发现与假设，无一例外地被高影响因子的杂志拒稿，最终只能发表在了影响因子较低的学术刊物上 [21-23]。然而，就在两年之后，对于这个假设的验证实验却堂堂正正发表在了《科学》杂志上 [24]。这项研究成果并非来自大学或是研究所，而是来自 Danisco，一家食品配料公司。他们在嗜热链球菌中人为添加了一段 CRISPR 序列，结果发现这些细菌可以抵挡与其对应的病毒的入侵。同时，他们也证明了在细菌中，这套系统是不断进化的。细菌可以不停地收集病毒的基因信息并把它们整合到 CRISPR 中。下次如果有同样的病毒入侵时，它们就可以对抗这些病毒了。这项发现非常颠覆人们的常识：小到微米级别的细菌这样的单细胞生物，居然也有自己的免疫系统。随后的数年中，很多研究团队开始研究 CRISPR 的工作机理。但直到 2010 年，人们才发现 CRISPR 序列可以被转录成 RNA，而且这些 RNA 可以和细胞中的某些蛋白质相互结合。这些蛋白质就是 Cas 蛋白。如果这些 RNA 可以和某段 DNA 分子完美配对，Cas 蛋白就会毫不留情地切断这段 DNA 分子。科学家们也发现，与 CRISPR-RNA 结合并发挥作用，通常需要数个 Cas 蛋白共同作用，想对这样一个庞大的复合体加以利用是十分困难的。但这并没有阻止人们探索的脚步。真正将 CRISPR 系统改编为基因编辑工具的先驱者，出现在 2012 年。

瑞典于默奥大学的 Emmanuelle Charpentier 率先在实验室中发现，在化脓性链球菌中，有一种 Cas 蛋白仅需与两段 RNA 分子结合就能完成对病毒 DNA 的切割任务（图 2.6）。这个 Cas 蛋白，当时称作 Csn1，就是后来鼎鼎大名的 Cas9 蛋白。为了进一步了解 CRISPR-Cas9 的结构，Charpentier 在 2011 年 3 月的一次学术会议中找到了加州大学伯克利分校的结构生物学家 Jennifer Doudna，并告知了她的这一发现。由于 Doudna 当时也在寻找 CRISPR 结构解析的突破口，两人一拍即合，迅速地开展了合作。工作进展飞速，2012 年，两人在《科学》杂志发表论文，首次证明了 CRISPR-Cas9 系统作为基因编辑工具的可能性 [25]。这个崭新的基因编辑系统，打破了 ZFN 和 TALEN 的壁垒，真正地实现科学家们梦寐以求的"指哪打哪"的愿望。这篇论文发表后仅数

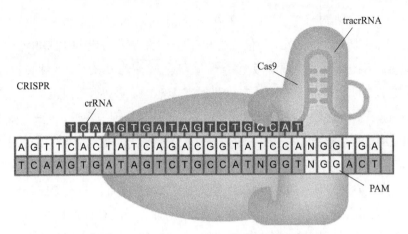

图 2.6　CRISRP-Cas9 基因编辑系统示意图

月，也就是 2013 年年初，有三个实验室分别证明了人工设计的 CRISPR 序列也可以进行高效的基因编辑，而且完全可以应用在哺乳动物细胞中。这包括 Doudna 团队 [26]，还包括哈佛大学医学院的 George Church 团队 [27] 和张锋课题组 [28]。随后，利用 CRISPR 技术制作基因编辑小鼠技术也被迅速发表 [29,30]。值得一提的是，这两篇论文的第一作者，杨辉和王皓毅现在已经成为我国基因编辑领域中的佼佼者。

2013 年是 CRISPR 技术爆发的一年，也是对 CRISPR 技术的专利进行激烈争夺的开始。2014 年 4 月 15 日，美国专利与商标局将 CRISPR-Cas9 技术的第一项专利颁给了张锋和他所在的博德研究所。这项专利涵盖了 CRISPR-Cas9 技术在真核生物方面的应用。然而，从时间上来看，是 Doudna 和 Charpentier 首先发表了论文。而且她们于 2012 年 5 月就已经提交了专利申请，而张锋的专利申请提交则是在 2012 年 12 月。表面上来看，无论是学术还是专利，Doudna 和 Charpentier 都先了一步。但是，博德研究所在提交专利时，多付了 70 美元的申请费而加入了所谓的"快速审查通道"，使自己的专利早于 Doudna 和 Charpentier 被审核。按照美国的专利申请法，就造成了先前提到的结果。加州大学方面当然对这个结果非常不满，迅速提起了上诉，开始了旷日持久的官司大战。当然，这也不是本书要讨论和介绍的内容了。对于专利的争夺还在争分夺秒地进行，到 2019 年 12 月为止，博德研究所已经获得了 13 项与 CRISPR 技术相关的重要专利，而加州大学也获得了 3 项 CRISPR 技术专利。

2.5　结语

从 2012 年到 2019 年短短 7 年时间，CRISPR 技术迅速成熟起来。与 CRISPR 技术相关的论文也由 2013 年的每月数篇到现在每月数百至数千篇。用 CRISPR 作为关键字搜索 Pubmed，可以获得数以万计的文献资料。这无疑是基因编辑领域的一场技术革命。随着生物信息技术的发展，越来越多的细菌中的 CRISPR 系统被挖掘出来，被统一命名并系统地分为两大类。除了 Cas9，很多其他的 Cas 蛋白酶也被开发成工具，极大地丰富了基因编辑的工具箱。表 2.1 中列举了常见的几种 Cas 蛋白酶。根据实验的需要，可以选择相应的 Cas 蛋白酶进行编辑。近年来，从 Cas9 也衍生出了数种融合蛋白的基因编辑工具，比如博德研究所 David Liu 团队开发的单碱基基因编辑工具（Base editor）[31,32] 和 Prime editing 工具 [33]，张锋团队和哥伦比亚大学 Sternberg 团队开发的 CRISPR-associated transposases 系统 [34,35] 等。这些工具可以在不切断 DNA 的情况下进行编辑，为基因编辑提供了新思路。尽管在基因编辑的应用上出现了不少伦理争议，但是，相信在科学家们的不懈努力下，基因编辑一定能够在不远的未来走进普通人的生活，真正造福人类。

表 2.1　常用的 CRISPR-Cas 基因编辑系统

名称	分类	蛋白酶活性中心	切割目标	切口	是否需要 tracrRNA	PAM/PFS①
Cas9	Ⅱ	RuvC、HNH	双链 DNA	平端	是	位于 3′端、富含 GC 的 PAM
Cas12a（Cpf1）	V-A	RuvC、NUC	双链 DNA	5′-overhangs	否	位于 5′端、富含 AT 的 PAM
Cas12b（C2c1）	V-B	RuvC	双链 DNA	5′-overhangs	是	位于 5′端、富含 AT 的 PAM
Cas13a（C2c2）	VI-A	2×HEPN	RNA	引导 RNA 决定伴随对周边 RNA 的非特异性切割	否	位于 3′端、不含 G
Cas13b	VI-B	2×HEPN	RNA	引导 RNA 决定伴随对周边 RNA 的非特异性切割	否	位于 5′端、不含 C 或位于 3′端的 NAN/NNA 序列

　　① PAM 为原间隔序列邻近基序（protospacer adjacent motif）。PFS 为原间隔侧翼序列（protospacer flanking sequence）。

参考文献

[1] Capecchi M R. Gene targeting in mice: functional analysis of the mammalian genome for the twenty-first century. Nat Rev Genet, 2005, 6(6): 507-512.

[2] Smithies O, et al. Insertion of DNA sequences into the human chromosomal beta-globin locus by homologous recombination. Nature, 1985, 317(6034): 230-234.

[3] Evans M J, Kaufman M H. Establishment in culture of pluripotential cells from mouse embryos. Nature, 1981, 292(5819): 154-156.

[4] Bradley A, et al. Formation of germ-line chimaeras from embryo-derived teratocarcinoma cell lines. Nature, 1984, 309(5965): 255-256.

[5] Doetschman T, et al. Targetted correction of a mutant HPRT gene in mouse embryonic stem cells. Nature, 1987, 330(6148): 576-578.

[6] Thomas K R, Capecchi M R. Site-directed mutagenesis by gene targeting in mouse embryo-derived stem cells. Cell, 1987, 51(3): 503-512.

[7] Thompson S, et al. Germ line transmission and expression of a corrected HPRT gene produced by gene targeting in embryonic stem cells. Cell, 1989, 56(2): 313-321.

[8] Koller B H, et al. Germ-line transmission of a planned alteration made in a hypoxanthine phosphoribosyltransferase gene by homologous recombination in embryonic stem cells. Proc Natl Acad Sci U S A, 1989, 86(22): 8927-8931.

[9] Zijlstra M, et al. Germ-line transmission of a disrupted beta 2-microglobulin gene produced by homologous recombination in embryonic stem cells. Nature, 1989, 342(6248): 435-438.

[10] Thomas K R, Capecchi M R. Targeted disruption of the murine int-1 proto-oncogene resulting in severe abnormalities in midbrain and cerebellar development. Nature, 1990, 346(6287): 847-850.

[11] MLA style: The Nobel Prize in Physiology or Medicine 2007, NobelPrize.org. Nobel Media AB 2019, Wed. 27 Nov 2019.; Available from: https://www.nobelprize.org/prizes/medicine/2007/7596-the-nobel-prize-in-physiology-or-medicine-2007/.

[12] Klug A. The discovery of zinc fingers and their development for practical applications in gene regulation and genome manipulation. Q Rev Biophys, 2010, 43(1): 1-21.

[13] Kim Y G, Cha J, Chandrasegaran S. Hybrid restriction enzymes: zinc finger fusions to Fok I cleavage domain. Proc Natl Acad Sci U S A, 1996, 93(3): 1156-1160.

[14] Boch J, Scholze H, Schornack S, et al. Breaking the code of DNA binding specificity of TAL-type III effectors. Science, 2009, 326(5959): 1509-1512.

[15] Moscou M J, Bogdanove A J. A simple cipher governs DNA recognition by TAL effectors. Science, 2009, 326(5959): 1501.

[16] Ishino Y, et al. Nucleotide sequence of the iap gene, responsible for alkaline phosphatase isozyme conversion in Escherichia coli, and identification of the gene product. J Bacteriol,

1987, 169(12): 5429-5433.

[17] Groenen P M, et al. Nature of DNA polymorphism in the direct repeat cluster of Mycobacterium tuberculosis; application for strain differentiation by a novel typing method. Mol Microbiol, 1993, 10(5): 1057-1065.

[18] van Soolingen D, et al. Comparison of various repetitive DNA elements as genetic markers for strain differentiation and epidemiology of Mycobacterium tuberculosis. J Clin Microbiol, 1993, 31(8): 1987-1995.

[19] Mojica F J, Juez G, Rodriguez-Valera F. Transcription at different salinities of Haloferax mediterranei sequences adjacent to partially modified PstI sites. Mol Microbiol, 1993, 9(3): 613-621.

[20] Mojica F J, et al. Biological significance of a family of regularly spaced repeats in the genomes of Archaea, Bacteria and mitochondria. Mol Microbiol, 2000, 36(1): 244-246.

[21] Pourcel C, Salvignol G, Vergnaud G. CRISPR elements in Yersinia pestis acquire new repeats by preferential uptake of bacteriophage DNA, and provide additional tools for evolutionary studies. Microbiology, 2005, 151(Pt 3): 653-663.

[22] Mojica F J, et al. Intervening sequences of regularly spaced prokaryotic repeats derive from foreign genetic elements. J Mol Evol, 2005, 60(2): 174-182.

[23] Bolotin A, et al. Clustered regularly interspaced short palindrome repeats（CRISPRs）have spacers of extrachromosomal origin. Microbiology, 2005, 151(Pt 8): 2551-2561.

[24] Barrangou R, et al. CRISPR Provides Acquired Resistance Against Viruses in Prokaryotes. 2007, 315(5819): 1709-1712.

[25] Jinek M, et al. A programmable dual-RNA-guided DNA endonuclease in adaptive bacterial immunity. Science, 2012, 337(6096): 816-821.

[26] Jinek M, et al. RNA-programmed genome editing in human cells. Elife, 2013, 2: e00471.

[27] Mali P, et al. RNA-guided human genome engineering via Cas9. Science, 2013, 339(6121): 823-826.

[28] Cong L, et al. Multiplex genome engineering using CRISPR/Cas systems. Science, 2013, 339(6121): 819-823.

[29] Wang H, et al. One-step generation of mice carrying mutations in multiple genes by CRISPR/Cas-mediated genome engineering. Cell, 2013, 153(4): 910-918.

[30] Yang H, et al. One-step generation of mice carrying reporter and conditional alleles by CRISPR/Cas-mediated genome engineering. Cell, 2013, 154(6): 1370-1379.

[31] Komor A C, et al. Programmable editing of a target base in genomic DNA without double-stranded DNA cleavage. Nature, 2016, 533(7603): 420-424.

[32] Gaudelli N M, et al. Programmable base editing of A · T to G · C in genomic DNA without DNA cleavage. Nature, 2017, advance online publication.

[33] Anzalone A V, et al. Search-and-replace genome editing without double-strand breaks or

donor DNA. Nature, 2019, 576: 149-157.

[34] Klompe S E, et al. Transposon-encoded CRISPR Cas systems direct RNA-guided DNA integration. Nature, 2019, 571(7764): 219-225.

[35] Strecker J, et al. RNA-guided DNA insertion with CRISPR-associated transposases. Science, 2019, 365(6448): 48-53.

CRISPR

第3章

基于CRISPR-Cas系统的基因编辑技术的进展

凌建亚

3.1 引言

　　CRISPR 基因编辑已经取代了 TALEN 和 ZFN 技术，在各细胞类型和多种模式生物体中广泛实践。通过 CRISPR 技术科学家得以高效、精确地对 DNA 序列进行修饰、替换和插入，快速地实现微生物基因组编辑和动植物模型的构建，CRISPR 技术颠覆了人们对生命科学研究的传统认识。科研工作者们在充分享受该项创新技术带来的便利的同时，也进一步促进了 CRISPR 技术的应用发展。对于 CRISPR-Cas 作用机制的见解、对该系统的改进和升级的探索以及该系统的广泛应用研究层出不穷。

3.2 基因编辑技术的发展

　　基因编辑技术，着眼于生物体基因组特定位点的精确修饰，通过对基因片段的敲除、敲入及替换，实现对生物体某一特性或性状的改变。Thomas 等[1]于 1986 年利用基因打靶技术，将抗药基因成功导入了新霉素抗药缺陷细胞，重新恢复了细胞的抗药性，这是最早报道的基因编辑技术的实际应用。随着基因编辑技术不断发展完善，先后出现了人工锌指核酸酶（ZFN）技术、类转录激活因子效应物核酸酶（TALEN）技术，与传统基因编辑技术相比，新型技术具有更高的效率和打靶准确率，在生物基础研究、基因治疗、遗传改造等领域展现了巨大的潜力。

　　作为第一代人工基因编辑技术，锌指核酸酶（ZFN）技术是由锌指蛋白（ZFP）结构域和 *Fok* I 核酸内切酶切割结构域融合而成的人工嵌合核酸内切酶[2]。ZFN 技术的基本原理是利用 ZFP 对 DNA 序列的特异性识别能力和二聚化 *Fok* I 酶对 DNA 的切割能力，使 DNA 产生双链断裂，完成对 DNA 片段的特异性切割。因为一个锌指单元可以识别一个核苷酸三联体，所以可以通过人工设计，联合不同的锌指单元，识别不同的 DNA 序列。

　　ZFN 能够对完整细胞的染色体进行切割，并促进同源重组的发生[3]，所造成的基因组改变无法逆转，因此只需要瞬时转染表达即可。利用质粒、病毒载体、mRNA 转染和直接添加蛋白质的方式均可对体外培养的哺乳动物细胞进行 ZFN 转导。ZFN mRNA 可成功注射到早期胚胎的原始生殖细胞中，并可以在多种种系成功表达。但是也有研究发现，向非洲爪蟾卵母细胞中注射人工修饰模块，细菌 *Fok* I 核酸酶在该环境下无法正常识别这些序列，同时，有文献证明植物对基因编辑试剂的传递，暗示了 ZFN 转染方式选择的重要性。秀丽隐杆线虫实验和斑马鱼实验均揭示了该技术应用范围存在一定的局限性。此外，ZFN 高表达时，脱靶效应的存在所产生的毒性也限制了该技术的应用。

TALEN 技术与 ZFN 技术的作用原理类似。TALE 蛋白是来源于植物病原菌黄单胞菌的转录因子，通过识别特异的 DNA 序列，进而激活宿主植物内源基因的表达，以提高宿主对该病原体的易感性。TALE 蛋白由三部分组成，分别为核定位信号、转录激活结构域和 DNA 识别结构域。2009 年植物遗传学家发现其 DNA 识别区域具有阻止其与 DNA 单链结合的功能。TALEN 技术主要利用 TALE 蛋白中的 DNA 识别结构域与核酸内切酶（通常来源于 *Fok* I 限制酶）切割结构域，融合设计得到 TALEN，用于基因编辑，作用于多种组织和细胞系中。TALE 蛋白中的 DNA 识别结构域由多个串联重复单体组成，每个单体能够识别一种氨基酸 [4,5]。每个单体的序列是高度相似的，只有第十二位和第十三位的氨基酸组成不同。这两位氨基酸被称为重复可变双残基（repeat variable di-residue, RVD）。组成 DNA 的四种不同的脱氧核糖核苷酸只需要四种不同的单体即可识别，在序列设计方面，TALEN 技术比 ZFN 技术更易于操作，并且 TALEN 技术的靶向识别特异性更强。

2013 年，Zhang 等 [6] 开发了利用 CRISPR-Cas 系统对基因靶向编辑的新技术，大幅度提高了基因编辑的效率和可靠性。CRISPR 是指簇状规则间隔短回文重复序列，Cas 即 CRISPR 相关蛋白。CRISPR-Cas9 基因组编辑系统介导的基因组编辑技术也叫作 RNA 指导的核酸内切酶（RNA-guided endonuclease, RGEN）系统，与前两种技术相比，CRISPR-Cas 技术的成本低廉，guide-RNA 设计简便易得，可操作性强。与 TALEN 方法相比较，对同一基因进行修饰编辑的修饰效率分别是 0% ～ 34% 和 51% ～ 79%，显示了 CRISPR-Cas 基因编辑技术的高效性。CRISPR-Cas 成为第 3 代新型基因编辑技术，适用于包括生物技术、医药及临床在内的多个领域，掀起了国内外基因编辑研究的热潮。

3.3 CRISPR-Cas系统的多样性、分类与演变

3.3.1 CRISPR-Cas 系统分类及作用原理

CRISPR-Cas 系统最早发现于 K12 大肠埃希菌中 [7]，Barrangou 等 [8] 的实验表明：噬菌体感染细菌后，来源于噬菌体的片段重复前间隔序列会整合到细菌基因组中，宿主随之获得了对抗噬菌体的能力；间隔序列一旦敲除，外源抵抗力随之消失。同时，Cas 蛋白被证明与宿主的获取抗噬菌体能力有相关性，CRISPR-Cas 系统能使基因组免于噬菌体、病毒等的破坏。作为一种特别的天然免疫系统，CRISPR 是绝大多数古菌及部分细菌处理外来 DNA（deoxyribonucleic acid），利用 Cas 蛋白酶进行切割，达到自身免疫的效果的工具。CRISPR-Cas 基因座由一系列编码 Cas 蛋白的基因和一个 CRISPR 重复间隔序列组成 [9]。典型的 CRISPR 重复间隔序列由一段前导序列、一系列短的高度保守的正向重复序列和间隔序列依序排列组成 [10]。

CRISPR-Cas 系统分为两类：Class 1 和 Class 2，根据 Cas 蛋白的结构和序列又分为不同亚型。Class 1 包括 I、III、IV型，而 Class 2 包含 II、V、VI型 [11,12]，II 型系统又称为 CRISPR-Cas 9，目前 II 型系统和 V 型系统 CRISPR-Cas 12a（Cpf1）已被广泛应用于基因工程。在 CRISPR-Cas 基因编辑技术中，CRISPR-Cas9 基因座由反式激活 crRNA（trans-activating crRNA, tracrRNA）基因、Cas 蛋白基因、CRISPR 序列组成。CRISPR 序列转录生成 pre-crRNA，tracrRNA 则是一种小非编码 RNA，能参与 pre-crRNA 的成熟，成熟的 crRNA 负责识别外源 DNA 中互补的序列区域。tracrRNA 与 crRNA 中的重复序列互补配对，形成双链 RNA 结构，双链 RNA 引导 Cas9 蛋白切割外源 DNA[13]。Cas 基因主要表达 Cas9 蛋白，具有核酸内切酶活性的 Cas9 蛋白具有两个不同的结构域：HNH 活性中心和 RuvC 活性中心。HNH 结构域负责切割与 crRNA 互补配对的外源 DNA 链，而 RuvC 活性中心负责切割非互补链。

CRISPR-Cas 系统的作用机制分为三个过程：外源 DNA 的识别，CRISPR 基因座表达、干扰。第一阶段为适应阶段，外源 DNA 入侵宿主细胞，Cas 蛋白识别原间隔序列邻近基序（protospacer adjacent motif, PAM），将外源 DNA 整合于宿主的 CRISPR 中的两段重复序列之间，生成新的间隔序列，由此形

成对外源 DNA 的 "记忆" [14]。第二阶段为表达阶段，当同源 DNA 再次入侵时，宿主基因组中 CRISPR 序列快速转录上调 [15]。研究发现，CRISPR 位点的转录启动子位于前导序列末端 [16]。含有外源 DNA 片段的 CRISPR 基因转录成 pre-crRNA, pre-crRNA 经 tracrRNA、Cas 蛋白及 RNase Ⅲ 的加工、剪切，转变为成熟的短链 crRNA。第三阶段为干扰阶段，成熟的 crRNA 与 tracrRNA 结合形成新的双链 RNA，并进一步结合 Cas 蛋白，最终形成 CRISPR 核糖核蛋白复合体。识别并切割能与 crRNA 互补配对的外源 DNA，造成双链断裂，激活细胞的非同源末端连接（non-homologous end joining, NHEJ）或同源重组（homologous recombination, HR）两种修复机制，从而实现基因的敲除、插入或修饰。

3.3.2　CRISPR-Cas 系统的源起和进化

随着学界对 CRISPR-Cas 系统强大的基因编辑功能的逐渐认可和追捧，CRISPR-Cas 系统的比较基因组学、结构、生化活性及生物学功能和独立 Cas 蛋白已经成为研究热点。作为真正的自适应（获得）免疫系统，CRISPR-Cas 系统表现出了类似于拉马克式遗传的免疫记忆，能够以外来基因组的间隔序列的形式存储并插入 CRISPR 阵列。作为一种可编程形式的免疫，CRISPR-Cas 能够适应任何目标序列。原核生物是已知的先天免疫形式最为丰富的物种，与其他防御系统一样，CRISPR-Cas 与病毒之间的竞争愈演愈烈，这导致了 cas 基因的快速进化，CRISPR-Cas 位点的基因谱系和结构的多样化，以及以转化为实际防御机制的多元化。更特别的是，CRISPR-Cas 系统的多元化可能在一定程度上因受到与病毒编码的专一抗 CRISPR 蛋白的竞争性协同的驱动而进化。尽管 CRISPR-Cas 系统进化多元化存在，综合对比分析仍然揭示了 CRISPR-Cas 进化的共同之处。这些共同的趋势包括：转座因子对 CRISPR-Cas 免疫及其特殊变异发生的多重影响，cas 基因广泛表达产生的多功能操纵复合物、模块组织以及模块的广泛重组。CRISPR-Cas 系统最主要的两个模块由参与适应（间隔区识别）和效应器功能的系列基因编码蛋白质构成，即与 pre-crRNA 加工、目标识别和切割相关的操作功能模块。适应模块在不同的 CRISPR-Cas 系统中基本上是一致的：由内切酶 Cas1 和结构亚基 Cas2 组成。然而，效应功能模块在 CRISPR-Cas 类型和其亚类之间是高度变化的。与辅助作用有关的各种蛋白质，如 CRISPR 响应的调节和其他一些特征仍不明显的功能，则可以被分配到第三类辅助模块。

　　CRISPR-Cas 系统的快速演化和变异性使对其分类成为一项艰巨的任务。由于缺乏通用的 *cas* 基因，以及频繁的模块化重组，采用单一的分类标准是不适宜的，也是不切实际的。因此，须采用多重方式进行 CRISPR-Cas 分类，即整体考虑以下因素：标志 CRISPR-Cas 系统分类及其亚类的典型 *cas* 基因，多个共享 Cas 蛋白的序列相似性，Cas1 蛋白（最保守 Cas 蛋白）的系统发育，CRISPR-Cas 基因位点的基因组成及其 CRISPR 结构特点。综合衡量上述分类标准的特点，导出了现在普遍承认的分类方式，即根据不同的效应分子结构设计，CRISPR-Cas 系统可被分为两大类：Class 1 系统和 Class 2 系统。

　　Class 1 系统包括了最常见和多样化的Ⅰ型、Ⅲ型（常见于许多古菌中，略少见于细菌），以及缺少适应模块且只包括基本的 CRISPR-Cas 基因位点的罕见的Ⅳ型。Ⅰ型和Ⅲ型操作模块呈现出复杂的架构，其主干由平行同源的重复序列相关未知蛋白（repeat-associated mysterious protein, RAMP）组成，如具有 RNA 识别序列（RRM）折叠和附加的大大小小的亚单位的 Cas7 和 Cas5。这些操纵装置都含有一个 Cas5 亚单位和几个 Cas7 亚单位。该复合物可容纳由一个间隔区和重复序列片段组成的向导 RNA（guide RNA, gRNA）。Cas5 亚单位结合 crRNA 的 5′ 端并与大亚基（Ⅰ型为 Cas8，Ⅲ型为 Cas10）作用。小亚基通常存在几个拷贝，并与结合到 Cas7 的 crRNA 骨架相互作用。值得注意的是，结合间隔区的长度与复合物骨架上的 Cas7 亚基的数量有关。尽管Ⅰ型和Ⅲ型效应复合物的蛋白质亚单位基因序列之间显示出很小的序列相似性，但是在Ⅰ型和Ⅲ型复合物中同源 RAMP 存在，以及低温电子显微镜数据证实总体结构相似，这些证据无疑都揭示了效应复合物的同源性。额外的 RAMP，即 Cas6，与效应复合物松散相连，典型作用是作为重复特异性核糖核酸酶在 pre-crRNA 的加工中发挥作用。

　　Class 2 的效应复合物由一个单体的多域大蛋白组成，其相对应的 CRISPR-Cas 基因位点相较于 Class 1，有着更为简单、一致的结构。根据目前公认的 CRISPR-Cas 分类标准，Class 2 包括 3 个亚型，研究最为透彻的Ⅱ型，结构简单，仅由 crRNA、tracrRNA 和核酸内切酶 Cas9 三种成分组成[17]。根据 tracrRNA 与 crRNA 的结构特性，在实际基因编辑应用中，将 tracrRNA 和

crRNA 组合为一条嵌合的向导 RNA，使得 CRISPR-Cas9 系统进一步简化为只有 gRNA 和 Cas9 这 2 种组分的系统。

含有在新凶手弗朗西斯菌（*Francisella novicida*）发现的预测效应蛋白 Cpf1（Cas12a）的 V 型刚被认知并纳入到分类体系中。需要指出的是，Cpf1 可能来自在转座子中广泛存在的不同 TnpB 转座酶基因家族[12]，作为具有活性的 gRNA 核酸内切酶，与 Cas9 不同的是，Cpf1 作为特征蛋白具有类似 RuvC 核酸酶结构域，缺乏 HNH 核酸酶结构域，偏向于识别富含胸腺嘧啶核苷酸的 PAM 序列，不需要额外的 tracrRNA 进行目标剪切。这一发现使得 Class 2 的 CRISPR-Cas 系统多样性研究，拓展到了利用基因组学和宏基因组学方法进行综合表征的新方向。

来自麻省理工学院的张锋课题组发布的 CRISPR-Cas13a 系统属于 Class 2 的 Ⅵ 型 CRISPR 效应蛋白[12,18]。Cas13a 蛋白是被鉴定的首个自然发生的只靶向于 RNA 的 CRISPR 系统，该蛋白质在天然状态下有助于保护细菌免受病毒的感染。Cas13a 不包含 DNA 酶活性结构，但包含 HEPN 结构域（higher eukaryotes and prokaryotes nucleotide-binding domain, HEPN）。HEPN 具有核糖核酸酶活性，因此 Cas13a 可对 RNA 进行剪切。2016 年，Abudayyeh[18] 证明，Cas13a 蛋白只需 crRNA 便可实现对单链 RNA（single strand RNA, ssRNA）的特异性剪切，在靶点 3′端有一个类似 PAM 的识别位点 PFS（protospacer flanking site）。2017 年，Liu 等[19] 发现，当 PFS 序列碱基为 A、U 或 C 的情况下靶标位点剪切效率高于序列碱基为 G 的情况。2017 年，Smargon 等[20] 还发现了另一种同样具有靶向和编辑 RNA 的能力的蛋白——Cas13b 蛋白，作用机制与 Cas13a 基本相同，但更适用于微调基因功能。但与 Cas13a 不同的是，Cas13b 发挥作用需要靶 RNA 的两端均存在 PFS 结构，增加了该系统对 ssRNA 打靶的限制。

3.4　CRISPR-Cas系统的应用进展

3.4.1　在细菌及古菌中的应用

如前所述，CRISPR-Cas 系统广泛分布于几乎所有的古菌（约 90%）和多数细菌（约 50%）中[21]。2013 年，Jiang 等将 CRISPR-Cas9 技术与同源重组

（homologous recombination, HR）修复技术共同应用于基因组编辑[22]。发生同源重组的细菌因 Cas9 不能继续切割靶基因得以存活，未发生同源重组的细菌则被持续切割而死亡。利用同样的策略在拜氏梭菌[23,24]、放线菌[25,26]、解纤维梭菌[27]等菌种中均能成功实现基因编辑。Penewit 等在金黄色葡萄球菌中开发了重组工程和 CRISPR-Cas9 介导的反选择条件系统，在金黄色葡萄球菌基因组中有效和精确地设计了点突变和大的单基因缺失[28]。

CRISPR-Cas9 介导的单链 DNA（single-stranded DNA, ssDNA）重组可以在谷氨酸棒杆菌的基因组中精确地引入小的修饰和单核苷酸改变，效率超过了 80.0%[29]，同样，也有获得抗 L- 脯氨酸反馈抑制高产菌株的报道[30]。

区别于上述研究中的利用同源重组修复技术的思路，祁庆生团队开发了 CRISPR-Cas9 辅助的非同源末端连接（CA-NHEJ）策略，赵国屏团队则在大肠杆菌中引入 Cas9 及耻垢分枝杆菌的 NHEJ 系统，通过进一步的设计，该系统可进行连续的基因失活或 DNA 片段删除[31]。通过引入 DNA 结合蛋白 Ku 和连接酶 LigD 来补救细菌的 NHEJ 修复途径，可以有效地提升 CRISPR 系统的编辑效果。此外，单碱基编辑系统很好地弥补了 DSB 应用于基因校正易导致突变的缺点，该策略成功引入到金黄色葡萄球菌、假单胞菌、大肠杆菌、谷氨酸棒杆菌中，实现了高效的 C → T 碱基编辑，通过快速、有效的遗传操作，加速了相关菌属细菌生理学的深入研究[32-34]。

3.4.2　在真菌中的应用

CRISPR-Cas9 技术在酿酒酵母中的应用始于 2013 年，DiCarlo 等[35] 将携带 sgRNA 的质粒与供体 DNA 同时转至含有组成型表达的 Cas9 细胞中，同源重组率接近 100%，且单、双链靶基因断裂效率分别提高 5 倍和 130 倍。Bao 等[36] 构建了 HI-CRISPR（homology-integrated CRISPR-Cas），实现了一步多基因敲除，拓展了酿酒酵母的多基因编辑研究。裂殖酵母的基因编辑工作报道于 2014 年，Jacobs 等[37] 利用 RNA（rrk1）的启动子与组成型 Cas9 相结合，成功开展了无筛选标记的特异性诱变，实现了精确、高效的基因组编辑。Shapiro 等[38] 开展了在白色假丝酵母中的应用，基于 CRISPR-Cas9 技术，在二倍体病原体中进行基因操作及快速形成突变体，为白色念珠菌致病机制和耐药性研究提供了新的途径。

丝状真菌里氏木霉（*Trichoderma reesei*）是重要的工业生产菌株，Liu 等[39]于 2015 年建立了适用于里氏木霉的，可以同时编辑多个靶基因的 CRISPR-Cas9 系统，靶基因高效率同源重组，为其功能基因组学和菌种的优选、优育研究奠定了坚实的基础。Katayama 等[40]利用 CRISPR-Cas9 体系对米曲霉（*Aspergillus oryzae*）基因组进行了编辑，证明单碱基的缺失或插入突变不会影响米曲霉的生长，为后续工业菌株的定向诱变研究提供了可能。Zhang 等[41]在烟曲霉（*Aspergillus fumigatus*）中建立了以 CRISPR-Cas9 技术为基础的微生物学介导的末端连接（microhomology-mediated end joining, MMEJ）靶基因突变系统，实现了高效的靶基因编辑。在水稻稻瘟病菌（*Pyricularia oryzae*）[42]和玉米黑粉菌（*Ustilago maydis*）[43]中，均有应用 CRISPR-Cas9 系统成功进行基因编辑的报道。

2016 年，有人利用 CRISPR-Cas9 技术对双孢蘑菇（*Agaricus bisporus*）中控制褐变的多酚氧化酶基因进行了基因编辑，成功降低酶活性 30%，这是基因编辑技术在大型真菌中的首次应用[44]。2017 年，Sugano 等[45]构建了应用于灰盖鬼伞（*Coprinopsis cinerea*）的高效基因组编辑体系，高通量筛选获得高出常规启动子活性 7 倍的新启动子——CcDED1pro，在稳定的 GFP 表达体系中进行 CRISPR-Cas9 介导的 GFP 诱变，在菌丝和子实体中检测到了 GFP 功能的丧失。Qin 等[46]在灵芝（*Ganoderma lucidum*）中成功应用 CRISPR-Cas9 系统，靶向破坏了阻碍灵芝酸合成的 *URA3* 基因，转化效率达 66.6%。在虫生真菌的研究中，Chen 等[47]通过密码子偏好性，优化 Cas9 与启动子 Pcmlsm3 和终止子 Tcmura3 一起表达，构建了应用于蛹虫草的 CRISPR-Cas9 系统。

3.4.3　在植物细胞中的应用

自 2013 年以来，基于 CRISPR 的基因组编辑和定点诱变技术在植物中已广泛应用。以拟南芥（*Arabidopsis thaliana*）和本塞姆氏烟草（*Nicotiana benthamiana*）作为模式植物，早期相关研究主要集中在此，表型效应验证了预期的突变，证明了 CRISPR-Cas 技术在植物基因组编辑中的应用潜力。由于 CRISPR 系统的精确性和高效性，CRISPR-Cas 系统已广泛应用于不同靶基因的多种作物，诸如高粱[48]、大豆[49,50]、番茄[51]、马铃薯[52]、葡萄[53]等已被定向突变和修饰。

Kim 等 [54] 利用 CRISPR-Cas12a 系统成功地对大豆的 *FAD2* 基因和烟草的 *AOC* 基因进行了编辑。Wang 等 [55] 同样利用 CRISPR-Cas12a 系统多基因编辑的优点成功对水稻进行了多基因的编辑。Cas13 作为通用的 RNA 靶向工具，已被应用作为特异性敲除植物细胞的工具。CRISPR-Cas 技术的研究还整体应用于重要的粮食作物，例如小麦 [56,57] 和水稻 [56,58]。2017 年 3 月，*Nature Plants* 刊文表明了 AsCpf1 和 LbCpf1 用于编辑植物基因组和调控植物转录的可行性 [59]。CRISPR-Cas 应用于植物基因表达调控、表观基因组学和遗传育种等领域的潜力巨大。

3.4.4　在动物细胞中的应用

CRISPR 系统定位精确，该系统的组成部分可用于在大多数生物的基因组中产生特异性突变。这引起了研究人员对 CRISPR 系统及其随后在基因组编辑中应用的研究的巨大兴趣。2013 年，多个实验室成功实现了对小鼠细胞的单基因、双基因及多基因的敲除 [60-62]。同年，Hwang 等 [63] 利用 CRISPR 系统成功在斑马鱼胚胎中进行基因的定点修饰，为脊索动物的研究提供了合适的模式生物。Friedland 等 [64] 用显微注射法将携带 gRNA/Cas9 的质粒转入秀丽线虫胚胎中，实现了个体水平的基因敲除。2014 年，中国科研人员首次利用 CRISPR-Cas9 对食蟹猴进行精确基因编辑，获得了一批定向突变的基因工程猴 [65]，由于灵长类动物与人类同源性较高，这一研究为之后人类疾病的研究提供了很好的模型。2014 年，有人 [66] 用 CRISPR 系统将致癌突变基因导入成年小鼠肝脏中，建立携带癌基因的小鼠模型，大大降低了研究成本，为癌症的多方面研究提供了便利。在肿瘤的临床治疗研究中，CRISPR-Cas9 技术还被应用于直接攻击癌细胞中的关键基因和通过编辑免疫细胞攻击癌细胞。

靶向基因组的多重基因编辑及其他新型 CRISPR 效应物如 Cpf1 的鉴定和开发，使得 CRISPR 系统成功地编辑了人、大鼠和斑马鱼等动物细胞。张锋课题组使用 CRISPR-Cas9 系统首次展示了人类细胞培养物的功能基因组编辑 [67]。谷峰课题组在 *Nucleic Acids Research* 杂志发表了题为 "A new lease of life: FnCpf1 possesses DNA cleavage activity for genome editing in human cells" 的研究论文[68]，首次提出 FnCpf1 在人类细胞中存在颇为可观的切割效率，并系统测定了 FnCpf1 的相关参数，该结果更新了张锋教授对 Cpf1 的研究结论。作为 CRISPR 2 类系统中 V 型核酸酶，Cpf1 展现出显著区别于 CRISPR-Cas9 的编辑特点：仅需要一个 crRNA 分子协助（无需 tracrRNA 组装，并可在体内同时编辑多个基因）[69]；PAM 序列显示出类似于 5′-TTN-3′ 或 5′-TTTN-3′ 的选择性（而 spCas9 的 PAM 序列为 3′-NGG-5′）；不同于 Cas9 在 PAM 位点附近产生平端裂解产物，Cpf1 在种子序列的远端产生交错的双链断裂[70]；在人类细胞全基因组范围内，Cpf1 具有较高特异性[71]。以上这些编辑特点使 Cpf1 被认为是一种非常有用的基因组编辑工具。自问世以来，Cpf1 在基因组编辑研发和应用上日新月异。2016 年 8 月，*Nature Biotechnology* 同时在线刊载两篇利用 AsCpf1 和 LbCpf1 获得基因敲除小鼠的论文，2017 年 3 月发表的 *Science Advance*，首次报道了利用 AsCpf1 和 LbCpf1 在人类细胞和疾病模型小鼠中实现高效的基因修复[72]。

3.5　CRISPR-Cas系统的前瞻性应用

利用现代冷冻电子显微镜（cryo-EM）技术开展的结构生物学研究，证实了 Cas9-sgRNA- 靶 DNA 复合物的存在，揭示了 sgRNA 和 CRISPR-Cas9 以及靶 DNA 和 CRISPR-Cas9 分子之间相互作用的分子机制。研究增强 Cas9 靶向识别特异性和 DNA 结合能力，将为进一步优化 Cas 系统，改进下一代 CRISPR 技术奠定基础。后续研究中，黄志伟教授课题组对 LbCpf1-crRNA 核糖核蛋白复合物晶体结构的解析，揭示了 Cpf1 识别 crRNA 和剪切 pre-crRNA 的分子机制[73]。多个课题组先后对 AsCpf1-crRNA-DNA 三元复合物晶体结构的成功解析，阐明了 Cpf1 识别和剪切 DNA 机制，比较了与 Cas9 识别和剪切目的基因机制的异同。Cpf1 识别目标 DNA 时种子序列"从无序到有序"和 PAM 互作裂缝"从开到关"的构象变化，可能有利于降低其基因编辑的脱靶效应。

CRISPR-Cas12a（Cpf1）的发现及应用极大地扩展了基因编辑靶位点的选择范围，弥补了 CRISPR-Cas9 系统的诸多不足，是 CRISPR-Cas9 系统的有力补充，提高了 CRISPR-Cas 系统的多基因编辑能力[74]。CRISPR-Cas13 系统特异性结合 RNA，对 RNA 有高度编辑能力，进一步扩展了 CRISPR-Cas 系统的基因编辑范围[12]，开启了转录组研究的新篇章。同时 CRISPR 技术在功能基因筛选、转录调控、表观遗传调控以及 DNA 成像等领域有着巨大的应用前景。例如，基于 CRISPR-Cas9 和 TALE 转录控制方法开辟了合成生物学新领域[75,76]。Nissim 等[77]通过结合多种 RNA 修饰系统，针对 RNA 的三螺旋结构、内含子、小分子 RNA 和核糖核酸酶，利用 CRISPR 转录调控手段建立了详尽的基因网络。

Kearns 等[78]发现，利用 CRISPR 系统，dCas9-LSD1 可以以高度特异的方式，功能性地靶向调控增强子元件，从而开拓了解析特殊位点上组蛋白目标修饰，进行表观遗传标记（如组蛋白甲基化和乙酰化）调控功能研究的新领域。dCas9 与效应蛋白 GFP 融合，配以靶向基因组特定位置的 gRNA，在活细胞内实现了基因组特定位点的标记，开拓了细胞核内基因组的三维结构及动态变化研究，以及三维空间结构对于基因表达和细胞命运的决定所起到的关键调节作用研究的新领域[79]。Abudayyeh 等[80]证实了 Cas13a 酶能够特异性地降低哺乳动物细胞中的内源性 RNA 和报告 RNA 水平，效率高于 RNA 干扰（RNAi），能被用于抑制靶标 RNA、结合和富集感兴趣的 RNA 以及通过序列特异结合对细胞内的 RNA 进行成像。CRISPR-Cas13d 被鉴定并在体内重组以调节剪接[81]。随着 RNA 导向的 RNA 靶向工具箱的发展，dCas13a 被应用于 RNA 成像[80]和核酸检测与诊断[82]。

CRISPR-Cas 碱基编辑器技术可实现靶向核苷酸改变，正在迅速应用于研究并具有潜在的治疗价值。最广泛使用的碱基编辑用酶是大鼠 APOBEC1（rAPOBEC1）酶，该酶诱导 DNA 胞嘧啶（C）脱氨，该系统由连接的 Cas 蛋白+gRNA+APOBEC1 组成。2019 年 4 月 17 日，J. Keith Joung 课题组在 *Nature* 在线发表 *Transcriptome-wide off-target RNA editing induced by CRISPR-guided DNA base editors*[83]，证明：具有 rAPOBEC1 的 CBE 可以在人类细胞中引起广泛的转录组范围的 RNA 胞嘧啶脱氨基，诱导数万个 C-尿嘧啶（U）编辑，频率范围为 0.07% 至 100%，发生范围是 38% ～ 58% 表达的基因。CBE 诱导的 RNA 编辑在蛋白质编码序列和非蛋白质编码序列中发生，并产生错义突变、无义突变、剪接位点、5′ UTR 和 3′ UTR 突变。带有 rAPOBEC1 突变的 CBE 变体可以显著降低人类细胞中 RNA 编辑的数量。

3.6　结语

CRISPR 系统的发展极大地改变了基因编辑技术，CRISPR-Cas 技术由于其简单、方便和灵活性，目前正以惊人的速度发展，广泛应用于生命科学的各个领域，并深刻影响到人类社会的生产、生活。虽然关于 CRISPR-Cas 系统所面临的挑战有待于进一步解决与发展，但是随着科学研究的不断深入使其稳定性与广泛应用性得以完善，未来在转基因技术、人类基因治疗、靶向药物研制、人类疾病动物模型的创制等方面，CRISPR 系统将会更好地帮助科研人员研究基因组的功能，探索人类及自然的奥秘。

参考文献

[1] Thomas K R, Folger K R, Capecchi M R. High frequency targeting of genes to specific sites in the mammalian genome. Cell, 1986, 44(3):419-428.

[2] Kim Y G, Cha J, Chandrasegaran S. Hybrid restriction enzymes: zinc finger fusion to FokI cleavage domain. Proc Natl Acad Sci USA, 1996, 93(3): 1156-1160.

[3] Rahimov F, Kunkel L M. The cell biology of disease: cellular and molecular mechanisms underlying muscular dystrophy. J Cell Biol, 2013, 201(4):499-510.

[4] Ruszczak C, Mirza A, Menhart N. Differential stabilities of alternative exon-skipped rod otifs of dystrophin. Biochim Biophys Acta, 2009, 1794(6):921-928.

[5] Lu Q L, Yokota T, Takeda S, et al. The status of exon skipping as a therapeutic approach to Duchenne muscular dystrophy. Mol Ther, 2010, 19(1):9-15.

[6] Ran F A, Hsu P D, Jason Wright J, et al. Genome engineeringusing the CRISPR-Cas9 system. Nat Protoc, 2013, 8(11): 2281-2308.

[7] Ishino Y, Shinagawa H, Makino K. Nucleotide sequence of the iap gene, responsible for alkaline phosphatase isozyme conversion in *Escherichia coli,* and identification of the gene product. J Bacteriol, 1987, 169(12): 5429-5433.

[8] Barrangou R, Fremaux C, Deveau H. CRISPR provides acquired resistance against viruses in prokaryotes. Science, 2007, 315(5819): 1709-1712.

[9] Jinek M, Chylinski K, Fonfara I. A programmable dual-RNAguided DNA endonuclease in adaptive bacterial immunity. Science, 2012, 337(6096): 816-821.

[10] Deltcheva E, Chylinski K, Sharma C M. CRISPR RNA maturation by trans-encoded small RNA and host factor RNase Ⅲ. Nature, 2011, 471(7340): 602-607.

[11] Makarova K S, Wolf Y I, Alkhnbashi O S. An updated evolutionary classification of CRISPR-Cas systems. Nat Rev Microbiol, 2015, 13(11): 722-736.

[12] Shmakov S, Abudayyeh O O, Makarova K S. Discovery and functional characterization of diverse class 2 CRISPR-Cas systems. Mol Cell, 2015, 60(3): 385-397.

[13] Gasiunas G, Barrangou R, Horvath P. Cas9-crRNA ribonucleoprotein complex mediates specific DNA cleavage for adaptive immunity in bacteria. Proc Natl Acad Sci USA, 2012, 109(39): E2579-2586.

[14] Mohanraju P, Makarova K S, Zetsche B. Diverse evolutionary roots and mechanistic variations of the CRISPR-Cas systems. Science, 2016, 353(6299): aad5147.

[15] Agari Y, Sakamoto K, Tamakoshi M. Transcription profile of *Thermus thermophilus* CRISPR systems after phage infection. J Mol Biol, 2010, 395(2): 270-281.

[16] Kunin V, Sorek R, Hugenholtz P. Evolutionary conservation of sequence and secondary structures in CRISPR repeats. Genome Biol, 2007, 8(4): R61.

[17] van der Oost J, Westra E R, Jackson R N. Unravelling the structural and mechanistic basis of CRISPR-Cas systems. Nat. Rev. Microbiol, 2014, 12:479-492.

[18] Abudayyeh O O, Gootenberg J S, Konermann S. C2c2 is a single-component programmable RNA-guided RNA-targeting CRISPR effector. Science, 2016, 353(6299): aaf5573.

[19] Liu L, Li X, Ma J. The molecular architecture for RNA-guided RNA cleavage by Cas13a. Cell, 2017, 170(4): 714-726.

[20] Smargon A A, Cox D B T, Pyzocha N K. Cas13b is a type VI-B CRISPR-associated RNA-guided RNase differentially regulated by accessory proteins Csx27 and Csx28. Mol Cell, 2017, 65(4): 618-630.

[21] Makarova K S, Wolf Y I, Alkhnbashi O S. An updated evolutionary classification of CRISPR-Cas systems. Nat Rev Microbiol, 2015, 13(11): 722-736.

[22] Jiang Y, Bikard D, Cox D. RNA-guided editing of bacterial genomes using CRISPR-Cas systems. Nat Biotechnol, 2013, 31(3): 233-239.

[23] Wang Y, Zhang Z T, Seo S O. Markerless chromosomal gene deletion in *Clostridium beijerinckii* using CRISPR-Cas9 system. J Biotechnol, 2015, 200: 1-5.

[24] Wang Y, Zhang Z T, Seo S O. Bacterial genome editing with CRISPR-Cas9: deletion, integration, single nucleotide modification, and desirable "Clean" mutant selection in *Clostridium beijerinckii* as an example. ACS Synth Biol, 2016, 5(7): 721-732.

[25] Tong Y J, Charusanti P, Zhang L X. CRISPR-Cas9 based engineering of *Actinomycetal* genomes. ACS Synth Biol, 2015, 4(9): 1020-1029.

[26] Cobb R E, Wang Y J, Zhao M H. High-efficiency multiplex genome editing of *Streptomyces* species using an engineered CRISPR-Cas system. ACS Synth Biol, 2015, 4(6): 723-728.

[27] Xu T, Li Y C, Shi Z. Efficient genome editing in *Clostridium cellulolyticum* via CRISPR-Cas9 nickase. Appl Environ Microbiol, 2015, 81(13): 4423-4431.

[28] Penewit K, Holmes E A, Mclean K. Efficient and scalable precision genome editing in *Staphylococcus aureus* through conditional recombineering and CRISPR-Cas9-mediated counterselection. mBio,

2018, 9(1): e00067-18.

[29] Liu J, Wang Y, Lu Y J. Development of a CRISPR-Cas9 genome editing toolbox for *Corynebacterium glutamicum*. Microb Cell Fact, 2017, 16(1): 205.

[30] Jiang Y, Qian F H, Yang J J. CRISPR-Cpf1 assisted genome editing of *Corynebacterium glutamicum*. Nat Commun, 2017, 8: 15179.

[31] Zheng X, Li S Y, Zhao G P. An efficient system for deletion of large DNA fragments in *Escherichia coli* via introduction of both Cas9 and the non-homologous end joining system from *Mycobacterium smegmatis*. Biochem Biophys Res Commun, 2017, 485(4): 768-774.

[32] Chen W Z, Zhang Y, Zhang Y F. CRISPR-Cas9-based genome editing in *Pseudomonas aeruginosa* and cytidine deaminase-mediated base editing in *Pseudomonas* species. iScience, 2018, 6: 222-231.

[33] Zheng K, Wang Y, Li N. Highly efficient base editing in bacteria using a Cas9-cytidine deaminase fusion. Commun Biol, 2018, 1: 32-26.

[34] Wang Y, Liu Y, Liu J. MACBETH: Multiplex automated *Corynebacterium glutamicum* base editing method. Metab Eng, 2018, 47: 200-210.

[35] DiCarlo J E, Norville J E, Mali P. Genome engineering in *Saccharomyces cerevisiae* using CRISPR-Cas systems. Nucleic Acids Res. , 2013, 41(7): 4336-4343.

[36] Bao Z, Xiao H, Liang J. Homology-integrated CRISPR-Cas(HI-CRISPR)system for one-step multigene disruption in Saccharomyces cerevisiae. ACS Synth Biol, 2015, 4(5): 585-594.

[37] Jacobs J Z, Ciccaglione K M, Tournier V. Implementation of the CRISPR-Cas9 system in fission yeast. Nat Commun, 2014(5): 5344-5348.

[38] Shapiro R S, Chavez A, Porter C B M. A CRISPR-Cas9-based gene drive platform for genetic interaction analysis in *Candida albicans*. Nat. Microbiol, 2018, 3(1): 73-82.

[39] Liu R, Chen L, Jiang Y. Efficient genome editing in filamentous fungus *Trichoderma reesei* using the CRISPR /Cas9 system. Cell Discov, 2015(1): 15007-15017.

[40] Katayama T, Tanaka Y, Okabe T. Development of a genome editing technique using the CRISPR-Cas9 system in the industrial filamentous fungus *Aspergillus oryzae*. Biotechnol. Lett, 2016, 38(4): 637-642.

[41] Zhang C, Meng X, Wei X. Highly efficient CRISPR mutagenesis by microhomology-mediated end joining in *Aspergillus fumigatus*. Fungal Genet Biol, 2016(86): 47-57.

[42] Arazoe T, Miyoshi K, Yamato T. Tailor-made CRISPR-Cas system for highly efficient targeted gene replacement in the rice blast fungus. Biotechnol. Bioeng, 2015, 112(12): 2543-2549.

[43] Schuster M, Schweizer G, Reissmann S. Genome editing in *Ustilago maydis* using the CRISPR-Cas system. Fungal Genet Biol, 2016(9): 3-9.

[44] Waltz E. Gene-edited CRISPR mushroom escapes US regulation. Nature, 2016, 532(7599): 293.

[45] Sugano S S, Suzuki H, Shimokita E. Genome editing in the mushroom-forming basidiomycete *Coprinopsis cinerea*, optimized by a high- throughput transformation system. Sci Rep, 2017, 7(1): 1260-1268.

[46] Qin H, Xiao H, Zou G. CRISPR-Cas9 assisted gene disruption in the higher fungus Ganoderma species. Process Biochem, 2017(56): 57-61.

[47] Chen B X, Wei T, Ye Z W. Efficient CRISPR-Cas9 gene disruption system in edible-medicinal mushroom *Cordyceps militaris*. Front Microbiol , 2018, doi. org/10. 3389/fmicb. 2018. 01157.

[48] Jiang W, Zhou H, Bi H. Demonstration of CRISPR-Cas9/sgRNA- mediated targeted gene modifcation in Arabidopsis, tobacco, sorghum and rice. Nucleic Acids Res, 2013, 41(20):e188.

[49] Jacobs T B, LaFayette P R, Schmitz R J. Targeted genome modifcations in soybean with CRISPR-Cas9. BMC Biotechnol, 2015, 15:16-25.

[50] Li Z, Liu Z B, Xing A. Cas9-guide RNA directed genome editing in soybean. Plant Physiol, 2015, 169(2):960-970.

[51] Brooks C, Nekrasov V, Lippman Z B. Efficient gene editing in tomato in the first generation using the clustered regularly interspaced short palindromic repeats/CRISPR associated 9 system. Plant Physiol. 2014, 166:1292-1297.

[52] Wang S, Zhang S, Wang W. Efficient targeted mutagenesis in potato by the CRISPR-Cas9 system. Plant Cell Rep, 2015, 34:1473-1476.

[53] Ren C, Liu X, Zhang Z. CRISPR-Cas9 mediated efficient targeted mutagenesis in chardonnay (*Vitis vinifera* L.). Sci Rep, 2016, 6:32289.

[54] Kim H, Kim S T, Ryu J. CRISPR/Cpf1-mediated DNA-free plant genome editing. Nat Commun, 2017, 8: 14406-14412.

[55] Hu X, Wang C, Liu Q. Targeted mutagenesis in rice using CRISPR-Cpf1 system. J Genet Genomics, 2017, 44(1): 71-73.

[56] Shan Q, Wang Y, Li J. Targeted genome modifcation of crop plants using a CRISPR-Cas system. Nat Biotechnol, 2013, 31(8):686-688.

[57] Wang Y, Cheng X, Shan Q. Simultaneous editing of three homoeoalleles in hexaploid bread wheat confers heritable resistance to powdery mildew. Nat Biotechnol, 2014, 32(9):947-951.

[58] Mikami M, Toki S, Endo M. Parameters affecting frequency of CRISPR-Cas9 mediated targeted mutagenesis in rice. Plant Cell Rep, 2015, 34(10):1807-1815.

[59] Tang X, Levi G L. A CRISPR-Cpf1 system for efficient genome editing and transcriptional repression in plants. Nat Plants, 2017, 3, 17103.

[60] D'Astolfo D S, Pagliero R J, Pras A. Efficient intracellular delivery of native proteins. Cell, 2015, 161(3): 674-690.

[61] Li D, Qiu Z, Shao Y. Heritable gene targeting in the mouse and rat using a CRISPR-Cas

system. Nat Biotech, 2013, 31(8):681-683.

[62] Wang H, Yang H, Shivalila C. One-step generation of mice carrying mutations in multiple genes by CRISPR-Cas-mediated genome engineering. Cell, 2013, 153(4):910-918.

[63] Hwang W Y, Fu Y F, Reyon D. Efficient genome editing in zebrafish using a CRISPR-Cas system. Nat Biotech, 2013, 31(3):227-229.

[64] Friedland A E, Tzur Y B, Esvelt K M. Heritable genome editing in *C. elegans* via a CRISPR-Cas9 system. Nat Methods, 2013, 10(8):741-743.

[65] Niu Y, Shen B, Cui Y. Generation of gene-modified cynomolgus monkey via Cas9/RNA-mediated gene targeting in one-cell embryos. Cell, 2014, 156(4): 836-843.

[66] Xue W, Chen S D, Yin H. CRISPR-mediated direct mutation of cancer genes in the mouse liver. Nature, 2014, 514: 380-384.

[67] Ran F A, Hsu P D, Wright J. Genome engineering using the CRISPR-Cas9 system. Nat Protoc. 2013, 8(11):2281-2308.

[68] Tu M J, Lin L, Cheng Y L. A 'new lease of life': FnCpf1 possesses DNA cleavage activity for genome editing in human cells. Nucleic Acids Res, 2017, 45(19): 11295-11304.

[69] Zetsche, B. Heidenreich M, Mohanraju P. Multiplex gene editing by CRISPR-Cpf1 using a single crRNA array. Nat Biotech, 2017, 35: 31-34.

[70] Eszter T, Nora W, Petra B. Cpf1 nucleases demonstrate robust activity to induce DNA modification by exploiting homology directed repair pathways in mammalian cells. Biol Direct, 2016, 11, 46-69.

[71] Kleinstiver B P, Tsai S Q, Joung J K. Genome-wide specificities of CRISPR-Cas Cpf1 nucleases in human cells. Nat Biotech, 2016, 34: 869-874.

[72] Zhang Y, Long C Z, Li H. CRISPR-Cpf1 correction of muscular dystrophy mutations in human cardiomyocytes and mice. Sci Adv, 2017, 3: e1602814.

[73] Dong D, Ren K, Qiu X L, et al. The crystal structure of Cpf1 incomplex with CRISPR RNA. Nature, 2016, 532: 522-526.

[74] Zetsche B, Gootenberg J S, Abudayyeh O O. Cpf1 is a single RNA-guided endonuclease of a class 2 CRISPR-Cas system. Cell, 2015, 163(3): 759-771.

[75] Farzadfard F, Perli S D, Lu T K. Tunable and multifunctional eukaryotic transcription factors based on CRISPR-Cas. ACS Synth Biol, 2013, 2:604-613.

[76] Jusiak B, Cleto S, Perez-Pinera P. Engineering synthetic gene circuits in living cells with CRISPR technology. Trends Biotechnol, 2016, 34:535-547.

[77] Nissim L, Perli S D, Fridkin A. Multiplexed and programmable regulation of gene networks with an inte-grated RNA and CRISPR-Cas toolkit in Human Cells. Mol Cell, 2014, 54(4): 698- 710.

[78] Kearns N A, Pham H, Tabak B. Functional annotation of native enhancers with a Cas9-histone demethylase fusion. Nat Methods, 2015, 12: 401-403.

[79] Hong Y, Lu G Q, Duan J Z. Comparison and optimization of CRISPR/dCas9/gRNA genome-labeling systems for live cell imaging. Genome Biol, 2018, 19:39-49.

[80] Abudayyeh O O, Gootenberg J S, Essletzbichler P. RNA targeting with CRISPR-Cas13. Nature, 2017, 550(7675): 280-284.

[81] Konermann S, Lotfy P, Brideau N J. Transcriptome engineering with RNA-targeting type VI-D CRISPR effectors. Cell, 2018, 173(3): 665-676.

[82] East-Seletsky A, O'connell M R, Knight S C. Two distinct RNase activities of CRISPR-C2c2 enable guide RNA processing and RNA detection. Nature, 2016, 538(7624): 270-273。

[83] Grünewald J, Zhou R H, Garcia S P. Transcriptome-wide off-target RNA editing induced by CRISPR- guided DNA base editors. Nature, 2019, 10. 1038/s41586-019-1161-z.

CRISPR

第4章

CRISPR-Cas9的结构和作用机制

孙 伟 王艳丽

4.1　引言

许多细菌的基因组内含有簇状规则间隔短回文重复序列 CRISPR 相关蛋白 9（Cas9）系统。该系统采用双 RNA 引导的 DNA 核酸内切酶 Cas9 作为效应蛋白在靶 DNA 中进行位点特异性切割，以此来防御噬菌体或外源性质粒的入侵。靶标识别要求靶标位点一侧存在一个短的原间隔邻近基序（PAM）。Cas9 识别 PAM 后，DNA 双链发生解旋，借助于向导 RNA 与靶标 DNA 之间的碱基互补配对，形成 R 环，在此过程中 Cas9 发生构象变化，DNA 双链被切开。通过模仿天然的反式激活 CRISPR RNA（tracrRNA）-CRISPR RNA（crRNA）双 RNA 结构合成了单向导 RNA（single-guide RNA，sgRNA），简化了 CRISPR-Cas9 作为 RNA 靶向编程和编辑 DNA 平台的使用。本章旨在提供对 RNA 引导 Cas9 靶向切割双链 DNA 的机理和结构的深入理解。

4.2　CRISPR-Cas9生物学

簇状规则间隔短回文重复序列 -CRISPR 相关蛋白 9（CRISPR-Cas9）系统是自然界中细菌针对噬菌体感染和质粒转移而采取的一种防御机制，现已被用作功能强大的 RNA 引导的 DNA 靶向平台，用于基因组编辑、转录扰动、表观遗传调控和基因组成像。这项技术使人们可以精确地操纵由一小段向导 RNA 指定的任何基因组序列 [1]，从而阐明涉及疾病发展和进程的基因的功能；通过使用核酸酶缺陷的 Cas9 和效应子结构域的融合蛋白，纠正引起疾病的致癌基因的激活突变以及抑癌基因的失活 [2]。此外，这项可编程的核酸内切酶技术使研究人员可以通过在单个实验中同时靶向多个基因组位点从而一次性检查多个基因的功能 [3]，这极大地加快了人们对涉及大量基因或突变的病理过程的理解。使用 sgRNA 文库，基于 CRISPR 的全基因组筛选可用于鉴定新型药物靶标或抗病基因（例如新型肿瘤抑制因子或致癌基因），并快速评估药物靶标 [4]。不仅如此，CRISPR-Cas9 介导的基因组工程有望治疗甚至治愈遗传性疾病，包括多种形式的癌症、神经退行性疾病、镰状细胞贫血、囊性纤维化、杜氏肌营养不良症、病毒感染、免疫性疾病和心血管疾病 [5,6]。

尽管有其优点和广阔前景，但是 CRISPR-Cas9 与充分发挥治疗潜力之间仍存在一些障碍[7]。减少或避免非靶位点上出现不需要的脱靶突变，是在临床应用中有效利用 CRISPR 介导的基因组工程的关键[8]。因此，Cas9 如何定位特定的 20 个碱基对（bp）（基因组中的靶序列长度达数百万至数十亿个碱基对），并随后诱导序列特异性双链 DNA（dsDNA）切割，不仅是 CRISPR 生物学中的一个关键问题，而且在开发精确高效的 Cas9 工具过程中也是一个关键问题。在 DNA 靶标监测的不同阶段对 Cas9 进行广泛生化和结构研究，以及对识别不同 PAM 的变体和 Cas9 直系同源物进行研究，对我们理解 CRISPR-Cas9 的机制具有重要意义。在本章中，我们将简要介绍 CRISPR-Cas9 技术的生物学基础，然后重点关注化脓性链球菌的 Cas9 酶靶向和切割 DNA 分子机制的最新结构和力学知识。

许多细菌和大多数古菌已经进化出由 CRISPR 基因位点和伴随的 CRISPR 相关（*cas*）基因所编码的复杂的 RNA 防御系统，以提供针对噬菌体感染和质粒转移的获得性免疫力[9]。在暴露于噬菌体或质粒侵入性遗传元件后的免疫过程中，外来 DNA 的短片段作为新的间隔子被整合到宿主染色体内的 CRISPR 重复间隔阵列中[10]，从而记录了先前感染的遗传物质，使宿主能够阻止同一入侵者的再次入侵[11]。CRISPR 阵列的后续转录及核酸内切酶对前体 CRISPR 转录本进行的酶切处理，产生了短的成熟 CRISPR RNA（crRNA）[12]。在 crRNA 的 5′末端包含间隔子，即与来自外来遗传元件的序列互补的一段 RNA 短片段，而 3′末端则包含一段 CRISPR 重复序列。crRNA 间隔子会与互补的外源靶序列（原间隔子）杂交，在第二次感染时触发 Cas 核酸酶对入侵的 DNA 或 RNA 进行序列特异性破坏[13]。CRISPR-Cas 系统的一个特征是成熟的 crRNA 跟 Cas 蛋白组装成 crRNA 效应复合物，以搜寻 DNA 靶标并破坏其中的匹配序列[14]。值得注意的是，位于靶 DNA 原间隔序列附近的一个短的保守序列基序（2 ～ 5bp），即 PAM[15]，在靶 DNA 选择和降解中起着至关重要的作用。目前 CRISPR 系统分为六种不同的类型（Ⅰ～Ⅵ），每个类型又进一步分为多个亚型，每个亚型都使用一套独特的 Cas 蛋白和 crRNA 进行 CRISPR 干扰[16]。与Ⅰ型和Ⅲ型系统利用大型多亚基 Cas 蛋白复合物进行 crRNA 结合和靶序列降解不同[17]，Ⅱ型 CRISPR 系统采用单个效应蛋白 Cas9 识别双链 DNA 底物，以其独特的核酸酶结构域（HNH 或 RuvC）去切割两条链[13,18]。在Ⅱ型

Cas9 介导的干扰过程中，称为反式激活 crRNA（tracrRNA）的小非编码 RNA 与 crRNA 中的重复序列碱基配对，形成了独特的双 RNA 杂交结构[19]。该双 RNA 引导 Cas9 切割包含 20 个核苷酸（nt）互补靶序列和 PAM 基序的任意 DNA[18]。值得注意的是，tracrRNA 是 II 型系统中 crRNA 成熟所必需的[19]。将 crRNA 和 tracrRNA 组合成单个 sgRNA 后简化了系统，但功能仍然保留[20]。通过改变 crRNA 中的向导 RNA 序列（间隔子），这个简化的两组分 CRISPR-Cas9 系统可以被编程，以靶向基因组中几乎所有感兴趣的 DNA 序列，并进一步产生位点特异的平末端双链断裂（DSB）[20]。然后，通过容错的非同源末端连接[21]修复 Cas9 切割产生的 DSB，从而在切割位点引入小的随机插入和 / 或缺失（indels），或者通过高保真同源性定向修复在 DSB 的位点进行精确的基因组修饰[22]。因此 CRISPR-Cas9 系统可以被用作基因组编辑工具[20]，由于其设计简便，使用方便和高效[23]，已迅速成为在各种生物体中进行基因组操纵的强大工具。与传统的核酸酶介导的 DNA 编辑技术锌指核酸酶（ZFN）和类转录激活因子效应物核酸酶（TALEN）不同，CRISPR-Cas9 系统对 DNA 识别的特异性不是由蛋白质决定[24]，而是由 20nt 向导 RNA 决定[25]。因此无需对核酸酶上的 DNA 识别结构域进行繁琐的蛋白质工程改造[26]，从而极大地扩展了 CRISPR-Cas9 在大规模基因组操作或筛选中的应用以及在科学界的适用性。

4.3　Cas9酶

化脓链球菌 Cas9（SpCas9）是一种大型的（1368 个氨基酸）多结构域和多功能的 DNA 核酸内切酶。它通过两个不同的核酸酶结构域在 PAM 上游 3bp 处剪切 dsDNA。Cas9 的两个结构域中一个是 HNH 样核酸酶结构域，它切割与向导 RNA 序列互补的 DNA 链（靶链）；另一个是 RuvC 样核酸酶结构域，负责切割与靶链互补的 DNA 链（非靶链）[20,27]。除了在 CRISPR 干扰中起关键作用外，Cas9 还参与 crRNA 成熟和间隔区获取[28]。

4.3.1　Apo 酶的双叶结构

Apo 状态的 Cas9 结构具有两个不同的叶，α- 螺旋识别（REC）叶和核酸酶（NUC）叶，后者包含保守的 HNH 和分成几部分的 RuvC 核酸酶结构域以及可变性更高的 C 端结构域（CTD）[29]。这两个叶通过两个连接段进一步连接：一个连接段由富含精氨酸的桥螺旋形成，另一个由无序的连接段组成（残基 712 ～ 717）。REC 叶由三个 α- 螺旋结构域（Hel-Ⅰ、Hel-Ⅱ 和 Hel-Ⅲ）组成，与其他已知蛋白质没有结构相似性。延伸的 CTD 显示 Cas9 特异性折叠，包含 PAM 识别所需的相互作用位点。但是，该 PAM 识别区域在 Apo-Cas9 结构中无序，这表明 Apo-Cas9 处于非活性状态，在结合向导 RNA 之前无法识别靶 DNA。这种结构观察与所谓的 DNA 幕帘分析结果一致，后者显示 Apo-Cas9 非特异性结合 DNA，在竞争 RNA（如向导 RNA）存在的情况下，它可以从非特异性位点快速解离下来[30]。将结合 sgRNA 和结合 DNA 的两种 Cas9 结构与 Apo-Cas9 的结构叠加会发现，Cas9 在 Apo 状态下处于失活状态，需要 RNA 诱导激活来进行 DNA 识别和切割。这一发现与生化实验结果一致，即在不结合向导 RNA 的情况下，Cas9 作为核酸酶是无活性的[20]，进一步支持验证了其具有 RNA 引导的核酸内切酶的功能[29]。

4.3.2　HNH 和 RuvC 核酸酶结构域

将 Cas9 核酸酶结构域与其他结合 DNA 的核酸酶的同源结构比较后发现，Cas9 RuvC 核酸酶结构域与具有 RNase H 折叠特征的逆转录病毒整合酶超家族成员具有结构相似性，表明 RuvC 可能使用双金属离子催化机制切割非靶 DNA 链[29,31]。相反，HNH 核酸酶结构域具有其他 HNH 核酸内切酶共有的标志性 ββα- 金属折叠方式，很有可能采用单金属离子机制进行靶链 DNA 切割。单金属离子依赖性和双金属离子依赖性核酸内切酶的标志分别是广义保守的碱性组氨酸残基和绝对保守的天冬氨酸残基[32]。这与 Cas9 的突变研究结果一致。该研究表明，突变 HNH（H840A）或 RuvC 结构域（D10A）会将 Cas9 转化为切口酶，而同时突变 Cas9 的两个核酸酶结构域（所谓的"死 Cas9"或 dCas9）则会保留其 RNA 引导的 DNA 结合能力，尽管会丧失核酸内切酶活性[20]。这些假设的催化机制正不断被最新的实验数据加以证实。

4.4　CRISPR-Cas9效应复合物的组装

要实现位点特异性的 DNA 识别和切割，需要将 Cas9 与向导 RNA（天然的 crRNA-tracrRNA 或 sgRNA）组装在一起以形成活性的 DNA 监测复合物[20,29]。

crRNA 的 20nt 间隔区序列赋予 DNA 靶向特异性，tracrRNA 在 Cas9 募集和 crRNA 成熟过程中起关键作用[25]。遗传和生物化学实验确定了 crRNA 间隔区中 RNA 的所谓种子区域的作用，该区域对于靶标特异性非常重要[33,34]。在 II 型 CRISPR 系统中，种子区域被定义为位于 20nt 间隔序列 3′末端、PAM 近端的 10 ～ 12 个核苷酸[3,20,30]。种子区域的错配会严重影响或完全解除靶 DNA 的结合和切割，而种子区域的高度同源性会导致脱靶结合[35]。

4.4.1　sgRNA 结合后的构象重排

在靶标识别之前进行的 Cas9-sgRNA 组装和向导 RNA 排列，其原理在结合 sgRNA 的晶体结构中得到了阐释[36]。结合 sgRNA 的 Cas9 与 Apo-Cas9 的结构比较准确地揭示了向导 RNA 结合如何驱动 Cas9 从无活性构象到有 DNA 识别能力构象的实质性结构重排。最显著的构象变化发生在 REC 叶中，尤其是 Hel-III，它在 sgRNA 结合后向 HNH 结构域移动约 65°。相反，Cas9 结合靶 DNA 和 PAM 序列后的构象变化要小得多，这表明大多数的结构重排发生在靶 DNA 结合之前，强化了向导 RNA 装载是 Cas9 酶功能关键调节因子的观点[29]。

4.4.2　Cas9 与 sgRNA 的相互作用

Cas9 与 sgRNA 之间存在广泛的相互作用。具体来讲，sgRNA 的部分碱基相互配对形成双链和茎环结构，Cas9 与重复 - 反重复序列双链、茎环 1 以及茎环 1 和 2 之间的连接区（通过 Hel-I，富含精氨酸的桥螺旋和 CTD 结构域）直接接触。相比之下，Cas9 通过其 RuvC 和 CTD 结构域与 sgRNA 的茎环 2 建立的相互作用要少得多。由于用于晶体结构分析的 sgRNA 中缺少 tracrRNA 3′尾部，在 Cas9-sgRNA 结构中未见到茎环 3 的蛋白质 -RNA 相互作用。但是，结合靶标 DNA 的结构显示 Cas9 与茎环 3 的接触很少[31,37]。生化研究表明，尽管效率很低，缺失茎环 1 和 2 之间的接头区域，茎环 2 和茎环 3 的 sgRNA 仍然能够触发 Cas9 介导的 DNA 切割，而缺失茎环 1 则使 Cas9-sgRNA 完全丧失了切割能力[20]。功能研究表明，茎环 2 和 / 或 3 对于 Cas9 在体内发挥活性是必需的[31]。综上所述，Cas9-sgRNA 复合物的形成不可缺少重复 - 反重复序列双链和茎环 1，而茎环 1 和茎环 2 的连接子、茎环 2 和茎环 3 不是监测复合物发挥功能所必需的[38]，但可以通过稳定向导 RNA

结合促进活性复合物的形成，从而提高体内的催化效率 [3,31,38]。

4.4.3　预排序种子 RNA 以及 Cas9 与 PAM 的相互作用

　　Cas9 与向导 RNA 的核糖 - 磷酸骨架广泛接触，从而以某种构象形式对起始 DNA 识别所需的 10nt RNA 种子序列进行了预排序。这种预排序被认为使靶标结合在热力学上变得有利，这与在其他小调节性 RNA 通路中观察到的向导 RNA 定位类似，包括细菌 Hfq 蛋白 -RNA 复合物和真核 Argonaute 介导的 RNA 沉默相似 [39]。值得注意的是，在被称为 Cascade 的 I 型 CRISPR 干扰复合物中，向导 RNA 在整个 crRNA 中被预排序而不局限于种子区域。这可能是由两方面所致：一是复合物的螺旋组装方式，二是在每六个核苷酸位置处完全翻转出核苷酸释放了拓扑约束 [40]。除了预排序的种子向导 RNA 序列外，Cas9 上负责识别 5′-NGG-3′ PAM 的关键位点 R1333 和 R1335 在与靶 DNA 接触之前也已被预先定位，表明 sgRNA 装载使 Cas9 形成了能识别 DNA 的结构特征。值得注意的是，尽管 5′ 端的 10nt 非种子 RNA 序列在 sgRNA 结合的晶体结构中完全无序 [36]，但结合全长 sgRNA 的 SpCas9 的电子显微镜（EM）结构（EMD3276）显示向导 RNA 的 5′ 末端位于 HNH 和 RuvC 结构域之间形成的腔内 [37]。此结构表明 sgRNA 的 5′ 末端受到保护免于降解，而在靶 DNA 结合的过程中，需要进一步的构象变化才能从原先的限制中释放出来。

4.5　目标搜索与识别

　　一旦 Cas9 结合了其向导 RNA，该复合体即可开始寻找互补的靶 DNA 位点 [36]。靶标的搜索和识别既需要靶标 DNA 中 20nt 原间隔子序列与向导 RNA 上的间隔子互补配对，也需要在靶标位点附近存在保守的 PAM 序列 [18,20]。PAM 序列对于宿主区分自身序列和非自身序列至关重要 [41]，在体外 PAM 中的单个突变可导致 Cas9 切割活性丧失 [20]，并使噬菌体逃脱宿主的免疫反应 [42]。常用的 SpCas9 PAM 序列是 5′-NGG-3′，其中 N 可以是四个 DNA 碱基中的任何一个。单分子实验表明，Cas9 通过探寻合适的 PAM 序列来启动目标 DNA 的搜索过程，然后再搜索侧翼 DNA 是否具有潜在的向导 RNA 互补性 [30]。靶向识别是通过三维碰撞发生的，其中 Cas9 快速从不包含适当 PAM 序列的 DNA 上解离，而当存在适当 PAM 时，停留时间取决于向导 RNA 与相邻 DNA 之间的互补性 [30,43]。一旦 Cas9 找到具有适当 PAM 的靶位点且向导 RNA 与靶 DNA 的靶标链互补，它就会在 PAM 邻近的成核位点触发局部 DNA 熔解。随后 RNA 链入侵，从近 PAM 端到远 PAM 端形成 RNA- 靶 DNA 杂合链并置换出非靶 DNA 链（形成 R 环）[30,44]。sgRNA 的种子区域和靶 DNA 之间的完美互补是 Cas9 介导的 DNA 靶向和切割所必需的，而非种子区域的不完美碱基配对对靶 DNA 结合特异性来说则相对影响较小 [45]。

4.5.1　RNA-DNA 异源双链

最近解析的 Cas9-sgRNA 与互补的单链靶 DNA（带有和不带有 PAM 双链）[31]，以及 Cas9-sgRNA 与完全配对的靶标 dsDNA 结合所形成复合物的 EM 和晶体结构模型 [37]，共同为 Cas9-sgRNA 如何识别底物 DNA 提供了重要的结构见解。其中一种是 Cas9-sgRNA 与靶 ssDNA 链相互作用的机制，这是从结合 ssDNA 的结构中首次发现的 [31]。在这种结构中，目标 DNA 链通过 20 个 Watson-Crick 碱基对与 sgRNA 中的 20nt 间隔序列进行整体杂交，形成 RNA-DNA 异源双链体，其构象主要为 A 型。RNA-DNA 异源双链位于 REC 和 NUC 叶之间的中央通道中，并被 Cas9 以不依赖序列的方式识别，这表明 Cas9 识别 RNA-DNA 异源双链体的几何结构而不是其核酸碱基。RNA-DNA 异源双链的假 A 型构型在 PAM 双链结合的结构中也存在 [46]。这为寡脱氧核糖核苷酸 PAMmers（包含 PAM 序列的 DNA 寡核苷酸的简短序列）存在时 Cas9 靶向 RNA 提供了结构解释 [47]，因为 RNA-RNA 异源双链通常采用类似的 A 型构象。比较所有与 DNA 结合的结构中的 RNA-DNA 异源双链体，包括 ssDNA 结合、PAM 双链体结合和双链 DNA 结合状态，发现杂合双链体在延伸至向导 RNA 5′末端时表现出更明显的畸变，尤其是从位置 +12 到 +17（从 sgRNA 内间隔区的 3′末端算起）。相对于 PAM 近端片段，PAM 远端区域的 RNA-DNA 异源双链体所采用的结构可塑性显著提高，这与 Hel-Ⅲ 的高柔韧性和 Hel-Ⅰ 的低移动性（分别容纳杂合链远端和近端）有关。这可以解释为什么 PAM 远端非种子区错配比 PAM 近端种子区域配对更能被容忍。单链靶 DNA 链的结合相对于 PAM 结合在 Cas9 内引起了更为显著的构象变化，进一步突显了 RNA-DNA 杂交在诱导 Cas9 的构象激活中的重要作用。

4.5.2　PAM 识别

PAM 识别的分子机制由 PAM 双链结合后结构来阐明[47]。在这种结构中，Cas9 切口酶（H840A）与 83nt sgRNA 和在非靶标链上包含 5′-TGG-3′ PAM 序列的部分双链体靶标 DNA 形成复合体，这种 DNA 模拟了含有被切割的非靶标 DNA 的部分产物链和完整的靶 DNA 链。PAM 双链体位于 REC 和 NUC 叶之间的带正电荷的凹槽中，而含 PAM 的非靶标链主要位于 CTD 中。PAM 序列中的第一个碱基（表示为 N）与其互补碱基保持碱基配对，但不与 Cas9 相互作用。通过与位于 CTD 中的 β- 发夹结构中的两个精氨酸残基（R1333 和 R1335）的碱基特异性氢键相互作用，保守的 PAM GG 二核苷酸可在大沟中被直接读出。与 DNA 小沟中的识别相比，通过 DNA 大沟中水介导的氢键直接相互作用读取碱基赋予了 Cas9 更大的序列特异性和区分性[48]。与之相比，Cascade 也识别双链形式的 PAM 序列，但从小沟侧开始，这解释了 I 型 CRISPR-Cas 系统中 PAM 识别的混杂性[49]。除了与 GG 二核苷酸的碱基特异性接触外，Cas9 的 CTD 还与含 PAM 的非靶 DNA 链的脱氧核糖 - 磷酸骨架形成许多氢键相互作用。但是，未发现在 Cas9 和靶链核苷酸之间的直接相互作用[46]。这使先前的生化观察结果趋于合理，表明 Cas9 特异性识别非靶链而不是靶链上的 PAM 序列，同时解释了 Cas9 对 PAM 双链体靶链区错配的耐受性[20,30]。SpCas9 变体的最新结构研究表明，Cas9 通过诱导契合机制识别非经典 PAM 序列[50]，其中非经典 PAM 的识别在不改变 Cas9 构象（包括 PAM）的情况下，在 PAM 双链体的 DNA 骨架中产生细微的变形，包括位于 CTD 结构域中与 PAM 相互作用的 β- 发夹结构。有趣的是，工程化精氨酸残基（T1337R）参与了 PAM（5′-NGNG-3′）第四位鸟嘌呤碱基的识别。工程化 Cas9 变体表现出的 PAM 识别的结构可塑性进一步印证了 PAM 识别在诱导靶 DNA 解链中的重要作用[30]。

4.5.3　局部 DNA 熔解和 R 环形成

结合 PAM 双链和结合 dsDNA 的结构解析显示，特定的 PAM-Cas9 相互作用触发了局部结构变化，使相邻 DNA 双链体不稳定，并促进了向导 RNA 和靶 DNA 链之间随后的 Watson-Crick 碱基配对[46,50]。在 PAM 双链结构中，在紧邻 PAM 上游的靶链中观察到一个明显的扭结转弯，它通过位于 CTD 结构域中的磷酸酯锁环（K1107-S1109）稳定连接磷酸二酯基团（称为 +1 磷酸酯）[46]。这种扭结转弯构型对于驱动靶标 DNA 从与非靶链配对过渡到与向导 RNA 配对是必需的。将结合 DNA 的结构与结合 sgRNA 的结构做叠加，磷酸酯锁环显示出多种构象，并在与 PAM 结合后向外移动。这些观察结果与生化和单分子研究结果相结合，表明 PAM 识别与相邻序列的局部不稳定相伴[20,30]，而且在 PAM 识别后，磷酸酯锁环和 +1 位磷酸之间相互作用的形成有助于 DNA 双链体的局部熔解和 RNA-DNA 杂交的稳定化[46]。如果没有最初的 PAM 结合并通过该磷酸酯锁环稳定 +1 磷酸酯，目标 DNA 序列的第一个核碱基就不能轻易翻转并向上朝向导 RNA 方向旋转，结果是向导 RNA 很少能够结合靶 DNA 以启动 RNA 链入侵。这种结构特征也使以前的研究结果相吻合，表明非靶链上 PAM 的存在可以激活 ssDNA 靶链的切割[30]。dsDNA 结合结构进一步揭示了在无 ATP 依赖的解旋酶活性存在的情况下，PAM 识别如何触发诱导 R 环形成[37]。为了捕获处于切割状态的 R 环结构，在存在金属离子螯合剂的情况下，用含有 30 个碱基对（bp）的 dsDNA 与野生型 SpCas9-sgRNA 结晶，以防止靶 DNA 切割。如在 PAM 双链结合结构中观察到的[46]，未缠绕的靶 DNA 链在 +1 磷酸二酯键处扭结，然后与间隔区配对形成假 A 型 RNA-DNA 异源双链体。靶 DNA 链在两个 Cas9 叶之间形成的中央通道中延伸，与之相反，被置换出的非靶 DNA 链穿入位于 NUC 叶内的紧邻侧通道中。PAM 远端的非靶链完全无序[37]，这与以前的足迹实验数据非常吻合[29]。通过疏水和范德华力相互作用组成的精细网络，PAM 近端非靶 DNA 链得以稳定[37]。它显示出扭曲的螺旋构象，PAM 上游的第一个核苷酸（称为 −1 位置）堆叠在 PAM 双链体上。如在 PAM 双链结合结构中观察到的，这种链内碱基堆叠可能有助于稳定 PAM 双链并通过 Cas9 与 GG 二核苷酸的碱基特异性相互作用促进 PAM 识别。非靶 DNA 链在 −1 磷酸位置发生明显的扭结，没有直接的蛋白质相互作用[37]。相反，通过 Cas9 与 −2 和 −3 位置的翻转核苷酸之间的广泛相互作用，可以使扭结的 DNA 构型稳定。在这种具有切割功能的构象中，非靶标链再次在 −4 位置扭结，然后从 RuvC 和 HNH 核酸酶结构域之间形成的狭窄的带正电荷的通道中横向穿出。在未缠绕的靶链和置换的非靶链中观察到的尖锐扭结和翻转碱基[37,46]，表明紧邻 PAM 上游的两个种子核苷酸在很大程度上暴露于本体溶剂中，从而成为 PAM 的成核位点以启动靶 DNA 的结合[36]，这些发现阐明了 Cas9 如何检测邻近 DNA 用于与向导 RNA 互补，并在 PAM 识别后打开 DNA 双链体以启动 R 环形成[30]。此外，这些结构与早期的生化研究结果非常吻合，后者表明紧邻 PAM 的 2bp 错配使结合完全丧失，而进一步在此位置引入 2bp 小 DNA 气泡则会消除在该位置形成 RNA-DNA 异源双链的需要，并且导致牢固结合和快速的切割[30]。

4.5.4　Cas9 诱导的 DNA 弯曲

Cas9-sgRNA 复合物与 dsDNA 结合的 Cryo-EM 结构进一步阐明了 Cas9 如何将未解链的 dsDNA 的两端固定在更长的螺旋中[37]。在这种真正的 R 环结构中，与结合 PAM 双链和双链 DNA 的晶体结构相同，双链 PAM 的近端也保留在 PAM 相互作用的 CTD 结构域中，而 PAM 远端的靶标 DNA 双链则被保持在 Hel-Ⅲ和 RuvC 核酸酶结构域之间。Cas9 显著扭曲了 DNA 螺旋，从而改变了双链体的轨迹，在结合的 DNA 片段中产生了从 180°到 150°的整体弯曲。尽管大多数非靶标链在该 EM 结构中都无法解析，但密度清楚地表明，PAM 远端非靶标链受到有利的静电环境的吸引，采取向下的沟槽路线朝向 RuvC 核酸酶结构域的背面。Cas9 引起的 DNA 弯曲与转录过程中 RNA 聚合酶诱导的 DNA 变形[51]类似，最有可能促进链分离并防止再杂交（R 环塌陷）。

4.6　靶标切割

在 PAM 识别并随后形成 RNA-DNA 异源双链体后，Cas9 酶被激活以进行 DNA 切割[30]。Cas9 使用两个核酸酶结构域行使功能，一个是三段分开的 RuvC 基序组成的保守 RuvC 结构域，另一个是位于蛋白质中间的 HNH 结构域。每个结构域都在距 NGG PAM 序列 3bp 的特定位点切割靶 dsDNA 的一条链，以产生末端为平末端的 DSB[18,20]。但是，Cas9 切口酶（对于 SpCas9 为 D10A 或 H840A）只能切割 DNA 双链体的一条链，从而导致单链断裂[20]。当与正义和反义 sgRNA 配对，靶向相反的两条链时，此类 Cas9 切口酶可以在靶 DNA 内进行交错切割，产生双切口的 DSB，增强基因组编辑的特异性[52]。

4.6.1　解偶联的 DNA 结合和切割事件

通过 ChIP-sgq 分析脱靶效应，发现 DNA 结合远比 DNA 裂解更为复杂。尽管 Cas9-sgRNA 复合物可以结合许多脱靶位点 [45,53]，有些带有种子的序列短至 5nt[45]，但只有一小部分脱靶序列被切割 [53]，提示 DNA 结合本身不足以引发 DNA 底物的切割 [54]。DNA 结合和切割的解偶联表明，原核 CRISPR-Cas9 系统可能使用多步机制降解外源 DNA。实际上，体外和体内切割试验均表明，PAM 远端的互补碱基配对对于 Cas9 切割活性至关重要 [54-56]。荧光共振能量转移（FRET）实验进一步表明，HNH 核酸酶结构域的构象状态受 RNA-DNA 杂交驱动，对 PAM 远端互补特别敏感。HNH 通过变构控制 RuvC 活性以确保准确、一致的靶标 DNA 切割 [56]。此外，利用原子力显微镜成像的研究表明，DNA 切割的特异性受到激活结构内构象变化的控制，该结构变化为靶标链原间隔子的第 14 至第 17 个碱基对区域与向导 RNA 的相互作用所稳定 [57]。Cas9 对 DNA 靶标的构象控制可实现广泛的靶标采样，同时将宿主基因组内的假性切割降至最低 [56]。

4.6.2　通过 HNH–RuvC 通讯进行 DNA 协同切割

SpCas9-sgRNA 复合物与 30bp dsDNA 结合的结构研究为理解 Cas9 催化 DNA 切割的分子机制提供了结构基础 [37]。在靶标结合和 R 环形成后，Cas9 酶会进行进一步的构象重排，从而将 HNH 核酸酶结构域定位在靶 DNA 链上。HNH 结构域的活性位点位于距切割位点至少 30Å（1Å=0.1nm）处。现有结构的叠合结果表明，尽管在不同的 DNA 结合状态中 Cas9 的总体构象保持不变，但是在结合 dsDNA 后，HNH 结构域向靶链位移，达到活性构象。上述观察到的 HNH 结构域的结构状态与 FRET 实验非常吻合。FRET 实验表明 HNH 结构域感知了酶复合物从非活性状态到活性状态的构象平衡 [56]，有利于稳定靶标 dsDNA 结合后的活性状态 [37]。值得注意的是，催化残基 H840 和被切磷酸键之间的距离太大（约 10Å），不足以成为靶 DNA 切割过程中的真实构象，这可能是由于结晶过程中省略了二价金属辅因子 [37]。考虑到 HNH 结构域表现出的高移动性，可以合理推测此类金属离子（例如 Mg^{2+}）的结合将驱动 HNH 活性位点更靠近靶 DNA 链进行催化。此外，与 dsDNA 结合的蛋白质结构揭示了置换出的非靶标 DNA 在 RuvC 催化中心的正确定位 [37]。值得注意的是，RuvC 上叠加的金属离子与被切磷酸酯键上的非桥连氧之间的距离（约 5.5Å）比典型的配位距离（Mg^{2+} 为 2.1Å）稍长。同样，二价阳离子在活性位点的结合将可能促进被切磷酸酯键向金属离子移动以进行催化。有趣的是，非靶 DNA 核苷酸似乎在 -4 以外的位置更不规则，并且 Cas9 不能牢固抓住 DNA 的 PAM 远端。这种灵活性可以印证先前的观察，即非靶链可以通过 RuvC 核酸酶结构域进行 3′-5′核酸外切修剪[20]。与 dsDNA 结合时，除了 HNH 结构域的重新定向之外，连接 HNH 结构域与 RuvC 结构域的两个铰链区，即 L1（残基 765 ～ 780）和 L2（残基 906 ～ 918）也经历了折叠重排，以响应在 dsDNA 结合 / 解链时 HNH 结构域的重新定向。L1 和 L2 接头表现出的这种剧烈的局部结构变化与 HNH 结构域的重定位过程协同一致，为 HNH 和 RuvC 核酸酶结构域之间通过这些铰链区进行变构的论点提供了直接的结构证据[37]。另外如突变分析所提示的，除了通过 HNH 介导 RuvC 的变构控制外，这两个铰链区还在稳定 R 环以防止 DNA 双链再杂交过程中发挥重要作用[37]。

4.6.3　非靶 DNA 链在 HNH 重定位中的关键作用

Cas9 切割包含 PAM 片段和 20nt 靶链，但不包含非靶链的部分双链体时，其速率与切割完全配对的靶 dsDNA 几乎没有区别[30]。但是，在这种与部分双链体结合的 Cas9 的晶体结构中，HNH 活性位点并不靠近被切的磷酸酯键。造成这种无活性构象可能用于结晶的 sgRNA 缺少 3′ 端，该部位对于稳定 Cas9 的活性状态至关重要[56]。如 FRET 实验所示，非靶标 DNA 的结合可能使内在动态的 HNH 核酸酶结构域稳定在一个封闭的构象中[56]。最有可能导致捕获的结构处于非活性构象。这与分子模拟研究一致，将非靶链确定为 Cas9 构象激活的关键决定因素[58]。在其他结构中，HNH 与 Cas9 蛋白的其余部分几乎没有接触，而当 dsDNA 结合后才与 Hel-Ⅱ建立相互作用。这种新形成的 HNH-HelⅡ结构域内的相互作用是由疏水表面补丁形成的，并且在很大程度上不依赖于晶体堆积效应，似乎在有效地将 HNH 结构域锁定在激活的构象中，在随后的 DNA 链切割过程中起着重要的作用[37]。它的功能类似于Ⅰ型 Cascade 监视复合体中假定的 R 环锁定机制[59]。单分子 FRET 实验对于进一步测试这一假设是必要的。

4.7　CRISPR-Cas9介导的DNA靶向和切割模型

　　根据当前的结构和机理研究，我们可以构建在向导 RNA 结合和靶 DNA 识别后 Cas9 激活的详细模型。在这种模型中，向导 RNA 的结合触发了 Cas9 的构象重排[29,36]，这将 Cas9 酶从非活性状态转变为具有 DNA 识别能力的构象[36]。RNA 种子序列以 A 型构象进行预排序以结合靶标链，并预定位了 PAM 识别位点以进行 PAM 检测[36]。Cas9 与 PAM 序列的初始结合使酶可以快速"询问"邻近的 DNA，用于识别潜在的靶序列[30]。一旦 Cas9 找到含有适当 PAM 的潜在靶标，它将启动双链解链并继续对靶序列进行检测[30,44,59]。磷酸酯锁环可稳定解链后的靶 DNA 链，使靶 DNA 序列的第一个碱基朝向导 RNA 翻转并向上旋转以进行碱基配对[37,46]，而 Cas9 与非靶链上的翻转碱基相互作用则有助于双链解旋[37,58]。Cas9 的向导 RNA- 靶碱基配对和相应的构象变化有助于引导 RNA 链侵入种子区域之外[31]。非种子区域依次从约束中释放[37]，碱基配对传播到引导序列的 5′末端[30,44]。这种渐进式碱基配对在 Cas9 内诱导进一步协调一致的构象变化，直到达到有活性状态[54,57]。最终，向导 RNA 和靶 DNA 的完全退火可使 HNH 达到稳定、有活性的构象，以切割靶链[37,58]。HNH 构象变化的同时，其两端的铰链区也发生构象变化，进而将非靶链引导至 RuvC 催化中心，以实现协同一致的切割[37,56]。切割后，Cas9 仍与切割的靶 DNA 紧密结合，直到其他细胞因子取代酶以进行重复使用[30]。

4.8　Cas9直系同源物的结构

　　除了 dsDNA 切割所需的保守的 HNH 和 RuvC 核酸酶结构域外，直系 Cas9 同源蛋白显示出有限的序列相似性和高度可变的长度（约 900 ～ 1600 个氨基酸残基）[60]。根据 CRISPR-Cas 基因位点结构和 Cas9 系统发育，Ⅱ 型 CRISPR 系统进一步分为 Ⅱ-A、Ⅱ-B 和 Ⅱ-C 三种亚型[61]。迄今为止，CRISPR-Cas9 系统几个亚型的代表性成员已被成功用于真核生物中的基因组编辑。其中，化脓性链球菌的 Ⅱ-A 亚型 Cas9（1368 个氨基酸）是基因组工程研究最常用的 Cas9 版本，而金黄色葡萄球菌的 Cas9 直系同源物（SaCas9，Ⅱ-A 亚型）[62]

和脑膜炎奈瑟氏球菌 Cas9（NmeCas9，Ⅱ-C 亚型）[63]，由于其较小的长度（<1100 个氨基酸），具有容易被 AAV 病毒包装后向体细胞组织进行基因递送的潜在优势。相反，来自新凶手弗朗西斯菌的Ⅱ-B Cas9 亚型（FnCas9）由 1629 个氨基酸组成，明显大于来自Ⅱ-A 和Ⅱ-C 亚型的其他 Cas9 直系同源物[60]。除了不同的长度和序列外，Cas9 直系同源物能识别不同的 tracrRNA：crRNA 双链体的 PAM 序列[60]。例如，SpCas9 识别紧邻靶 DNA 3′末端的5′-NGG-3′ PAM 序列，具有特定的切割活性，而 SaCas9 识别 5′-NNGRRT-3′ PAM［其中 R 代表一个嘌呤（即 A 或 G）][62]，FnCas9 特异性检测靶 DNA下游的 5′-NGG-3′ PAM 基序[64]。值得注意的是，tracrRNA：crRNA 双链体在密切相关的Ⅱ型 CRISPR-Cas9 系统之间可以互换[60]，这是通过交换同一亚型中的 tracrRNA：crRNA 双链体来优化 CRISPR-Cas9 系统的另一个潜在方向。对 Cas9 直系同源物的结构的比较，包括亚型Ⅱ-C[50] 的内脏放线菌Apo 结构（AnaCas9）和 SaCas9[65] 以及 FnCas9[64] 的结合 DNA 结构，揭示了相对保守的催化核心和高度保守的特征性的富含精氨酸的桥螺旋，对于向导 RNA 结合必不可少的不保守 α 螺旋 REC 叶，还有负责 PAM 识别和指导 RNA 重复 - 反重复异源双链结合的多样 CTD。这些发现解释了为什么它们拥有独特的 PAM 特异性和直系同源 sgRNA 识别，进一步增强了我们对CRISPR-Cas9 系统之间结构保守性和差异性的理解。有趣的是，SpCas9、SaCas9 和 FnCas9 都使用磷酸酯锁环来稳定靶 DNA 链中的 +1 磷酸酯，并通过精氨酸介导的碱基特异性相互作用来特异性识别 PAM 近端双链的大沟，这表明在 CRISPR-Cas9 系统中存在保守的 RNA 引导的 DNA 靶向和切割机制[64,65]。

4.9　结语

广泛的结构研究阐明了 Cas9 介导的 PAM 识别以及靶 DNA 结合和切割的分子机制，从而进一步阐释了 Cas9 如何同时具有高效性和特异性，使其成为强大的基因组编辑工具。尽管获得了这些进展，但我们仍未完全了解控制 Cas9 识别靶标 DNA 的精度和准确性的因素以及防止意外脱靶切割的机制。值得注意的是，尽管 DNA 的甲基化状态似乎对 Cas9 的靶向和切割没有影响，但最近的研究表明，DNA 靶标的可及性在很大程度上受染色质结构的影响。

可以使用系统化方法改进向导 RNA 的设计，并更准确地预测 Cas9 结合或切割位点的脱靶，可以破解 CRISPR-Cas9 如何在染色质背景下特异性识别其真核基因组靶标这一过程。此外，关于靶 DNA 解链的单分子研究将继续有助于我们理解 CRISPR-Cas9 系统靶向和切割活性的详细机制。一旦更多 Cas9 直系同源物被鉴定并表征，Cas9 介导的基因组工程的范围将会大大扩展。总的来说，最近的结构和机制研究不仅提供了对 CRISPR-Cas9 机制的基本了解，而且为基于结构的合理设计提供了框架，旨在提高 CRISPR-Cas9 的切割效率并最大限度地降低脱靶对人类健康和治疗的影响。

参考文献

[1] Charpentier E, Doudna J A. Biotechnology: rewriting a genome. Nature, 2013, 495(7439): 50-51.

[2] Charpentier E, Marraffini L A. Harnessing CRISPR-Cas9 immunity for genetic engineering. Curr. Opin. Microbiol, 2014, 19: 114-119.

[3] Cong L, Ran F A, Cox D, et al. Multiplex genome engineering using CRISPR-Cas systems. Science, 2013, 339(6121): 819-823.

[4] Dominguez A A, Lim W A, Qi L S. Beyond editing: repurposing CRISPR-Cas9 for precision genome regulation and interrogation. Nat. Rev. Mol. Cell Biol, 2016, 17(1): 5-15.

[5] Heidenreich M, Zhang F. Applications of CRISPR-Cas systems in neuro science. Nat. Rev. Neurosci, 2016, 17(1): 36-44.

[6] Maeder M L, Gersbach C A. Genome-editing technologies for gene and cell therapy. Mol. Ther, 2016, 24(3): 430-446.

[7] Cox D B T, Platt R J, Zhang F. Therapeutic genome editing: prospects and challenges. Nat. Med. 2015, 21(2): 121-131.

[8] Sander J D, Joung J K. CRISPR-Cas systems for editing, regulating and targeting genomes. Nat. Biotechnol, 2014, 32(4): 347-355.

[9] Heler R, Marraffini L A, Bikard D. Adapting to new threats: the generation of memory by CRISPR Cas immune systems. Mol. Microbiol, 2014, 93(1): 1-9.

[10] Amitai G, Sorek R. CRISPR-Cas adaptation: insights into the mechanism of action. Nat. Rev. Microbiol, 2016, 14(2): 67-76.

[11] Barrangou R, Fremaux C, Deveau H, et al. CRISPR provides acquired resistance against viruses in prokaryotes. Science, 2017, 315(5819): 1709-1712.

[12] Brouns S J J, Jore M M, Lundgren M, et al. Small CRISPR RNAs guide antiviral defense in prokaryotes. Science, 2008, 321(5891): 960-964.

[13] Garneau J E, DupuisM-È, VillionM, et al. The CRISPR-Cas bacterial immune system cleaves

bacteriophage and plasmid DNA. Nature, 2010, 468(7320): 67-71.

[14] Jiang F, Doudna J A. The structural biology of CRISPR-Cas systems. Curr. Opin. Struct. Biol, 2015, 30: 100-111.

[15] Bolotin A, Quinquis B, Sorokin A, et al. Clustered regularly interspaced short palindrome repeats (CRISPRs) have spacers of extra chromosomal origin. Microbiology, 2005, 151(8): 2551-2561.

[16] Wright A V, Nuñez J K, Doudna J A. Biology and applications of CRISPR systems: harnessing nature's toolbox for genome engineering. Cell, 2016, 164(1-2): 29-44.

[17] van der Oost J, Westra E R, Jackson R N, et al. Unravelling the structural and mechanisticbasis of CRISPR-Cas systems. Nat. Rev. Microbiol, 2014, 12(7): 479-492.

[18] Gasiunas G, Barrangou R, Horvath P, et al. Cas9-crRNA ribonucleo protein complex mediates specific DNA cleavage for adaptive immunity in bacteria. PNAS, 2012, 109(39): E2579-2586.

[19] Deltcheva E, Chylinski K, Sharma C M, et al. CRISPR RNA maturation by *trans*-encoded small RNA and host factor RNase Ⅲ. Nature, 2011, 471(7340): 602-607.

[20] Jinek M, Chylinski K, Fonfara I, et al. A programmable dual-RNA-guided DNA endonuclease in adaptive bacterial immunity. Science, 2012, 337(6096): 816-821.

[21] Lieber M R. The mechanism of double-strand DNA break repair by the nonhomologous DNA end-joining pathway. Annu. Rev. Biochem, 2010, 79: 181-211.

[22] San Filippo J, Sung P, Klein H. Mechanism of eukaryotic homologous recombination. Annu. Rev. Biochem, 2008, 77: 229-257.

[23] Hsu P D, Lander E S, Zhang F. Development and applications of CRISPR-Cas9 for genome engineering. Cell, 2014, 157(6): 1262-1278.

[24] Chandrasegaran S, Carroll D. Origins of programmable nucleases for genome engineering. J. Mol. Biol, 2016, 428(5): 963-989.

[25] Doudna J A, Charpentier E. The new frontier of genome engineering with CRISPR-Cas9. Science, 2014, 346(6213): 1258096.

[26] Hu J H, Davis K M, Liu D R. Chemical Biology approaches to genome editing: understanding, controlling, and delivering programmable nucleases. Cell Chem. Biol, 2016, 23(1): 57-73.

[27] Chen H, Choi J, Bailey S. Cut site selection by the two nuclease domains of the Cas9 RNA-guidede ndonuclease. J. Biol. Chem, 2014, 289(19): 13284-13294.

[28] Heler R, Samai P, Modell J W, et al. Cas9 specifies functional viral targets during CRISPR-Cas adaptation. Nature, 2015, 519(7542): 199-202.

[29] Jinek M, Jiang F, Taylor D W, et al. Structures of Cas9 endonucleases reveal RNA-mediated conformational activation. Science, 2014, 343(6176): 1247997.

[30] Sternberg S H, Redding S, Jinek M, et al. DNA interrogation by the CRISPR RNA-guided

endonuclease Cas9. Nature, 2014, 507(7490): 62-67.

[31] Nishimasu H, Ran FA, Hsu P D, et al. Crystal structure of Cas9 in complex with guide RNA and target DNA. Cell, 2014, 156(5): 935-949.

[32] Yang W. An equivalent metal ion in one- and two-metal-ion catalysis. Nat. Struct. Mol. Biol, 2008, 15(11): 1228-1231.

[33] Semenova E, Jore M M, Datsenko K A, et al. Interference by clustered regularly interspaced short palindromic repeat(CRISPR)RNA is governed by a seed sequence. PNAS, 2011, 108(25): 10098-10103.

[34] Wiedenheft B, van Duijn E, Bultema J B, et al. RNA-guided complex from a bacterial immune system enhances target recognition through seed sequence interactions. PNAS, 2011, 108(25): 10092-10097.

[35] Pattanayak V, Lin S, Guilinger J P, et al. High-throughput profiling of off target DNA cleavage reveals RNA-programmed Cas9 nuclease specificity. Nat. Biotechnol, 2013, 31(9): 839-843.

[36] Jiang F, Zhou K, Ma L, et al. Structural Biology. A Cas9-guide RNA complex preorganized for target DNA recognition. Science, 2015, 348(6242): 1477-1481.

[37] Jiang F, Taylor D W, Chen J S, et al. Structures of a CRISPR-Cas9 R-loop complex primed for DNA cleavage. Science, 2016, 351(6275): 867-871.

[38] Jinek M, East A, Cheng A, et al. RNA-programmed genome editing in human cells. eLife, 2013, 2: e00471.

[39] Künne T, Swarts D C, Brouns S J J. Planting the seed: target recognition of short guide RNAs. Trends Microbiol, 2014, 22(2): 74-83.

[40] Jackson R N, Golden S M, van Erp P B G, et al. Structural biology. Crystal structure of the CRISPR RNA-guided surveillance complex from *Escherichia coli*. Science, 2014, 345(6203): 1473-1479.

[41] Marraffini L A, Sontheimer E J. Self versus non-self discrimination during CRISPR RNA-directed immunity. Nature, 2010, 463(7280): 568-571.

[42] Bikard D, Hatoum-Aslan A, Mucida D, et al. CRISPR interference can prevent natural transformation and virulence acquisition during in vivo bacterial infection. Cell Host Microbe, 2012, 12(2): 177-186.

[43] Knight S C, Xie L, Deng W, et al. Dynamics of CRISPR-Cas9 genome interrogation in living cells. Science, 2015, 350(6262): 823-826.

[44] Szczelkun M D, Tikhomirova M S, Sinkunas T, et al. Direct observation of R-loop formation by single RNA-guided Cas9 and Cascade effector complexes. PNAS, 2014, 111(27): 9798-9803.

[45] Wu X, Scott D A, Kriz A J, et al. Genome-wide binding of the CRISPR endonuclease Cas9 in mammalian cells. Nat. Biotechnol, 2014, 32(7): 670-676.

[46] Anders C, Niewoehner O, Duerst A, et al. Structural basis of PAM-dependent target DNA recognition by the Cas9 endonuclease. Nature, 2014, 513(7519): 569-573.

[47] O'Connell M R, Oakes B L, Sternberg S H, et al. Programmable RNA recognition and cleavage by CRISPR-Cas9. Nature, 2014, 516(7530): 263-266.

[48] Rohs R, Jin X, West S M, et al. Origins of specificity in protein-DNA recognition. Annu. Rev. Biochem, 2010, 79: 233-269.

[49] Hayes R P, Xiao Y, Ding F, et al. Structural basis for promiscuous PAM recognition in type I-E Cascade from E. coli. Nature, 2016, 530(7591): 499-503.

[50] Hirano S, Nishimasu H, Ishitani R, et al. Structural basis for the altered PAM specificities of engineered CRISPR-Cas9. Mol. Cell, 2016, 61(6): 886-894.

[51] Plaschka C, Larivière L, Wenzeck L, et al. Architecture of the RNA polymerase II-Mediator core initiation complex. Nature, 2015, 518(7539): 376-380

[52] Ran F A, Hsu P D, Lin C-Y, et al. Double nicking by RNA-guided CRISPR Cas9 for enhanced genome editing specificity. Cell, 2013, 154(6): 1380-1389.

[53] Kuscu C, Arslan S, Singh R, et al. Genome-wide analysis reveals characteristics of off-target sites bound by the Cas9 endonuclease. Nat. Biotechnol, 2014, 32(7): 677-683.

[54] Cencic R, Miura H, Malina A, et al. Protospacer adjacent motif(PAM)-distal sequences engage CRISPR Cas9 DNA target cleavage. PLOS ONE, 2014, 9(10): e109213.

[55] Fu Y, Foden J A, Khayter C, et al. High-frequency off-target mutagenesis induced by CRISPR-Cas nucleases in human cells. Nat. Biotechnol, 2013, 31(9): 822-826.

[56] Sternberg S H, LaFrance B, Kaplan M, et al. Conformational control of DNA target cleavage by CRISPR-Cas9. Nature, 2015, 527(7576): 110-113.

[57] Josephs E A, Kocak D D, Fitzgibbon C J, et al. Structure and specificity of the RNA-guided endonuclease Cas9 during DNA interrogation, target binding and cleavage. Nucleic Acids Res, 2015, 43(18): 8924-8941.

[58] Palermo G, Miao Y, Walker R C, et al. Striking plasticity of CRISPR-Cas9 and key role of non-target DNA, as revealed by molecular simulations. ACS Cent. Sci, 2016, 2(10): 756-763.

[59] Rutkauskas M, Sinkunas T, Songailiene I, et al. Directional R-loop formation by the CRISPR-Cas surveillance complex cascade provides efficient off-target site rejection. Cell Rep, 2015, 10(9): 1534-1543.

[60] Fonfara I, Le Rhun A, Chylinski K, et al. Phylogeny of Cas9 determines functional exchangeability of dual-RNA and Cas9 among orthologous type II CRISPR-Cas systems. Nucleic Acids Res, 2014, 42(4): 2577-2590.

[61] Chylinski K, Makarova K S, Charpentier E, et al. Classification and evolution of type II CRISPR-Cas systems. Nucleic Acids Res, 2014, 42(10): 6091-6105.

[62] Ran F A, Cong L, Yan W X, et al. In vivo genome editing using *Staphylococcus aureus* Cas9. Nature, 2015, 520(7546): 186-191.

[63] Zhang Y, Heidrich N, Ampattu B J, et al. Processing-independent CRISPR RNAs limit natural transformation in *Neisseria meningitidis*. Mol. Cell, 2013, 50(4): 488-503.

[64] Hirano H, Gootenberg J S, Horii T, et al. Structure and engineering of *Francisella novicida* Cas9. Cell, 2016,164(5): 950-961.

[65] Nishimasu H, Cong L, Yan W X, et al. Crystal structure of *Staphylococcus aureus* Cas9. Cell, 2015, 162(5): 1113-1126.

第5章

CRISPR介导的表观遗传学编辑

赵文涛　李海涛

5.1　引言

近年来，越来越多的证据对作为分子生物学核心的中心法则和人类疾病发生之间的绝对对应关系提出了质疑和挑战，早先认为的阐明基因转化为蛋白质的机制就可以解释疾病机理的观点已被证明是不全面的。一些具有里程碑意义的研究指出，表观遗传学是解释上述难题的关键缺失部分。但是，技术的局限性阻碍了对组蛋白翻译后修饰、DNA 修饰和非编码 RNA 等因素在表观遗传学和染色质结构调节中的特定作用的研究。本章将着重介绍 CRISPR 系统，包括 CRISPR-Cas9 在内，作为靶向表观遗传学编辑的新型工具所发挥的作用。相信随着表观遗传学编辑技术的逐渐成熟，以及在递送、特异性和保真度等方面的关键挑战的克服，将会为这项技术的临床应用铺平道路。

表型的继承不仅是遗传的结果，而且还包含着对环境刺激的响应，这是二十世纪生物学的重大发现之一。康拉德·沃丁顿（Conrad Waddington）的果蝇实验证实了由化学或温度刺激诱导的表型可塑性[1]，首次提出了"表观遗传学"的概念[2]，从理论上弥合了基因型和表型之间的鸿沟。如今，表观遗传学作为一个活跃且多产的领域，广泛地研究在不改变 DNA 序列的情况下发生的，包括基因表达和细胞表型在内的，与有丝分裂和减数分裂有关的稳定且可遗传的变化的基本过程[3]。过去二十年的大量研究大大加深了我们对表观遗传机制的理解，发现了无数种与组蛋白翻译后修饰、DNA 修饰和非编码 RNA（ncRNA）相关的表型。而负责调控这些表型的表观遗传修饰过程共同构成了一个高度复杂的系统，在人体中介导了将长度为 2m 的 DNA 紧密堆积在 $200\mu m^3$ 左右的三维区域中的染色质结构的组织和表观遗传调控[4]。尽管我们已经取得了一些成果，但是对于表观遗传过程在发育、细胞编程、疾病和临床医学中的确切功能作用仍然知之甚少，仍然迫切需要一种可以广泛使用的有效方法来克服当前表观遗传学研究的技术局限性。近年来，CRISPR-Cas9（簇状规则间隔短回文重复序列 -CRISPR 相关蛋白 9）系统作为一种细菌和真核生物中的强大而通用的基因组编辑工具得到广泛应用[5-7]。CRISPR-Cas9 复合物（Ⅱ型 CRISPR-Cas 系统）是细菌和古菌中的一种适应性免疫机制，它使用 sgRNA 识别并切割外来 DNA，从而可以实现对基因的编辑[8]。基于 CRISPR 的技术已在科学研究中得到广泛应用，并且 CRISPR-Cas9 系统最近已经可以通过改造表达失活核酸酶或称为"死"的 Cas9（dCas9）将其重新用于表观遗传学编辑，从而无需切割即可靶向特定的 DNA 位点[9]。基于 CRISPR 的表观遗传学编辑技术有望成为强大的工具，加深我们对表观遗传标记和效应子等表观遗传因素在癌症和其他人类疾病中的作用的了解[10,11]。更重要的是，这项新技术为医学的未来发展带来了广阔的前景。同时，早先随着锌指核酸酶（ZFN）和类转录激活因子效应物核酸酶（TALEN）等基因编辑技术的出现而出现的表观基因编辑概念背后的历史，也值得我们了解和关注[12,13]。

5.2　针对组蛋白的表观修饰

表观基因组编辑技术已经被证明可以靶向组蛋白上的表观遗传修饰，其中 2015 年发表的两篇开创性论文提供了利用 CRISPR-Cas9 系统作为表观基因组编辑平台的重要依据，该系统通过靶向在染色质结构和可及性中起重要作用的组蛋白修饰来触发转录激活或抑制的变化。其中一项研究使用失活核酸酶 dCas9 连接乙酰转移酶（HAT）来催化组蛋白尾巴上赖氨酸残基 ε- 氨基的共价修饰[14]。与之相反，另一篇文章则是将失活核酸酶 dCas9 融合到 Krüppel 相关区域上（KRAB）实现基因沉默。KRAB 是一个天然存在的转录抑制区域，参与招募与异染色质形成有关的复合物来介导组蛋白甲基化和去乙酰化[15]。两种方法都将无催化活性的 dCas9 融合到表观遗传效应子上。但是，激活是通过直接催化将乙酰基转移到组蛋白赖氨酸残基上来实现的，而阻遏作用是通过间接招募催化甲基转移或从组蛋白残基上除去乙酰基的酶来实现的。

5.2.1　转录激活

在不直接改变 DNA 序列的情况下操纵转录和基因表达是染色质生物学领域长久以来的目标。早先对于控制转录激活方向的研究主要集中在将基于病毒的反式激活效应子结构域（例如 VP16 及其四聚体 VP64）与 TALE[16] 和 Zinc Finger[17] 蛋白融合形成可编程效应子。这些工具有其本身的物理和生物学特性的限制，如 VP16 和 VP64 不是染色质修饰酶，而是负责招募有助于恢复特定染色质基因位点的蛋白的染色质重塑因子[18]。近年来，第一批已发表的 TALE 与染色质修饰相关蛋白融合调控其功能的研究已经证明了特定位点表观基因组编辑概念的可行性[18-20]，为 CRISPR-Cas 系统的使用开辟了道路。2015 年，一项研究报道了将 dCas 与 p300 的催化性组蛋白乙酰转移酶（HAT）结构域融合[14]。dCas9-p300 核心融合蛋白在实现近端和远端增强子的基因反式激活方面比由 VP64 激活效应子结构域改造形成的转录因子更有效[14]。此外，该融合蛋白通过在启动子处的单一向导 RNA（sgRNA）提供了强大的基因激活作用[14]，该研究标志着我们朝着更便捷的组蛋白修饰表观基因组编辑迈出了重要一步。

5.2.2 转录抑制

过去已经报道了使用锌指蛋白 ZFN[21,22] 和 TALE[19,23] 的 DNA 结合结构域靶向启动子区域或其他顺式调控元件，能够实现有效的基因沉默。最近，使用 CRISPR-dCas9 融合效应子介导基因沉默的方法也被开发了出来，并通过近端和远端调控元件实现基因沉默，使得 CRISPR 介导的基因组编辑的概念得到证明[15,24]。近期发表的两项研究提出了基于 CRISPR 的两种不同方法实现转录抑制。第一个方法是将失活核酸酶 dCas9 与 KRAB 的抑制结构域融合[15]，该区域是真核细胞锌指蛋白中常见的基序[25]。这种类型的沉默是通过 KRAB 介导的转录抑制复合物招募来实现的，该复合物主要是通过 KRAB 相关蛋白 1（KAP1）的共抑制因子与其他因子之间的蛋白 - 蛋白相互作用，导致特定位点处异染色质的形成[26-28]。这项研究发现了 dCas9-KRAB 在 HS2 增强子上进行催化的基因组特异性和染色质重塑活性，该增强子是一个 400bp 的远端调控元件，包含几个增强子区域，这些区域在个体发育过程中负责协调红细胞中血红蛋白亚基基因的表达[15]。通过 dCas9-KRAB 融合物靶向 HS2 增强子可以使球蛋白基因的表达沉默，且对于结合非靶向基因带来的脱靶效应相对较小[15]。此外，该研究还揭示了 dCas9-KRAB 结合会导致启动子和增强子上的染色质可及性水平降低，以及在选定的 HS2 区域内 H3K9me3 这一抑制性表观遗传标记的水平上升[15]。第二项研究比较了 dCas9-KRAB 与 dCas9- 赖氨酸特异性去甲基化酶 1（LSD1）的融合物的抑制特性，LSD1 组蛋白去甲基化酶负责催化去除 H3K4[29] 和 H3K9[30] 位点上的甲基标记，并与增强子区域的抑制有关[24]。研究表明，dCas9-LSD1 通过依赖效应子的方式使靶向增强子失效从而引起抑制效应，而不会显著干扰局部染色质结构，而 dCas9-KRAB 抑制很可能是启动子沉默或异染色质扩散的结果[24]。

5.2.3　目前的局限性

包括 CRISPR-dCas9-p300、dCas9-KRAB 和 dCas9-LSD1 融合蛋白在内的表观基因组编辑为开发基于 CRISPR 技术对组蛋白表观遗传修饰进行靶向操作提供了切实可行的证据。尽管基因组编辑研究目前尚处于起步阶段，但表观基因组编辑的发展已经跨越了萌芽期。因此，为了将表观基因组编辑推进到临床阶段，CRISPR 研究人员必须注意这些基础研究中隐藏的研究空白和不足。对早期技术缺陷的认识可以使实验步骤得到优化，并且提高数据的可重复性，这对于构建下一代表观基因组编辑技术至关重要。虽然有研究声称在整个基因组的启动子和增强子之间实现了高度特异性的表观基因组编辑的观点，CRISPR-dCas9-p300 研究提供的数据仅证实了其对目标 DNA 位点的靶向，而并非靶向了组蛋白尾巴上分布的独特的表观遗传标记。尽管作者指出 p300 可以催化组蛋白 H3 的 27 号位赖氨酸乙酰化（H3K27ac）[14]，但他们并未提及或考虑该酶的内在复杂性。p300 转录共激活因子的 HAT 结构域是高度特异性的，并且已被报道可以催化所有四个核心组蛋白（H2A、H2B、H3 和 H4）、转录因子和其他蛋白质上氨基酸残基的乙酰化[31-35]，对许多关键的生物过程起到调控作用。因此，关于 H3K27 独有的靶向性乙酰化发生在增强子和启动子上的说法，与 H3K27ac 是作者试图确定的唯一修饰的说法一样，都是片面的。鉴于 p300 HAT 对组蛋白底物的特异性较差，如果使用其他组蛋白修饰抗体进行染色质免疫共沉淀，然后进行定量 PCR（ChIP-qPCR），则也可能会检测到其他可能的乙酰化修饰。尽管有证据表明使用 dCas9-p300 HAT 在靶基因上有强大的反式激活作用[14]，但很难因此就确定在转染的细胞系中发生了高度特异性的表观基因组编辑事件。表观基因组编辑的金标准要求在特定情况下确定特定修饰独有的直接功能角色，而不会引入由于相关方法或由意外因素导致的潜在次级效应带来的影响。除了对目标基因的反式激活外，非 H3K27 乙酰化可能还具有未证实的功能性作用，包括招募其他乙酰化标记的特定读取子，对高级染色质结构产生影响或修饰依赖性的信号级联效应。这凸显了当前 CRISPR 指导的表观基因组编辑技术的主要障碍：与一般的基因组编辑不同，表观基因组编辑中脱靶效应的缓解不仅与 dCas9 在特定基因位点的 DNA 结合活性有关，而且与修饰标记在特定核小体上的时空精度相关。dCas9-p300 对核小体底物进行非特异性乙酰化的潜在可能性也引发了研究人员对表观遗传实验中抗体特异性的担忧。有报道指出，一些市面上的组蛋白修饰抗体不能稳定检测到其预期的靶标 [36]。尽管组蛋白抗体特异性的问题在许多表观遗传学实验中都存在，但这一问题在 dCas9 与催化结构域的融合体系的研究中尤为重要。有证据表明，许多位点特异性的 H4- 乙酰化抗体会优先结合多乙酰化组蛋白多肽 [36]。基于这一现象，通过组合的 dCas9-p300 HAT 对近端核小体进行乙酰化可能会与抗 H3K27ac 抗体的 ChIP-qPCR 实验相混淆。因此，潜在的非 H3K27 乙酰化事件可能影响了对于增强子和启动子高度富集区域中的 H3K27ac 水平的检测。适用于转录激活的基本原理也适用于表观基因组编辑，包括转录抑制和基因表达调控。与 HAT 相似，其他的酶，如组蛋白去乙酰化酶、甲基转移酶、去甲基化酶、激酶、磷酸酶、泛素和 SUMO 连接酶等，都具有不同程度的底物特异性，并且都使用商业化抗体来检测分布在组蛋白上的修饰标记。尽管已经证明了通过 dCas9-KRAB 系统指导的转录抑制以实现表观基因组编辑的有效性，但使用 KRAB 结构域作为支架来招募异染色质形成复合物也存在许多问题，特别是关于 dCas9-KRAB 系统在临床上的未来适用性问题。相对于简单的直接控制引起转录抑制的特定组蛋白表观遗传标记的添加或去除的表观遗传效应子（例如 LSD1）而言，控制 KRAB 招募的蛋白复合物的功能来引起抑制在本质上更加复杂。KAP1 共抑制蛋白 [具有一个可能的 RING 催化结构域（一个常见 E3 泛素连接酶结构域，介导泛素从 E2 泛素结合酶转移至底物上）[37] 和两个表观遗传读取子结构域（PHD 结构域和 Bromo 结构域）[38]] 是一个能够读取甲基化 [39] 和乙酰化赖氨酸残基 [40] 的多结构域蛋白。最近 KAP1 RING 结构域被发现可以作为一种特定的小类泛素修饰子（SUMO）E3 连接酶，参与先天免疫的调节 [41]。尽管类泛素化与转录抑制有关 [42,43]，很适合作为 dCas9-KRAS 系统内的作用目标，但已经有报道证明了类泛素化修饰除抑制作用以外的新的功能，例如 DNA 损伤信号级联反应的激活 [44]。和泛素化一样，类泛素化可能作用于范围广泛的底物并发挥功能性作用，包括蛋白酶体依赖性的蛋白降解、信号转导、复合物组装、细胞定位等 [37]。因此，以抑制效应为靶标的 dCas9-KRAB 表观基因组编辑可能会因为无法完全说明对系统性机制发挥的特定作用的每个组成部分的物理和生化性质而受到质疑，进而可能会对其在临床治疗上的应用产生严重影响。因为在临床应用既会产生 CRISPR-dCas9-KRAB 介导的表观基因组编辑所期望的沉默事件，也会产生由未知或无法预料的过程引起的有害副作用。比如，KRAB 的共抑制因子 KAP1 已被发现可以作为支架招募与抑制性表观遗传状态相关的多种因子和复合物，包括异染色质蛋白 1（HP1）[45]、SETDB1（一种甲基转移酶，可催化 H3K9[46] 和其他底物上的组蛋白甲基化标记的形成 [47]）、NuRD（催化组蛋白去乙酰化和 ATP 依赖性的染色质重塑的核心抑制复合物）[48] 和 NCOR1（组蛋白去乙酰化酶复合物）[49]。KAP1 还与 DNA 双链修复 [50]、逆转录病毒复制的限制 [51] 以及胚胎干细胞自我更新的调节 [52] 等功能有关。鉴于 KRAB 和 KAP1 介导的相互作用的广泛存在，可以想象与表观基因组编辑有关的障碍并不容易克服，尤其是当抑制作用是由具有不同程度的底物特异性的多种酶和参与长期相互作用的蛋白质共同调控时。即使对阻遏性复合物的招募仅针对特定基因位点而言也是一个令人担忧的问题，这主要是由表观遗传效应子对染色质结构的潜在影响以及分散的远距离调控区域之间的相互影响所造成的。因此，如何使用基于 CRISPR 的方法对阻遏性表观遗传效应子的功能作用进行单独确定将是迈向靶向阻遏过程的重要第一步。

5.2.4　克服当前局限性

如上所述，表观基因组编辑技术的发展和未来的转化应用目前仍存在局限性。尽管如此，科学界正在努力克服这些障碍。随着新的研究的进行和技术的改进，表观基因组编辑的障碍可能会逐渐被克服。最近报道的一种具有前景的技术，可以缓解经常困扰表观遗传学实验的抗体特异性和可重复性问题，并证明了使用重组表观遗传读取子作为组蛋白修饰抗体的可靠替代品的可行性 [53]。这项研究提出了可以使用重组的 TAF3 PHD 结构域（一种特异读取 H3K4me3 组蛋白标记的结构域）[54] 作为一种强大的抗 H3K4me3 亲和抗体，其可以在包括蛋白质印迹、ChIP 实验以及 qPCR 和深度测序在内的许多方面得到应用 [53]。这项研究提出了一种可以避开当前存在的与商业化抗体相关的障碍的关键方法。在过去的十五年中，表观遗传学研究人员对众多表观遗传学读取因子进行了确定，其中许多具有较高的底物特异性，并且可以很容易地进行重组获取，可以将这些读取子作为抗组蛋白修饰抗体，以消除对不符合标准的商业化抗体的需求。表观基因组编辑实验中抗体特异性不足的其他局限性可能会随着工业界和学术界之间越来越多的合作关系而变得不那么突出，这有助于激发大家对于开发高特异性抗体的共同兴趣。学术界应该团结一致地行使其商业权力，并要求工业界改进标准化的操作和提升内部质量控制，以最大限度地减少商业抗体供应（尤其是多克隆供应商）中常见的批次间差异。鉴于使用可靠和足够的抗体对于促进研究人员的研究结果可重复性具有重大意义，因此，科研群体必须利用资源开放的方式来展示和验证表观遗传实验中的抗体性能，例如开放抗体验证数据库和抗体特异性数据库[36,55]。组蛋白乙酰基转移酶和其他表观遗传效应子有限的底物特异性对有效和可编程的 CRISPR 介导的表观基因组编辑的发展造成了巨大的障碍。为了降低某些表观遗传效应子之间底物混乱性和提高同源靶标蛋白的选择性，可能需要详细的结构信息和繁琐的蛋白质工程改造。表观基因组的读码因子、编码因子和擦除因子的结构特征（包括单个蛋白以及它们形成的复合物）对于指导旨在开发化学探针以调节表观遗传调控子的工作也至关重要。不幸的是，这些努力中的许多过程都是耗时耗力的，并且需要花费大量的资源，这类工作可能并不总是适合研究人员。随着 CRISPR 介导的表观基因组编辑技术的成熟，整合功能基因组、药物基因组学和高通量方法确保正确识别可预测事件以及靶基因的非特异性表观基因组编辑也变得非常重要。

5.3 针对DNA的表观修饰研究

目前已经有大量报道描述了 CRISPR 介导的对组蛋白修饰进行表观基因组编辑控制转录激活或抑制的可行性，随后 CRISPR 研究人员开始迅速地在选定的调控元件上探测 DNA 表观遗传修饰。2016 年，几个独立研究团队的报告几乎同时进行了 DNA 表观遗传修饰编辑的概念验证，将 dCas9 融合到催化区域引发靶基因表达上调或下调，从而引导跨越启动子区域的 CpG 岛的甲基化或去甲基化[58,59,66,67]。

5.3.1 DNA 甲基化

通过将 dCas9 融合到一种全新的 DNA5- 甲基胞嘧啶甲基转移酶 3A（DNMT3A）[56,57] 的催化结构域上，可以实现在人类 CDKN2A 和 ARF 启动子以及鼠 CDKN1A 启动子上特定 CpG 岛上的 DNA 甲基化[58]。这项融合 dCas9-DNMT3A 研究表明，融合后的 DNMT3A 对于 DNA 甲基化的诱导作用仅局限于 sgRNA 靶位点约 50bp 的区域内，并且在相邻和向内定向的 sgRNA 结合位点之间最强[58]。在启动子位点诱导的甲基化足以降低所有三个靶向基因的表达，并且几乎没有脱靶效应[58]。类似地，另一项研究中发现 dCas9-DNMT3A 融合蛋白（通过 Gly4Ser 柔性连接子连接）具有对 BACH2 和 IL6ST 启动子的 CpG 岛高效且特定的甲基化活性[59]。值得注意的是，该研究提供的证据表明，通过多种不同 sgRNA 的共表达来靶向多个启动子位点会产生协同效应，可以促进启动子周围更大区域的甲基化水平上升[59]。尽管先前曾尝试使用比较旧的技术来改变甲基化模式，例如锌指蛋白和 TALE[60-62]（它们诱导甲基化的能力低且有脱靶效应），但 CRISPR 介导的方法似乎在诱导启动子之间的甲基化方面更具稳定性和可靠性。此外，基于 CRISPR 的方法可以帮助克服 DNA 结合区域对 CpG 甲基化的敏感性，因为这种敏感性已被证明与 TALE 有关[63]。

5.3.2　DNA 去甲基化

使用 TALE- 去甲基化酶融合复合物，可以实现对启动子的 CpG 岛进行特异性去甲基化以上调内源基因的表达[20,64]。但是，由于 TALE 的技术缺陷（如需要复杂的蛋白质改造），通过 TALE 进行高通量表观基因组编辑以调节启动子区域的去甲基化一直是无法实现的目标。最近有两篇报道介绍了将 CRISPR-dCas9 融合到 10-11 易位双加氧酶 1（TeT1，一种维持性 DNA 去甲基化酶，可以防止 CpG 岛的异常甲基化）的催化结构域的替代方法[65]。第一项研究将 dCas9-TeT1 与靶向肿瘤抑制基因 BRCA1 的启动子区域的各种 sgRNA 一起使用[66]。实验表明，以去甲基化酶为导向的表观基因组编辑可以选择性地靶向 BRCA1 启动子并诱导稳定的基因表达[66]。第二项研究也使用 dCas9-TeT1 来诱导特定基因的启动子特异性的 DNA 去甲基化[67]，该报道还发现了通过将噬菌体 MS2 RNA 元件（负责与 MS2 外壳蛋白结合）插入 sgRNA 中来获得可塑性 sgRNA 的方法[67]。在这些工程化的 sgRNAs 的指导下，将 dCas9-TeT1 和 MS2-TeT1 融合体同时双重招募到目标基因位点上[67]。这种基于 CRISPR 的特殊去甲基化酶系统能够通过将各自的启动子去甲基化显著上调 RANKL、MAGEB2 和 MMP2 的基因表达，而且几乎没有脱靶活性[67]。将模块元件 sgRNA 进行工程化改造可以为表观基因组编辑的全基因组靶标的高通量筛选提供许多优势。

5.3.3　使用 CRISPR 介导的方法探测新的 DNA 表观遗传修饰

　　研究显示，表观基因组编辑还可以作为一种工具，来确定直接分布在 DNA 上的表观遗传标记的功能和机制 [58,59,66,67]。早期的工作集中在研究表观遗传效应子 DNMT1（该效应子负责与胞嘧啶脱氧核苷酸 C-5 位置的甲基化有关的模式的调控），从而控制 5- 甲基胞嘧啶脱氧核糖核苷酸（m5dC）的形成 [68]。但是，基于 CRISPR 的方法也可以用于研究其他标记的功能。早先对于 DNA 修饰的认知仅限于 m5dC，而最近的许多发现拓宽了我们对 DNA 修饰范围的认识。具有催化活性的 Cas9 融合蛋白和未来的编辑技术可以为 DNA 修饰相关蛋白的研究提供便利，以进一步了解多种新发现的 DNA 表观遗传标记的内在机制。

5.3.4　m5dC 衍生物的氧化

　　m5dC 表观遗传标记是指甲基通过一类被称为 DNA 甲基转移酶（DNMT）的蛋白质被共价结合到 CpG 和非 CpG 位点的 DNA 上 [69]，并且已经显示出具有介导细胞中可遗传的转录抑制的功能 [70]。近 60 年来，m5dC 被认为是高等真核生物中唯一的 DNA 修饰，直到最近发现 10-11 易位双加氧酶（TET）能够催化 m5dC 顺序氧化形成 5- 羟甲基胞嘧啶（hm5C）[71]、5- 甲酰基胞嘧啶（f5C）[72]和 5- 羧基胞嘧啶（ca5C）[72,73]。尽管对这些 m5dC 氧化衍生物的功能知之甚少，但研究报道这些表观遗传标记主要在卫星重复序列 [74]、外显子 [75] 以及富含组蛋白 H3 4 号位和 27 号位赖氨酸的三甲基化（H3K4me3/H3K27me3）标记的转录起始位点附近积累 [75]。在对 m5dC 衍生物及其"编码因子"进行鉴定和表征后，科学家发现了几组"读码因子"蛋白，这些蛋白表现出对 hm5C、f5C 或 ca5C 的优先和特异性结合能力 [76,77]。而且，这些标记似乎参与了小鼠胚胎干细胞中独特的转录调节因子和 DNA 修复蛋白的招募 [76]。这些发现表明，m5dC 氧化的中间产物在转录调节、基因表达调控和染色质动力学中起重要作用。鉴于最近对使用 CRISPR 介导的表观基因组编辑技术对 DNA 甲基化进行调控的报道，未来利用表观基因组编辑技术来探索 m5dC 衍生物的功能作用的研究很有可能会使我们深入了解这些 DNA 表观遗传修饰的基础分子机制。

5.3.5　N6- 甲基脱氧腺苷的发现

　　近几年，三篇论文报道了腺嘌呤脱氧核苷酸嘌呤环 N-6 位上的甲基化的出现，这是高等真核生物 DNA 上的最新发现的表观遗传标记 [78-80]。N6- 甲基化腺嘌呤以前被认为是病毒 [81]、真核生物 [82,83]（包括哺乳动物 [84,85]）中普遍存在的 RNA 修饰。但是，尽管已在细菌中检测到 N6- 甲基化脱氧核糖核苷酸（m6dA），但尚未在高等真核生物中鉴定出它的存在。由于克服低灵敏度和高阈值的检测方法的开发带来的技术进步等，现已在秀丽隐杆线虫 [78]、果蝇 [79] 和衣藻 [80] 的基因组中鉴定出 m6dA。有趣的是，与 m5dC（与基因阻遏有关）不同，m6dA 似乎位于转录起始位点附近的 ApT 二核苷酸处，并与基因激活有关 [80]。在秀丽隐杆线虫中鉴定出的 m6dA 也反驳了普遍认为的线虫的基因组不存在任何 DNA 甲基化修饰的观点，揭示了真核生物中 m6dA 介导的表观遗传的可能机制 [78]。在 2016 年上半年，另外两项研究确定 m6dA 标记广泛分布于青蛙、小鼠、小鼠胚胎干细胞和人类的基因组中 [86,87]。值得注意的是，与在脊椎动物和哺乳动物上的发现完全相反 [86,87]，已发表的有关果蝇 [79] 和衣藻 [80] 的报道认为，m6dA 似乎在转录起始位点附近富集，并且与低等真核生物和无脊椎动物中的基因激活有关，而在脊椎动物和哺乳动物中，m6dA 似乎发挥相反的作用，该标记会引起转录抑制效应 [87]。未来的工作可能会揭示出现这种特殊矛盾的原因，已经有人提出了一个假说：m6dA 在进化过程中获得了新功能 [87]。但是，也有可能是 m6dA 的激活或抑制效果取决于所研究的组织或物种的类型。研究人员现在可以使用 CRISPR 介导的表观基因组技术来解析由于这些之前未发现的 DNA 修饰的出现而最新提出的许多重要问题的答案。现在已经报道了 m6dA 标记可能的"编码因子""读码因子"和"擦除因子"，染色质生物学家和结构生物化学家将进一步探究这种表观遗传调控新模式所涉及的分子和结构基础，以及它在简单和复杂的真核生物中的潜在独特作用。

5.3.6　发现新的 DNA 表观遗传修饰

hm5C、f5C、ca5C 和 m6dA 标记的发现，以及随之而来的现代高通量技术和检测瞬间状态 DNA 修饰的高灵敏度方法的发展，为未来的研究带来了令人兴奋的前景，类似情形也可以发生在高等真核生物中尚未发现的其他类型的 DNA 表观遗传修饰上。例如，在单细胞真核生物中由于过度修饰产生 DNA 碱基 β-D- 吡喃葡萄糖基化 - 羟甲基尿嘧啶（通常被称为碱基 J）[88] 是调节聚合酶Ⅱ（Pol Ⅱ）转录起始的表观遗传因子 [89]。磷硫化将硫直接加入

DNA 磷酸骨架中，形成了该修饰，且该修饰已被证明在细菌基因组中普遍存在[90]。早在 2016 年，将 7- 脱氮鸟嘌呤衍生物插入外来 DNA 中已被证明是细菌和噬菌体防御系统针对外来 DNA 的一种防御机制[91]。尽管迄今尚未在高等真核生物中鉴定出这些修饰，但未来检测方法的突破可能会促进对这些修饰的鉴定。毕竟，hm5C 最早是在 1952 年在噬菌体 DNA 中发现的[92]，但直到最近才在 Purkinje 神经元和人脑中被发现[93]。同样，在发现高等真核生物中存在 m6dA 的证据之前，m6dA 已在细菌 DNA 中被发现了数十年[78-80,86,87]。因为 DNA 修饰可能发生在不同的背景下，所以在不同的组织、环境和基因组区域中探测特定修饰的功能作用对于将表观基因组标记与表型联系起来至关重要。此外，动态和可逆的 DNA 表观遗传修饰不仅会影响整体的生命过程，例如复制、转录和基因调控，而且会影响染色质动态和 DNA 相关复合物的三维结构，这些我们尚不了解的作用方式可能非常重要。例如，2016 年首次报道的 DNA 脱氧核酶的晶体结构揭示了稳定 DNA 催化的复杂的三维相互作用网络[94]。不难想象，由 DNA 修饰的空间干扰所引发的结构改变可能最终会促进或抑制未知的 DNA 催化机制。因此，旨在研究已知和未知的 DNA 表观遗传效应子（即编码因子、读码因子和擦除因子）的功能作用的新一代表观基因组编辑生物技术，对于阐明仍在我们技术能探究的范围之外的生物学过程将是无价之宝。

5.4　针对非编码RNA的表观遗传学功能

表观基因组编辑现在可被用于探测参与基因调控和表观遗传染色质动力学的非编码 RNA（ncRNA）的功能。尽管我们早就知道 RNA 是染色质的组成部分，但我们对 RNA 在染色质调控中的作用的理解和认识在最近十年内才开始形成[95,96]。最近少量的研究证明了使用 CRISPR 系统通过重组 dCas9 的 sgRNA 来诱导基因位点特异性调控以探测 ncRNA 功能的可行性[97,98]。以蛋白质结合 RNA 适配体（例如 MS2、PP7）为特征的工程化改造 sgRNA 分子已被证明可以作为调控哺乳动物和酵母细胞中基因的有效方式[97]。蛋白质结合区域，RNA 适配体和至少 4.8kb 长的 ncRNA 已经可以融合在一起构建 CRISPR-Cas9 复合物，这些复合物可以将功能性 RNA 和核糖核蛋白复合物精确地靶向特定基因组位点[99]。直接在 sgRNA 的茎环结构中（位于 5′ 或

3′位置）加入基序和 ncRNA 可以实现对于和染色质调节相关的 ncRNA 功能的确定。

5.5　化学和光诱导基因组表观编辑

通过时空方式模仿自然环境控制基因的激活或抑制以调控基因表达的染色质动力学是基于表观基因组编辑技术的下一个前沿领域。截至目前，一些文章详细介绍了如何使用 CRISPR-Cas9 系统进行化学[100]和光诱导[101-103]以实现基因组编辑和转录调控。化学诱导表观基因组编辑包括使用充当化学诱导剂的小分子。例如，当 Cas9 分成两个片段时，通过化学诱导可以将雷帕霉素敏感的二聚结构域重构产生全长的核酸催化酶，已经可以基于化学诱导 CRISPR-Cas9 实现基因组编辑和转录调控[100]。这种方法也可以与其他可以被化学诱导的二聚化结构域一起使用，例如脱落酸或赤霉素感知结构域[100]。目前已经建立了多种小分子化学诱导剂，例如脱水四环素[9]、强力霉素[104]、雷帕霉素[100]和类固醇激素受体配体[105]，所有这些都可以在表观基因组编辑平台中得以利用。而许多光诱导的"光遗传学"方法通常使用光依赖性二聚系统，该系统包含隐色素节律调控蛋白 2（CRY2）及其结合伴侣 CIB1[106]。使用这种方法，多个研究小组测试了将单独的 dCas9 与 CRY2-CIB1 系统融合以进行光激活的基因组编辑的可行性[101]，或者证明了 CRY2 和 CIB1 可以分别与 dCas9 和转录激活子分别融合以用于后续光诱导的转录调控[102,103]。最近在文献中报道了一种使用改造光开关蛋白来增强光诱导的异二聚化的新方法[107]。这些光遗传学"磁铁"克服了 CRY2-CIB1 系统固有的一些障碍，并且已被证明可以作为研究光遗传学调节转录调控的更有效和强大的工具[101]。过去已经使用诸如 TALEN 和锌指蛋白之类较老的技术证明了化学和光诱导的表观基因组编辑可以用于研究组蛋白修饰和内源基因表达[108,109]。在 CRISPR 指导下的基于对化学和影像方法的重新利用所进行的表观基因组编辑将是一种十分有趣的可以用于研究未探索的染色质生物学和动力学领域的手段。对于光学传输方法的优化，使得以更高时空精度下检测产生内源光源的效应因子成为可能，但是这需要昂贵的设备，同时需要使用更好的光强和波长来激活选定的光敏蛋白质和化学物质。随着技术的不断发展和优化，一些充满希望的进展使我们可以一窥这些化学和光诱导系统的美好前景[110]。鉴于光遗传学诱导系统已经用于研究哺乳动物细胞中的神经加工、行为和表观遗传染色质修饰[108,111,112]，毫无疑问，将这些模拟环境调控技术与表观基因组编辑结合使用将阐明许多基本的生物学过程和人类疾病的因果关系。

5.6　表观基因组编辑与病理和医疗

靶向性表观基因组编辑对于基础科学研究而言可能是极其有用的工具。但是，对于该领域的许多研究人员来说，一个重要的目标是开发可以在不久的将来用于抗击疾病并形成表观遗传疗法基础的技术。我们距离靶向性表观基因组编辑在转化医学领域的应用还有一段距离。在此之前，非常重要的一点是科学界必须继续积累和扩展与表观基因组调控异常相关的广泛的病理学知识，而表观基因组调控异常是 DNA 异常状态和组蛋白表观遗传修饰以及 ncRNA 调控的缺陷的结果。关于疾病的人类细胞系和动物模型的最新研究表明，基因组编辑技术有望在临床上解决由病毒（如 HIV）[113,114]、遗传性疾病（如囊性纤维化和 I 型遗传性酪氨酸血症）、神经系统疾病[117]和各种单基因疾病[115,116,118]引起的人类病理问题。同样，基因组编辑技术的发展促进了大量疾病相关基因编辑的动物测试[119]。尽管许多疾病具有遗传因素，但我们才刚刚开始发现其中某些疾病的表观遗传机制。就像在基因组编辑领域所做的一样，CRISPR 系统似乎已经准备就绪，可以为表观遗传学研究做出重要贡献。实际上，许多研究已经报道了重要的结果，为了解表观遗传因素在多种病理中所起的功能作用提供线索。例如，最近的文章揭示了 DNA 甲基化和组蛋白修饰模式对于突触可塑性、学习和记忆的关键作用，这对于研究与胎儿酒精异常综合征有关的行为异常非常有用[120]。CpG 岛和启动子内其他二核苷酸位点的 DNA 甲基化的复杂模式已被发在痴呆症和神经退行性疾病的表观遗传过程发挥关键作用[121]。考虑到甲基转移酶和去甲基化酶具有不同程度的特异性，并且已经被报道可以催化 CpA 和 CpT 二核苷酸的反应，因此研究除了典型 CpG 甲基化以外的甲基化模式的可能功能非常重要[122]。靶向肿瘤抑制基因 BRCA1 启动子以降低 DNA 甲基化水平的实验已经证实可以导致宫颈癌和乳腺癌中的 BRCA1 功能活性的重新激活和恢复[66]。通过调节表观基因组编辑以实现表观遗传相关基因的沉默或激活，可以治疗活性或潜伏性病毒，例如 HSV1 和 HIV[123]。人类表皮生长因子受体 2（HER2/neu/ERBB2）在许多类型的癌症中均过度表达，可以通过 H3K9 甲基化的诱导和组蛋白 H3 乙酰化的抑制来下调其表达 [124]。糖尿病性视网膜病与几种表观遗传标记有关，包括 H3K4 和 H3K9 以及 DNA 的甲基化和去甲基化 [125]。与蛋白质聚集疾病有关的过表达因子基因的表观遗传沉默可以为致死性神经退行性疾病的治疗开辟途径，减缓其恶化 [126]。表观基因组编辑技术可以产生具有持久影响的另一个关键研究领域是改善印记障碍的治疗途径。基因组印记是表观遗传机制的一种独特类型，其中等位基因特异性 DNA 甲基化的差异模式导致"印记"基因的离散表达，这取决于子代是继承父系还是母系等位基因 [127]。例如，染色体 15q 中同一基因位点的差异甲基化模式形成了神经遗传性疾病普拉德 - 威利综合征（父系关联）和安格曼综合征（母系关联）的潜在分子基础 [128]。印记与 DNA 甲基化 [129,130] 以及组蛋白修饰 [131] 和 ncRNA[132] 相关。CRISPR 介导的等位基因特异性表观基因组编辑为精确地靶向基因组区域以改变特定表观突变和表观遗传修饰提供了重要的可能性，从而为纠正与基因组印记障碍相关的畸变提供了合理的治疗机会。综合起来，这些发现和研究路径为表观遗传疗法的未来提供了充满希望的前景。

5.7　超越CRISPR-Cas9

CRISPR-Cas9 已以指数式增长速度在全球实验室中广泛用于基因组编辑，它同时是一个作可编程表观基因组的编辑工具。但是，该领域的未来很可能还会有其他用途广泛的编辑系统的引入。目前，大量已发表的文献描述了化脓性链球菌核酸酶的失活 Cas9 的使用，但是其他 Cas9 蛋白，例如脑膜炎奈瑟球菌 [24]、嗜热链球菌 [133]、金黄色葡萄球菌 [134] 和密螺旋体 [135] 的 Cas9 蛋白质被证明也可以参与基因组编辑和转录调控。研究人员可以利用这些以及其他尚未发现的 Cas9 蛋白来研究表观遗传标记在全基因组范围内或特定基因位点处的功能。未开发的 Cas9 蛋白质多样性可能具有无可估量的价值，因为不同的 Cas9 会靶向独特、更长和更具特异性的 PAM 位点。未来，除了化脓性链球菌 Cas9 靶向 NGG 特征序列以外的靶向其他 PAM 位点的 Cas9 可能会提供更具有优势的替代性方法，以改善该系统中的脱靶效应 [136]。除了利用 CRISPR-Cas9 系统进行表观基因组编辑外，其他基于 CRISPR 和非 CRISPR 的系统也有望为该领域的发展做出重要贡献。锌指核酸酶和 TALEN 等较旧

的技术已被证明仍然是具有价值的，并且可以继续用作表观基因组编辑工具
[24,137]。但是，新发现的系统可能会加快表观基因组编辑相关生物技术的发展
速度。例如，2015 年报道的来自弗朗西斯菌属的 Cpf1 酶介导了与 Cas9 不
同的强效的 DNA 干扰 [138]。来自氨基酸球菌属的细菌 BV3L6 和毛螺菌科细
菌 ND2006 的 Cpf1 酶能够介导人体细胞中的基因组编辑，这表明来自多种
细菌的 Cpf1 家族蛋白都可用于表观基因组编辑 [138]。此外，可对大肠杆菌中
的 I-E 型 CRISPR-Cas 系统进行改造，以通过其与 DNA 结合形成的级联复合
物有效抑制基因表达 [139,140]，还可以将其用于进行表观基因组编辑。出乎意
料的是，最近文献报道的革兰阴性菌嗜热菌的 DNA 内切酶 AGO（*Thermus
thermophilus* Argonaute）被添加在基因组编辑系统列表之中，它被证明可以介
导人类细胞中靶向 PAM 序列引导的基因组编辑 [141]。总而言之，这些 Cas 和
非 Cas 效应酶，以及存在且尚未发现的其他编辑系统，可能会将基础研究引
入新的大发现时代，这可能为推动表观基因组编辑进入临床阶段奠定基础。

5.8　结语

　　CRISPR 系统正在彻底改变基因组编辑领域，并且可以在表观基因组编
辑这一新生领域发挥关键作用。下一代体内研究 DNA 和染色质修饰以及调节
性 RNA 的功能和生物学相关性的工具将为科学家提供一个独特的机会，以研
究人们期待已久的染色质生物学基本问题。随着该领域的不断发展，研究人
员不仅要着重于进行实验以研究特定的表观遗传修饰，而且还必须着眼于确
定为发现局部和全基因组的特定修饰及功能所必须要克服的关键障碍。同样，
随着化学诱导和光诱导表观基因组编辑系统的日益普及，染色质重塑和表观
遗传景观的高时空精度光遗传学操纵将可能为许多包括发育、细胞重编程和
人类病理生理在内的相关生物学过程的精确机制和表观遗传基础提供宝贵的
见解。科学界有责任激发使用基于 CRISPR 的技术来设计互补实验的热情，
这将有可能为该领域的许多重要问题提供答案。例如，现在已经将 CRISPR
系统作为用于多重基因组编辑的有效工具 [142]，这对于直接（通过表观基因组
编辑）和间接地（通过探测表观基因组）研究表观基因组相关蛋白的结构 -
功能关系非常重要。尽管在不使用 CRISPR 系统的情况下研究后生生物组蛋
白氨基酸修饰的功能方面已经取得了一些进展 [143]，但克服这一困难仍然是一

项艰巨的挑战。虽然这些旨在研究来自多方面途径针对相同表观标记的方法不涉及基因组编辑，但是这些实验的结果可以为表观基因组编辑实验所收集的信息提供有价值的补充。

让我们把目光放在 H3K14 的乙酰化标记上，将该位点的赖氨酸突变为无法被乙酰化的氨基酸残基与人为抑制负责添加乙酰化标记的乙酰转移酶活性可能会导致得到的表型以及乙酰化修饰在基因位点上的分布有所不同。同样，在组蛋白 H3K14 位点进行突变所获得的表型不一定与单独的 H3K14 乙酰化相关。考虑到负责催化乙酰基共价结合到组蛋白上的乙酰基转移酶可能具有许多非组蛋白靶标，这一点就尤其明确。H3K14 位点可能是其他修饰类型的结合位点（例如，甲基化、丁酰化、巴豆酰化、泛素化等），并且可能会受到各种标记的读码因子和擦除因子的影响导致其无法向下游和效应因子发送信号。所有这些情况都可能掩盖或混淆对于单个实验结果的解释。但是，对这些功能关系的组合研究可以有条理地阐明表观遗传标记，以及效应子和其他针对同一表观遗传基因位点的信号传导因子之间的相互作用。简而言之，表观遗传调控远比遗传之间的相互对应关系复杂，真正了解表观遗传机制的唯一方法是通过多角度仔细研究表观遗传过程。未来几年还需要解决的其他问题包括染色质的可及性、特异性、保真度以及用于表观基因组编辑应用的 CRISPR 系统的供应问题。据报道，核小体在体外可以抑制 Cas9 的活性[144]，这表明，除非靶向刺激靶位点上的染色质进行重塑，否则高级的染色质结构对 Cas9 的活性具有抑制作用。以减少 CRISPR-Cas 系统脱靶效应为目的特异性和保真度问题研究目前是本领域研究的关键[145-147]。同样，优化基于 CRISPR 的系统向靶细胞和组织的递送方法的研究为现代腺相关病毒技术和有希望的纳米颗粒递送方法的发展铺平了道路[148]。所有这些因素将对确定基于 CRISPR 的表观基因组编辑生物技术是否可以成功进入临床领域发挥不可或缺的作用。针对 Cas9 直系同源物和其他 CRISPR 系统的新的生物信息学工具的开发也是值得关注的领域。目前，化脓性链球菌 Cas9 可以进行全基因组脱靶效应预测，但其他 CRISPR 系统在这方面则相对滞后[149]。最后，结合高通量功能基因组学[150,151]的基因组和表观基因组技术的组合或许可以用来调节转录活性，从而可能鉴定出许多疾病急需的新型治疗靶标，使得这一新生的科学领域可以发展成为一个新的学科。令人兴奋的进展迹象表明，表观基因组编辑可以作为一种有效的可编程性工具，以揭示表观基因组标记和效应子在自然环境中的生物学作用。毫无疑问，如本章所述，表观基因组编辑技术在未来染色质生物学和精准医学中具有广阔的前景。但更重要的是，在不久的将来，超越表观基因组的科学前沿进展将为对抗人类疾病的强大工具的开发奠定坚实的基础。

参考文献

[1] Waddington C H. Genetic Assimilation of the Bithorax Phenotype. Evolution, 1956, 10(1): 1-13.

[2] Waddington C H. The Strategy of the Genes. London: George Allen & Unwin, 1957.

[3] Goldberg A D, et al. Epigenetics: a landscape takes shape. Cell, 2007, 128(4): 635-638.

[4] Young I T, et al. Characterization of chromatin distribution in cell nuclei. Cytometry, 1986, 7(5): 467-474.

[5] Hsu P, et al. Development and applications of CRISPR-Cas9 for genome engineering. Cell, 2014, 157: 1262-1278.

[6] Jiang W, et al. RNA-guided editing of bacterial genomes using CRISPR-Cas systems. Nat Biotechnol, 2013, 31(3): 233-239.

[7] Mali P, et al. RNA-guided human genome engineering via Cas9. Science, 2013, 339: 823-826.

[8] Barrangou R, et al. CRISPR provides acquired resistance against viruses in prokaryotes. Science, 2007, 315: 1709-1712.

[9] Qi L S, et al. Repurposing CRISPR as an RNA-guided platform for sequence-specific control of gene expression. Cell, 2013, 152: 1173-1183.

[10] Vogel T, Lassmann S. Epigenetics: development, dynamics and disease. Cell Tissue Res, 2014, 356(3): 451-455.

[11] Kanwal R, et al. Cancer epigenetics: an introduction. Methods Mol Biol, 2015, 1238: 3-25.

[12] Kungulovski G, Jeltsch A. Epigenome editing: state of the art, concepts, and perspectives. Trends Genet, 2016, 32(2): 101-113.

[13] Thakore P I, et al. Editing the epigenome: technologies for programmable transcription and epigenetic modulation. Nat Methods, 2016, 13(2): 127-137.

[14] Hilton I B, et al. Epigenome editing by a CRISPR-Cas9-based acetyltransferase activates genes from promoters and enhancers. Nat Biotechnol, 2015, 33: 510-517.

[15] Thakore P I, et al. Highly specific epigenome editing by CRISPR-Cas9 repressors for silencing of distal regulatory elements. Nat Methods, 2015, 12: 1143-1149.

[16] Zhang F, et al. Efficient construction of sequence-specific TAL effectors for modulating mammalian transcription. Nat Biotechnol, 2011, 29: 149-153.

[17] Beerli R R, et al. Positive and negative regulation of endogenous genes by designed transcription factors. Proc Natl Acad Sci U S A, 2000, 97(4): 1495-1500.

[18] Konermann S, et al. Genome-scale transcriptional activation by an engineered CRISPR-Cas9 complex. Nature, 2015, 517: 583-588.

[19] Mendenhall eM, et al. Locus-specific editing of histone modifications at endogenous enhancers. Nat Biotechnol, 2013, 31: 1133-1136.

[20] Maeder M L, et al. Targeted DNA demethylation and activation of endogenous genes using programmable TALe-TeT1 fusion proteins. Nat Biotechnol, 2013, 31: 1137-1142.

[21] Snowden A W, et al. Gene-specific targeting of H3K9 methylation is sufficient for initiating repression in vivo. Curr Biol, 2002, 12: 2159-2166.

[22] Kungulovski G, et al. Targeted epigenome editing of an endogenous locus with chromatin modifiers is not stably maintained. epigenetics Chromatin, 2015, 8: 12.

[23] Gao X, et al. Comparison of TALe designer transcription factors and the CRISPR/dCas9 in regulation of gene expression by targeting enhancers. Nucleic Acids Res, 2014, 42: e155.

[24] Kearns N A, et al. Functional annotation of native enhancers with a Cas9-histone demethylase fusion. Nat Methods, 2015, 12(5): 401-403.

[25] Margolin J F, et al. Krüppel-associated boxes are potent transcriptional repression domains. Proc Natl Acad Sci U S A, 1994, 91: 4509-4513.

[26] Friedman J R, et al. KAP-1, a novel corepressor for the highly conserved KRAB repression domain. Genes Dev, 1996, 10: 2067-2078.

[27] Groner A C, et al. KRAB-zinc finger proteins and KAP1 mediate long-range transcriptional repression through heterochromatin spreading. PLoS Genetics, 2010, 6: e1000869.

[28] Kamitani S, et al. Krüppel-Associated Box-Associated Protein 1 Negatively Regulates TNF-α-Induced NF-κB Transcriptional Activity by Influencing the Interactions among STAT3, p300, and NF-κB/p65. J Immunol, 2011, 187: 2476-2483.

[29] Shi Y, et al. Histone demethylation mediated by the nuclear amine oxidase homolog LSD1. Cell, 2004, 119: 941-953.

[30] Whyte W A, et al. Enhancer decommissioning by LSD1 during embryonic stem cell differentiation. Nature, 2012, 82: 221-225.

[31] Schiltz R L, et al. Overlapping but distinct patterns of histone acetylation by the human coactivators p300 and PCAF within nucleosomal substrates. J Biol Chem, 1999, 274(3): 1189-1192.

[32] Henry R A, et al. Differences in Specificity and Selectivity Between CBP and p300 Acetylation of Histone H3 and H3/H4. Biochemistry, 2013, 52(34): 5746-5759.

[33] Luebben W R, et al. Nucleosome eviction and activated transcription require p300 acetylation of histone H3 lysine 14. Proc Natl Acad Sci U S A, 2010, 107(45): 19254-19259.

[34] Polesskaya A, et al. CReB-binding Protein/p300 Activates MyoD by Acetylation. J Biol Chem, 2000, 75: 34359-34364.

[35] Kiernan R E, et al. HIv-1 Tat transcriptional activity is regulated by acetylation. eMBO J,

1999, 18: 6106-6118.

[36] Rothbart S B, et al. An Interactive Database for the Assessment of Histone Antibody Specificity. Mol Cell, 2015, 59(3): 502-511.

[37] Deshaies R J, Joazeiro C A. RING domain e3 ubiquitin ligases. Annu Rev Biochem, 2009, 78: 399-434.

[38] Schultz D C, et al. Targeting histone deacetylase complexes via KRAB-zinc finger proteins: the PHD and bromodomains of KAP-1 form a cooperative unit that recruits a novel isoform of the Mi-2alpha subunit of NuRD. Genes Dev, 2001, 15: 428-443.

[39] Li H, et al. Molecular basis for site-specific read-out of histone H3K4me3 by the BPTF PHD finger of NURF. Nature, 2006, 442: 91-95.

[40] Dhalluin C, et al. Structure and ligand of a histone acetyltransferase bromodomain. Nature, 1999, 399: 491-496.

[41] Liang Q, et al. Tripartite motif-containing protein 28 is a small ubiquitin-related modifier e3 ligase and negative regulator of IFN regulatory factor 7. J Immunol, 2011, 187: 4754-4763.

[42] Neyret-Kahn H, et al. Sumoylation at chromatin governs coordinated repression of a transcriptional program essential for cell growth and proliferation. Genome Res, 2013, 23: 1563-1579.

[43] Decque A, et al. Sumoylation coordinates the repression of inflammatory and anti-viral gene-expression programs during innate sensing. Nat Immunol, 2016, 17: 140-149.

[44] Wu C-S, et al. SUMOylation of ATRIP potentiates DNA damage signaling by boosting multiple protein interactions in the ATR pathway. Genes Dev, 2014, 28: 1472-1484.

[45] Ying Y, et al. The Krüppel-associated box repressor domain induces reversible and irreversible regulation of endogenous mouse genes by mediating different chromatin states. Nucleic Acids Res, 2015, 43: 1549-1561.

[46] Schultz D C, et al. SeTDB1: a novel KAP-1-associated histone H3, lysine 9-specific methyltransferase that contributes to HP1-mediated silencing of euchromatic genes by KRAB zinc-finger proteins. Genes Dev, 2002.

[47] Fei Q, et al. Histone methyltransferase SeTDB1 regulates liver cancer cell growth through methylation of p53. Nat Commun, 2015, 6: 8651.

[48] Xue Y, et al. NURD, a novel complex with both ATP-dependent chromatin-remodeling and histone deacetylase activities. Mol Cell, 1998, 2: 851-861.

[49] Underhill C, et al. A novel nuclear receptor corepressor complex, N-CoR, contains components of the mammalian SwI/SNF complex and the corepressor KAP-1. J Biol Chem, 2000, 275: 40463-40470.

[50] Noon A T, et al. 53BP1-dependent robust localized KAP-1 phosphorylation is essential for heterochromatic DNA double-strand break repair. Nat Cell Biol, 2010, 12: 177-184.

[51] Rowe H M, et al. KAP1 controls endogenous retroviruses in embryonic stem cells. Nature, 2010, 463: 237-240.

[52] Hu G, et al. A genome-wide RNAi screen identifies a new transcriptional module required for self-renewal. Genes Dev, 2009, 23: 837-848.

[53] Kungulovski G, et al. Application of recombinant TAF3 PHD domain instead of anti-H3K4me3 antibody. epigenetics Chromatin, 2016, 9: 11.

[54] Lauberth S M, et al. H3K4me3 interactions with TAF3 regulate preinitiation complex assembly and selective gene activation. Cell, 2013, 152: 1021-1036.

[55] Egelhofer T A, et al. An assessment of histone-modification antibody quality. Nat Struct Mol Biol, 2011, 18: 91-93.

[56] Gowher H, et al. Mechanism of stimulation of catalytic activity of dnmt3A and dnmt3B DNA-(cytosine-C5)-methyltransferases by Dnmt3L. J Biol Chem, 2005, 280: 13341-13348.

[57] Aoki A, et al. Enzymatic properties of de novo-type mouse DNA (cytosine-5) methyltransferases. Nucleic Acids Res, 2001, 29: 3506-3512.

[58] McDonald J I, et al. Reprogrammable CRISPR/Cas9-based system for inducing site specific DNA methylation. Biology Open, 2016, 5: 866-874.

[59] Vojta A, et al. Repurposing the CRISPR-Cas9 system for targeted DNA methylation. Nucleic Acids Res, 2016, 44: 5615-5628.

[60] Siddique A N, et al. Targeted methylation and gene silencing of veGF-A in human cells by using a designed Dnmt3a-Dnmt3L single-chain fusion protein with increased DNA methylation activity. J Mol Biol, 2013, 425: 479-491.

[61] Bernstein D L, et al. TALE-mediated epigenetic suppression of CDKN2A increases replication in human fibroblasts. J Clin Invest, 2015, 125: 1998-2006.

[62] Li F, et al. Chimeric DNA methyltransferases target DNA methylation to specific DNA sequences and repress expression of target genes. Nucleic Acids Res, 2007, 35: 100-112.

[63] Valton J, et al. Overcoming transcription activator-like effector (TALE) DNA binding domain sensitivity to cytosine methylation. J Biol Chem, 2012, 287: 38427-38432.

[64] Chen H, et al. Induced DNA demethylation by targeting Teneleven Translocation 2 to the human ICAM-1 promoter. Nucleic Acids Res, 2014, 42(3): 1563-1574.

[65] Jin C, et al. TeT1 is a maintenance DNA demethylase that prevents methylation spreading in differentiated cells. Nucleic Acids Res, 2014, 42: 6956-6971.

[66] Choudhury S R, et al. CRISPR-dCas9 mediated TeT1 targeting for selective DNA demethylation at BRCA1 promoter. Oncotarget, 2016, 7: 46545-46556.

[67] Xu X, et al. A CRISPR-based approach for targeted DNA demethylation. Cell Discovery, 2016, 2: 16009.

[68] Hotchkiss R D. The quantitative separation of purines, pyrimidines, and nucleosides by paper chromatography. J Biol Chem, 1948, 175: 315-332.

[69] Arand J, et al. In vivo control of CpG and non-CpG DNA methylation by DNA methyltransferases. PLoS Genetics, 2012, 8: e1002750.

[70] Boyes J, Bird A. DNA methylation inhibits transcription indirectly via a methyl-CpG binding protein. Cell, 1991, 64: 1123-1134.

[71] Tahiliani M. Conversion of 5-methylcytosine to 5-hydroxymethylcytosine in mammalian DNA by MLL partner TeT1. Science, 2009, 324: 930-935.

[72] Ito S, et al. Tet proteins can convert 5-methylcytosine to 5-formylcytosine and 5-carboxylcytosine. Science, 2011, 333: 1300-1303.

[73] He Y F, et al. Tet-mediated formation of 5-carboxylcytosine and its excision by TDG in mammalian DNA. Science, 2011, 333: 1303-1307.

[74] Shen L, et al. Genome-wide analysis reveals TeT-and TDGdependent 5methylcytosine oxidation dynamics. Cell, 2013, 153: 692-706.

[75] Pastor W A, et al. Genome-wide mapping of 5-hydroxymethylcytosine in embryonic stem cells. Nature, 2011, 473: 394-397.

[76] Spruijt C G, et al. Dynamic readers for 5-(hydroxy) methylcytosine and its oxidized derivatives. Cell, 2013, 152: 1146-1159.

[77] Iurlaro M, et al. A screen for hydroxymethylcytosine and formylcytosine binding proteins suggests functions in transcription and chromatin regulation. Genome Biol, 2013, 14: R119.

[78] Lieberman E, et al. DNA Methylation on N6-Adenine in *C. elegans*. Cell, 2015, 161: 868-878.

[79] Zhang G, et al. N6-Methyladenine DNA Modification in *Drosophila*. Cell, 2015, 161: 893-906.

[80] Fu Y, et al. N6-methyldeoxyadenosine marks active transcription start sites in *Chlamydomonas*. Cell, 2015, 161: 879-892.

[81] Beemon K, Keith J. Localization of N6-methyladenosine in the Rous sarcoma virus genome. J Mol Biol, 1977, 113: 165-179.

[82] Kennedy T D, Lane B G. Wheat embryo ribonucleates. XIII . Methyl-substituted nucleoside constituents and 5′ -terminal dinucleotide sequences in bulk poly (AR) -rich RNA from imbibing wheat embryos. Can J Biochem, 1979, 57: 927-931.

[83]. Clancy M J, et al. Induction of sporulation in Saccharomyces cerevisiae leads to the formation of N6-methyladenosine in mRNA: a potential mechanism for the activity of the IMe4 gene. Nucleic Acids Res, 2002, 30: 4509-4518.

[84] Desrosiers R, et al. Identification of methylated nucleosides in messenger RNA from Novikoff hepatoma cells. Proc Natl Acad Sci U S A, 1974, 71: 3971-3975.

[85] Meyer K D, et al. Comprehensive analysis of mRNA methylation reveals enrichment in 3′ UTRs and near stop codons. Cell, 2012, 149: 1635-1646.

[86] Koziol M J, et al. Identification of methylated deoxyadenosines in vertebrates reveals diversity in DNA modifications. Nat Struct Mol Biol, 2016, 23: 24-30.

[87] Wu T P, et al. DNA methylation on N6-adenine in mammalian embryonic stem cells. Nature, 2016, 532: 329-333.

[88] Gommers-Ampt J H, et al. Beta-D-glucosyl-hydroxymethyluracil: a novel modified base present in the DNA of the parasitic protozoan T. brucei. Cell, 1993, 75: 1129-1136.

[89] Ekanayake D K, et al. Epigenetic regulation of transcription and virulence in Trypanosoma cruzi by O-linked thymine glucosylation of DNA. Mol Cell Biol, 2011, 31(8): 1690-1700.

[90] Wang L, et al. DNA phosphorothioation is widespread and quantized in bacterial genomes. Proc Natl Acad Sci U S A, 2011, 108(7): 2963-2968.

[91] Thiaville J J, et al. Novel genomic island modifies DNA with 7-deazaguanine derivatives. Proc Natl Acad Sci U S A, 2016, 113(11): e1452-1459.

[92] Wyatt G R, Cohen S S. A new pyrimidine base from bacteriophage nucleic acids. Nature, 1952, 170:1072-1073.

[93] Kriaucionis S, Heintz N. The nuclear DNA base 5-hydroxymethylcytosine is present in Purkinje neurons and the brain. Science, 2009, 324(5929): 929-930.

[94] Ponce-Salvatierra A, et al. Crystal structure of a DNA catalyst. Nature, 2016, 529: 231-233.

[95] Bernstein E, Allis C D. RNA meets chromatin. Genes Dev, 2005, 19: 1635-1655.

[96] Rinn J L, et al. Functional demarcation of active and silent chromatin domains in human HOX Loci by noncoding RNAs. Cell, 2007, 129(7): 1311-1323.

[97] Zalatan J G, et al. Engineering Complex Synthetic Transcriptional Programs with CRISPR RNA Scaffolds. Cell, 2015, 160: 339-350.

[98] Konermann S, et al. Genome-scale transcriptional activation by an engineered CRISPR-Cas9 complex. Nature, 2015, 517: 583-588.

[99] Schechner D M, et al. Multiplexable, locus-specific targeting of long RNAs with CRISPR-Display. Nat Methods, 2015, 12: 664-670.

[100] Zetsche B, et al. A split-Cas9 architecture for inducible genome editing and transcription modulation. Nat Biotechnol, 2015, 33: 139-142.

[101] Nihongaki Y, et al. Photoactivatable CRISPR-Cas9 for optogenetic genome editing. Nat Biotechnol, 2015, 33: 755-760.

[102] Nihongaki Y, et al. CRISPR-Cas9-based Photoactivatable Transcription System. Chem Biol, 2015, 22(2): 169-174.

[103] Polstein L R, Gersbach C A. A light-inducible CRISPR/Cas9 system for control of endogenous gene activation. Nat Chem Biol, 2015, 11(3): 198-200.

[104] Gilbert L A, et al. Genome-scale CRISPR-mediated control of gene repression and activation. Cell, 2014, 159: 647-661.

[105] Mercer A C, et al. Regulation of endogenous human gene expression by ligand-inducible TALe transcription factors. ACS Synth Biol, 2014, 3(10): 723-730.

[106] Liu H, et al. Photoexcited CRY2 interacts with CIB1 to regulate transcription and floral

initiation in *Arabidopsis*. Science, 2008, 322: 1535-1539.

[107] Kawano F, et al. Engineered pairs of distinct photoswitches for optogenetic control of cellular proteins. Nat Commun, 2015, 6: 6256.

[108] Konermann S, et al. Optical control of mammalian endogenous transcription and epigenetic states. Nature, 2013, 500: 472-476.

[109] Polstein L R, Gersbach C A. Light-inducible spatiotemporal control of gene activation by customizable zinc finger transcription factors. J Am Chem Soc, 2012, 134,16480-16483.

[110] Land B B, et al. Optogenetic inhibition of neurons by internal light production. Front Behav Neurosci, 2014, 8: 108.

[111] Adamantidis A R, et al. Optogenetic interrogation of dopaminergic modulation of the multiple phases of rewardseeking behavior. J Neurosci, 2011, 31(30): 10829-10835.

[112] Boyden E S, et al. Millisecond-timescale, genetically targeted optical control of neural activity. Nat Neurosci, 2005, 8: 1263-1268.

[113] Hirotaka E, et al. Harnessing the CRISPR/Cas9 system to disrupt latent HIv-1 provirus. Sci Rep, 2013, 3: 2510.

[114] Liao H-K, et al. Use of the CRISPR/Cas9 system as an intracellular defense against HIv-1 infection in human cells. Nat Commun, 2015, 6-6413.

[115] Schwank G, et al. Functional repair of CFTR by CRISPR/Cas9 in intestinal stem cell organoids of cystic fibrosis patients. Cell Stem Cell, 2013, 13: 653-658.

[116] Yin H, et al. Genome editing with Cas9 in adult mice correlates a disease mutation and phenotype. Nat Biotechnol, 2014, 32: 551-553.

[117] Reinhardt P, et al. Genetic correction of a LRRK2 mutation in human iPSCs links Parkinson's neurodegeneration to eRK-dependent changes in gene expression. Cell Stem Cell, 2013, 12: 354.

[118] Courtney D G, et al. CRISPR/Cas9 DNA cleavage at SNPderived PAM enables both in vitro and in vivo KRT12 mutation-specific targeting. Gene Ther, 2016, 23: 108.

[119] Niu Y, et al. Generation of gene-modified cynomolgus monkey via Cas9/RNA-mediated gene targeting in one-cell embryos. Cell, 2014, 156: 836-843.

[120] Basavarajappa B S, et al. Epigenetic Mechanisms in Developmental Alcohol-Induced Neurobehavioral Deficits. Brain Sci, 2016, 6: 12.

[121] Klein H-U, De Jager P L. Uncovering the Role of the Methylome in Dementia and Neurodegeneration. Trends Mol Med, 2016, 22: 687-700.

[122] Ramsahoye B H, et al. Non-CpG methylation is prevalent in embryonic stem cells and may be mediated by DNA methyltransferase 3a. Proc Natl Acad Sci U S A, 2000, 97: 5237-5242.

[123] Archin N M, Margolis D M. Emerging strategies to deplete the HIv reservoir. Curr Opin Infect Dis, 2014, 27: 29-35.

[124] Falahi F, et al. Towards Sustained Silencing of HeR2/neu in Cancer By epigenetic editing. Mol Cancer Res, 2013, 11: 1029-1039.

[125] Kowluru R A, et al. Epigenetic Modifications and Diabetic Retinopathy. BioMed Res Int, 2013: 1-9.

[126] Eisele Y S, et al. Targeting protein aggregation for the treatment of degenerative diseases. Nat Rev Drug Discov, 2015, 14: 759-780.

[127] Swain J L, et al. Parental Legacy Determines Methylation and expression of an Autosomal Transgene: A Molecular Mechanism for Parental Imprinting. Cell, 1987, 50: 719-727.

[128] Buiting K, et al. Sporadic imprinting defects in Prader-willi syndrome and Angelman syndrome: Implications for imprint-switch models, genetic counseling, and prenatal diagnosis. Am J Human Genetics, 1998, 63(1): 170-180.

[129] Bartolomei M S, et al. Parental imprinting of the mouse H19 gene. Nature, 1991, 351: 153-155.

[130] DeChiara T M, et al. Parental imprinting of the mouse insulin-like growth factor II gene. Cell, 1991, 64(4): 849-859.

[131] Ciccone D N, et al. KDM1B is a histone H3K4 demethylase required to establish maternal genomic imprints. Nature, 2009, 461: 415-418.

[132] Sleutels F, et al. Imprinted silencing of Slc22a2 and Slc22a3 does not need transcriptional overlap between Igf2r and Air. eMBO J, 2003, 22(14): 3696-3704.

[133] Müller M, et al. *Streptococcus thermophilus* CRISPR-Cas9 Systems enable Specific editing of the Human Genome. Mol Ther, 2016, 24(3): 636-644.

[134] Ran F A, et al. In vivo genome editing using *Staphylococcus* aureus Cas9. Nature, 2015, 520: 186-191.

[135] Esvelt K M, et al. Orthogonal Cas9 proteins for RNA-guided gene regulation and editing. Nat Methods, 2013, 10: 1116-1121.

[136] Fu Y, et al. High-frequency off-target mutagenesis induced by CRISPR-Cas nucleases in human cells. Nat Biotechnol, 2013, 31: 822-826.

[137] Gao X, et al. Reprogramming to pluripotency using designer TALe transcription factors targeting enhancers. Stem Cell Rep, 2013, 1: 183-197.

[138] Zetsche B, et al. Cpf1 is a single RNA-guided endonuclease of a Class 2 CRISPR-Cas system. Cell, 2015, 163: 759-771.

[139] Rath D, et al. Efficient programmable gene silencing by Cascade. Nucleic Acids Res, 2015, 43(1): 237-246.

[140] Luo M L, et al. Repurposing endogenous type I CRISPRCas systems for programmable gene expression. Nucleic Acids Res, 2015, 43(1): 674-681.

[141] Gao F, et al. DNA-guided genome editing using the *Natronobacterium gregoryi* Argonaute. Nat Biotechnol. 2016 (In Press).

[142] Cong L, et al. Multiplex genome engineering using CRISPR/Cas systems. Science, 2013, 339: 819-823.

[143] McKay D J, et al. Interrogating the Function of Metazoan Histones using engineered Gene Clusters. Dev Cell, 2015, 32: 373-386.

[144] Hinz J M, et al. Nucleosomes inhibit Cas9 endonuclease activity in vitro. Biochemistry, 2015, 54: 7063-7066.

[145] Kleinstiver B P, et al. High-fidelity CRISPR-Cas9 nucleases with no detectable genome-wide off-target effects. Nature, 2016, 529: 490-495.

[146] Slaymaker I M, et al. Rationally engineered Cas9 nucleases with improved specificity. Science, 2016, 351: 84-88.

[147] Chu V T, et al. Increasing the efficiency of homology-directed repair for CRISPR-Cas9-induced precise gene editing in mammalian cells. Nat Biotechnol, 2015, 33(5): 543-548.

[148] Zuris J A, et al. Cationic lipid-mediated delivery of proteins enables efficient protein-based genome editing in vitro and in vivo. Nat Biotechnol, 2015, 33: 73-80.

[149] Singh R, et al. Cas9 chromatin binding information enables more accurate CRISPR off-target prediction. Nucleic Acids Res, 2015, 43: e118.

[150] Malina A, et al. Adapting CRISPR/Cas9 for functional genomics screens. Methods enzymol, 2014, 546: 193-213.

[151] Shalem O, et al. High-throughput functional genomics using CRISPR-Cas9. Nat Rev Gen, 2015, 16: 299-311.

CRISPR

第6章

CRISPR-Cas9的脱靶效应

李寅青 谷 峰

6.1 引言

尽管 CRISPR-Cas9 技术具有很多优点，但其主要缺点是仍无法解决脱靶效应。当 Cas9 在基因组编辑环境中使用时，即当 Cas9 主要用作核酸酶时，Cas9 会发生脱靶结合，然后在基因组中非完美匹配位点切割 DNA 分子。某些 sgRNA 分子显示出更高的特异性，但其原因尚不完全清楚。一项研究表明，在 124793 个针对 SpCas9 靶向基因的启动子或外显子区域的向导 RNA 分子中，有 98.4% 具有一个或多个脱靶位点，只有 1.6% 具有完全匹配的位点 [1]。这表明在大而复杂的基因组中脱靶结合几乎是不可避免的。确实，关于将 CRISPR-Cas9 系统用于治疗目的的一个担忧就是 Cas9 对不完全匹配的耐受性。sgRNA 分子由紧邻 PAM 序列上游的种子区域和距离 5′ 端更远的非种子区域组成。多项研究表明，种子区中的碱基配对对于正确靶向至关重要，这个关键区域的长度从 8 到 13 个核苷酸不等 [2]。另一项研究报告说，PAM 序列紧邻上游的 5 个核苷酸也可以定义种子区，尽管 PAM 近端区域富含 U 时可以扩展，但这在很大程度上影响 sgRNA 结合的热力学稳定性 [3]。这项研究还表明，每个 sgRNA 分子在基因组中都有成千上万个潜在的"种子 PAM"位点，只有少于 1% 被 SpCas9 结合，受染色质可及性的影响很大。与染色质可及性的相关性表明，大多数脱靶结合位点位于启动子、增强子或活跃转录的基因组区域中 [3]。

最初，人们认为 sgRNA 分子的前 20nt 与紧接在靶位点下游的 PAM 序列之间的完美互补匹配控制了 Cas9 的结合和靶位点的切割。几项研究报告说，sgRNA 分子的 5′ 端部分比种子区域可以更大程度地耐受错配，因此 5′ 区域在很大程度上有助于脱靶效应。Cas9 切割的体外筛选（在细胞环境之外）显示，sgRNA 中最多可容许 7 个错配。相对于人细胞中的靶位点，Cas9 的脱靶结合和裂解曾经被记录过含有最多 5 个错配核苷酸的位点 [4]。但是，最近的一项研究表明，在体外（在培养的细胞中）甚至有 6nt 错配，Cas9 也可以切割脱靶位点 [5]。测试 Cas9 对种子区错配的敏感性揭示了一个位于 PAM 序列上游 4 到 7nt 的"核心"区域，对错配极为敏感，从而消除了靶标切割 [6]。

用于向导 RNA 分子计算机设计的在线工具可以根据与基因组中非靶序列的相似性对它们进行排序，并可以预测潜在的脱靶位点。但是，体内和体外实验显示出更多的脱靶位点。这些脱靶位点中的一些可以通过 Cas9 与非经典

PAM 序列的结合来解释。尽管 SpCas9 的典型 PAM 序列为 5′-NGG-3′，但多项研究表明，可以将 5′-NAG-3′ 视为替代 PAM 序列。此外，当 SpCas9 过量存在时，5′-NGN-3′ 和 5′-NGN-3′ PAM 变异体也可以耐受体外裂解 [7]。相对简单的 sgRNA 结合模型已被认为严重阻碍了计算机分析应用于 Cas9 靶向和 sgRNA 分子功效的评估 [8]。而且，已证明 sgRNA 的功效（与表达水平相对）在 Cas9 分子工具的成功应用中起着关键作用 [9]。成功用于设计特异性和高效 sgRNA 分子的新算法显示了在机器学习和数据驱动方法的明显趋势，该方法从经过实验验证的示例中学习并增加了模型的内部复杂性 [10]。

具有额外碱基（导致 DNA 突出）或缺少碱基（导致 RNA 突出）的新型脱靶位点的出现引起了人们的关注。实验证明，由于 RNA 分子的柔韧性，除了 PAM 的近端位置会消除 Cas9 的活性外，单碱基向导 RNA 凸起在许多位置都具有良好的耐受性。另外，有人在 HEK293T 细胞中证明了对长达 4bp 的 RNA 凸起的耐受性。与 RNA 凸起相反，在几个位置（PAM 近端、中间和远端位置）仅耐受单碱基 DNA 凸起。还有人证明了 Cas9 可以耐受单碱基 DNA 凸起，并在靶 DNA 和向导 RNA 之间最多存在 3 个错配 [11]。

目前的许多研究都致力于解决 Cas9 的脱靶效应。没有方法显示完全消除脱靶效应，因此使用 CRISRP-Cas9 技术进行实验的主要目标是最小化脱靶效应以及平衡命中与脱靶效应。值得注意的是，脱靶效应对 Cas9 核酸酶切割的结果影响不同，Cas9 核酸酶切割或不切割特定基因位点，而对于 dCas9 靶向效应子域的情况下，脱靶效应显示了渐进的定量反应，强度与脱靶结合程度成正比。因此，如果脱靶作用很小，基因激活、阻抑和表观基因组编辑从本质上讲是渐进的，与 Cas9 核酸酶相比似乎更"宽容"。最新发表的文献支持这种观点 [12]。由于 CRISPR-Cas9 技术在治疗应用中非常有前途，因此在未来研究中解决脱靶效应至关重要。

6.2　最小化CRISPR-Cas9系统脱靶效应的策略

6.2.1　改善 sgRNA-Cas9 复合物的有效浓度和 sgRNA-Cas9 复合物递送

体外和体内实验表明，sgRNA-Cas9 复合物的浓度影响非特异性结合。在相对于 DNA 更高的复合物有效浓度下，核酸酶 Cas9 可以耐受更多错配。转染少量编码核酸酶 Cas9 及其 sgRNA 的质粒是减少非特异性结合的一种潜在策略 [4]，因此需要测定 Cas9-sgRNA 的浓度。如果进行细胞的直接转染，例如将细胞用纯化的核糖核蛋白 Cas9-sgRNA 复合物转染，则这些酶立即具有活性，但比整合到质粒中时稳定性差，它们的寿命较短，并且细胞内浓度比源自质粒的复合物低。几项研究报告显示，这种方法可以显著降低 Cas9 复合物的脱靶效应 [13]。

影响 Cas9-sgRNA 核糖核蛋白复合物浓度的另一种方法是减少细胞中 sgRNA 分子的数量，因为它可以直接限制功能性复合物的浓度并降低脱靶效应。为此，可以将 sgRNA 分子模块移至另一个质粒，并在转染中降低其浓度 [3]，以便确定最佳的命中与脱靶时的浓度。同样，使用 RNA 聚合酶 III 的替代弱启动子表达 sgRNA 将直接影响 sgRNA 转录的量、功能性 sgRNA-Cas9 复合物的数量，以及最终的脱靶效应。据报道，较弱的 H1 启动子比常用的 U6 启动子具有更高的特异性，而仅略微减少了靶向裂解 [14]。与此相符的是，另一项研究表明 H1 启动子引起的向导 RNA 转录比 U6 启动子低 [15]。H1 启动子还可以充当有效的 RNA 聚合酶 II 启动子进行 mRNA 转录 [16]，并且能够驱动 Cas9 的转录，在数量上与 CBh 启动子驱动的数量相当 [15]。Gao 和合作者最近的一项研究表明，在单个 s1 启动子的调控下，CRISPR-Cas9 系统的两个组件 sgRNA 分子和 Cas9 的同时表达使系统更具特异性，这是因为与两个不同启动子调控表达相比，sgRNA 分子的表达减少至 1/7，而 Cas9 可达 1/11[15]。

由于对细胞中功能性 Cas9 有效浓度的时间控制，用于功能性 Cas9 表达或装配的不同诱导或抑制系统也可以减少脱靶位点的结合。在一个强力霉素诱导的 Cas9 系统中，容易扩散到细胞中的小分子已成功地用于诱导 Cas9 的表达 [17]。其他控制功能性 Cas9 装配的方法，例如 4- 羟基他莫昔芬诱导的内含蛋白 -Cas9[18] 和雷帕霉素诱导的拆分 Cas9 系统 [19]，也利用小分子作为诱发物。为避免使用化学控制 Cas9 诱导，一种采用可诱导蓝色光的 paCas9-2 系统的新方法使功能性 Cas9 装配体的控制更具非侵入性（即仅由光激活），并且可通过光学控制进行逆转 [20]。与诱导型系统相反，自我限制的 CRISPR 系统 [21] 利用靶向 Cas9 自身的额外 sgRNA，从而在限制自身表达的同时成功地进行了基因组编辑，显著提高了特异性。在这些策略中，强力霉素诱导的 Cas9 和自我限制的 CRISPR 系统显示的靶向活性与组成型表达的野生型 SpCas9 相当 [17,21]。

6.2.2 sgRNA 分子的合理设计

sgRNA 的合理设计和计算机验证可以显著降低脱靶效应。对目标基因组内所有可能位点与 sgRNA 的结合进行模拟，有助于设计可能结合特定靶标的特异 sgRNA 分子。由于 U6 驱动的转录可能会提前终止，应避免在向导 RNA 中使用 Poly T 重复序列。GC 含量应保持平衡（不要太低或太高），以最大限度地提高切割效率 [22] 并最大限度地减少 DNA 和 RNA 凸起的发生 [11]。sgRNA 长度的变化也可能影响脱靶活性水平。最初，GN19-NGG 规则用于设计 SpCas9 的向导 RNA 分子。通过在 5′末端简单添加两个额外的鸟嘌呤（GGN）（GGN20-NGG 或 GGGN19-NGG），sgRNA 分子就变得更具特异性，同时保持了靶向活性，尽管某些 sgRNA 分子的活性可能略低 [23]。使用截短的 sgRNA（tru-sgRNA）的另一方法表明，GN17-NGG 设计具有最佳的靶向效果。为了实现高效的靶向作用，SpCas9 最少需要 17nt 才能结合靶位点，而在 sgRNA 的 5′末端添加一个额外的错配鸟嘌呤（G）会使 sgRNA 对任何错配的耐受性都降低，因为它会极大地影响结合能量和 SpCas9-sgRNA 复合物的稳定性。因此，最初仅为了促进从 U6 启动子的有效转录而添加的额外 5′鸟嘌呤被发现能够通过使靶结合过程稍微不稳定而提高了特异性。特异性的提高通常会超过目标效率的降低 [24]。随着向导 RNA 长度的进一步减少，Cas9 活性急剧下降，甚至无法检测到其表达 [25]。Kiani 和他的合作者已经证明了如果将长度为 14～15nt 的 sgRNA 分子用于引导，则 Cas9 缺乏其核酸酶活性，但会保留 DNA 结合活性的假说 [26]。在同一研究中，"死"sgRNA 的优势被用于诱导 SpCas9-VPR 融合的转录激活，其中 SpCas9 具有催化活性。使用长度为 20 和 18nt（对于某些基因组位点甚至为 16nt）的 sgRNA 分子，SpCas9-VPR 融合体对靶点显示出强大的核酸酶活性，与野生型 SpCas9 相当，且基因激活最小。如果以 14nt 长的 sgRNA 引导 SpCas9-VPR 融合蛋白，则基因激活达到最大，而 SpCas9 核酸酶活性被去除。与全长 20 nt sgRNA 分子相比，14nt 长的 sgRNA 分子的错配耐受性降低了 [26]。该方法已成功用于在同一基因上使用不同长度的 sgRNA 分子在不同基因位点同时进行基因激活和敲除 [7]。

除了改变 sgRNA 分子的长度，不同的化学修饰也可以降低脱靶效应 [27]。

使用嵌合向导 RNA 的新方法（在其 5′末端包含部分 DNA 核苷酸）也可以降低脱靶效应。由于 DNA-DNA 双链的热力学稳定性较低，在 5′端具有多达 10 个 DNA 核苷酸的嵌合 sgRNA 或 crRNA 对错配的耐受性较低 [28]。

6.2.3　新的 Cas9 变体的合理工程设计

如今，新的 Cas9 变体的合理工程设计是提高 CRISPR-Cas9 特异性的现代方法。许多突变体显示出明显降低的脱靶效应。根据结构研究，对 SpCas9-DNA 接触的操纵会影响 SpCas9-sgRNA 与 DNA 的复合体的稳定性及其对错配的耐受性。SpCas9 中的关键氨基酸残基（N497、R661、Q695、Q926）的改变（与高保真度的 SpCas9-HF1 靶标链直接接触），极大地减少了非特异性 DNA 结合，同时保持了至少 70% 野生型 SpCas9 的靶向活性 [29]。或者，突变体 eSpCas9（1.1）（增强的特异性 SpCas9 版本 1.1）中非靶标链结合中涉及的氨基酸变化会促进 DNA 重新杂交。中靶效应仍可与野生型 SpCas9 媲美，同时显著降低脱靶效应 [30]。最新的结构研究表明，SpCas9 的 REC3 结构域对于引导 RNA- 靶 DNA 异源双链体的相互作用是必需的，并且如果存在错配，REC3 结构域可使 SpCas9 处于非活性形式。HypaCas9 突变体中 REC3 区域（N692A、M694A、Q695A、H698A）的突变使异源双链结合以及目标位点结合的验证更加严格，从而使脱靶效应最小化。该变体的性能甚至比以前使用的突变体还要好，同时保持了较高的靶向活性 [31]。

通过筛选 REC3 结构域中的随机突变来进行 SpCas9 的定向进化，以发现赋予更好特异性的关键突变，从而发现了 evoCas9 突变体（M495V、Y515N、K526E、R661Q）。与野生型 SpCas9 相比，evoCas9 靶向活性稍低，但特异性则大大提高，与 SpCas9-HF1 和 eSpCas9（1.1）相比提高了 4 倍 [32]。最近，通过使用噬菌体辅助连续进化（PACE），一种新型突变体 xCas9 3.7 与野生型 SpCas9 相比显示出低得多的脱靶效应，并具有识别各种非 NGG PAM 序列的能力，例如 5′-NG-3′、5′-GAA-3′和 5′-GAT-3′。当在所有非 NGG PAM 近端位点以及 NGG PAM 近端位点与转录激活因子 VPR 融合使用时，xCas9 3.7 突变体的表现优于野生型 SpCas9。对于基因组 DNA，xCas9 3.7 在 NGG PAM 近端位点的核酸酶活性略胜于野生型 SpCas9，而对于所有非 NGG PAM 近端位点，其活性则明显更高 [33]。最近，有人利用在大肠杆菌中的直接进化与阳性和阴性选择相结合，开发了 Sniper-Cas9 突变体。与先前描述的突变体

SpCas9-HF1、eSpCas9（1.1）、HypaCas9、evoCas9 和 xCas9 3.7 相比，Sniper-Cas9 显示出更高的特异性比，并且可以与截短和延长的 sgRNA 分子有效结合。以上突变体只有 GN19 sgRNA 第一个鸟嘌呤（G）与靶位点匹配时才具有活性 [34]。

核糖核蛋白递送（RNP）是减少脱靶效应的常用方法 [35]。先前提到的工程改造的 SpCas9 变异体由于其广泛的氨基酸突变而导致与 DNA 靶标的亲和力较低，而氨基酸的突变导致了与靶标或非靶标链的直接接触。因此，这种突变体的 RNP 递送通常显示出降低的靶向作用。与 RNP 传递相反，由于转录后存在更高有效浓度的 sgRNA-Cas9 复合物，通过转染递送质粒克服了这个问题。当 RNP 传递至原代细胞、干细胞或祖细胞时，一种新的 SpCas9 变体——Hifi Cas9 表现出最佳活性。Hifi Cas9 结合了两种不同的方法来最大限度地减少脱靶效应 -RNP 输送的优势与 REC3 域中的 R691A 突变相结合，如果存在不匹配现象，则抑制 Cas9 的激活，同时保持高水平的导通目标活动。与野生型 SpCas9 以及突变体 eSpCas9(1.1)、SpCas9-HF1 和 HypaCas9 相比较，Hifi Cas9 表现出可比的但略低的靶向活性，但比所有测试的其他突变体具有更高的活性 [36]。

6.2.4　Cas9 直系同源物

目前，可用于基于 CRISPR-Cas9 的基因组和表观基因组编辑的 Cas9 直系同源物很多。通过选择不同的，通常更复杂的 PAM 序列，它们可能与野生型 SpCas9 相比具有更高的特异性。与 SpCas9 的 5′-NGG-3′ PAM 序列相比，更复杂的 PAM 序列在基因组中的出现频率更低，从而使基因组中潜在脱靶位点的数量减至最少，但不方便之处在于也减少了潜在的靶标位点的数量。各种直系同源物已显示出它们融合并用于操纵人类细胞的潜力，包括：金黄色葡萄球菌 Cas9（SaCas9）[37]，嗜热链球菌 Cas9（St1Cas9[38]、St3Cas9[39]），脑膜炎奈瑟球菌 Cas9（NmCas9）[40]，空肠弯曲杆菌 Cas9（CjCas9）[41]，不同类别的 Cas12a 家族（也称为 Cpf1），酸性氨基球菌 ND2006 Cas12a（LbCas12a）和 *Acidaminococcus* sp.，以及 BV3L6 Cas12a（AsCas12a）[42]。另一个有趣的 CRISPR 效应器 Cas12b（以前称为 C2c1），最近已被鉴定 [43]。外村尚芽孢杆菌的直系同源物（BhCas12b）结构紧凑（1108 个氨基酸），并且比 SpCas9 具有更高的特异性，这使其工程版本成为人体细胞中基因组和表观基因组编辑的候选者[43]。在令人兴奋的 CRISPR 领域，新发现的应用和进一步发展是非常有前途的。然而，在这一点上，只有 SaCas9 和 CjCas9 可验证具有与 SpCas9 相当的靶向活性[41]。除了是最小的 Cas9 直系同源基因之一，CjCas9 还显示出优于 SaCas9 和 SpCas9 的特异性，使其成为治疗用途的有希望的候选者。

6.2.5　Ⅱ类 Cas9 直系同源物

源自金黄色葡萄球菌的 SaCas9 是最小的 Cas9 直系同源物，仅包含 1053 个氨基酸。与 SpCas9 相比，它识别更复杂的 PAM 序列（5′-NNGRRT-3′，其中 N 代表任何碱基，R 代表嘌呤碱基）。它的靶向活性和效率与 SpCas9 相当，并且由于其 PAM 序列不互斥而可以直接测试。真核细胞中最大的活性是由 20 至 24nt 长度的向导 RNA 分子实现的，而短于 17nt 的向导 RNA 则表失了 SaCas9 的活性。脱靶活性低于 SpCas9，特别是当用长度为 20nt 的向导 RNA 分子靶向时，导致得出 SaCas9 比 SpCas9 更特异的结论。使用 SaCas9 的另一个优势是它的体积更小，可以包装到单个腺相关病毒（AAV）颗粒中，还可以与 U6 驱动的向导 RNA 一起包装，这为体内递送创造了机会[44]。使用野生型 SaCas9 的主要缺点是靶向范围有限，因为 PAM 序列是复杂且扩展的。尽管已显示胸腺嘧啶在 PAM 序列的第 6 位是优先的，但 SaCas9 仍可以（至少在一定程度上）切割有 NNGRR PAM 序列的靶位点。为了将 SaCas9 的靶向范围和灵活性扩大到 2 到 4 倍，有人已经开发了 SaCas9-KKH 变体（E782K、N968K、R1015H），该变体可以识别 5′-NNNRRT-3′ PAM 序列的变化。SaCas9-KKH 变体在真核细胞中保留了强大的靶向活性，而脱靶活性则保持在与野生型 SaCas9 相同的水平[45]。最近，无核酸酶活性的 dSaCas9（D10A 和 N580A）被融合到 KRAB 结构域以进行直接基因抑制。有研究使用 dSaCas9-KRAB 融合构建体成功降低了 Pcsk9 的基因表达，从而降低了小鼠中 LDL 胆固醇的水平[46]。

为了进一步扩大目标范围，可以使用具有不同 PAM 要求的其他直系同源物。源自嗜热链球菌的 St1Cas9 和 St3Cas9 蛋白由不同的基因位点 CRISPR1 和 CRISPR3 编码。St1Cas9 特异性识别 5′-NNAGAAW-3′，而 St3Cas9 识别 5′-NGGNG-3′ PAM 序列［N 代表任何碱基，W 代表腺嘌呤（A）或胸腺嘧啶（T）］[47,48]。尽管已显示在某些人类基因位点上，与 St1Cas9 相比 St3Cas9

具有更高的靶向效率，但与 SpCas9 相比，两个直系同源物都具有较低的靶向活性。与靶向效率相反，考虑脱靶活性时，二者又比 SpCas9 更特异，这可能是由于它们需要更复杂的 PAM 序列。两个直系同源物都需要 20 nt 长的向导 RNA 才能正确靶向。核苷酸的长度减少只能耐受 1 个碱基脱靶，而进一步减少则几乎完全丧失了 St1Cas9 和 St3Cas9 活性。

源自脑膜炎奈瑟球菌的 NmCas9 是另一个小 Cas9 直系同源物（1081 个氨基酸），可特异性识别 5′-NNNNGATT-3′ PAM 序列。实验已经确定，在原间隔物中，腺嘌呤（A）不适合作为其首个 PAM 序列，而胸腺嘧啶（T）不适合作为其首个 PAM 近端碱基。多项研究表明，另一种 5′-NNNNGHTT-3′ PAM 序列（H 代表腺嘌呤、胸腺嘧啶或胞嘧啶）与高靶向活性兼容[40]。当 NmCas9 系统与 crRNA 和 tracrRNA 一起在真核细胞中使用时，它们分别从不同的 U6 启动子表达，则较长的向导 RNA 长度（23 ～ 24nt）显示出更好的活性，而将 NmCas9 与 sgRNA 结合使用时则更倾向于缩短向导 RNA（21nt）。与 SpCas9 相比，NmCas9 脱靶活性通常较低，但在所有测试位点的靶向活性也较低。多项研究展示了 NmCas9 系统在人类 HEK293T 细胞以及人类诱导的多能干细胞（iPSC）的基因组编辑中的成功应用[40]。最近，NmCas9 及其 U6-sgRNA 被包装到 AAV 颗粒中，并成功地靶向了小鼠中的 Pcsk9 基因[49]。作者展示了天然存在的抗 CRISPR 蛋白的存在，该蛋白可以与 NmCas9 特异性结合，从而阻止了其与靶标位点的结合和活性。有人在具有抗 CRISPR 蛋白 AcrIIC3Nme 的人 HEK293 细胞中证明了抗性蛋白抑制 NmCas9 活性的能力，显示出完全抑制 NmCas9 的能力[50]，这为调节 NmCas9 活性开辟了新的可能性。

最大的 Cas9 直系同源基因之一是衍生自新弗朗西斯菌的 FnCas9（1629 个氨基酸）。实验确定的 PAM 序列为 5′-NGG-3′（N 代表任何碱基），但在第二和第三位置带有腺嘌呤也显示出轻微的活性。根据结构研究，FnCas9 进化出了具有 E1369R、E1449H 和 R1556A 取代基的 FnCas9-RHA 变体，通过识别替代 5′-YG-3′ PAM 序列（Y 代表胞嘧啶或胸腺嘧啶）扩大了靶向范围，同时保持了与之相当的活性野生型 FnCas9。当在人 293FT 细胞中表达时，功能验证失败。相比之下，预先组装的 RNP 复合物在注入小鼠受精卵后会在 Tet1EX4 基因位点上诱导高活性[51]。后来，人们澄清了 FnCas9 在人细胞中的低活性，主要是由于它无法进入复杂的染色质结构中的目标位点，这被另一项研究证明，该研究表明 FnCas9 在人细胞中的活性可变，而在大多数靶标位点上活性却很差。染色质环境所施加的限制已通过 "proxy-CRISPR" 方法成功消除，其中催化活性不活泼的 SpCas9 靶向 FnCas9 目标位点附近，表面上打开了局部染色质结构，从而促进了 FnCas9 核酸酶在该位点的活性 [52]。除 DNA 靶向外，FnCas9 还具有 RNA 靶向活性，并具有独特的 PAM 独立机制，该机制包含小的 CRISPR-Cas 相关 RNA（scaRNA）：tracrRNA 复合物，独立于 RuvC-1 和 HNH 核酸酶结构域 [53]。FnCas9 的 RNA 靶向活性已成功用于靶向人肝癌细胞（Huh-7.5）中的丙型肝炎病毒（HCV）[54]，以及植物中建立的对烟草花叶病毒（TMV）或黄瓜花叶病毒（CMV）的 RNA 病毒抗性 [55]。

最小的 Cas9 直系同源物之一是源自空肠弯曲杆菌的 CjCas9（984 个氨基酸）。使用 PAM 发现测定法，将 5′-NNNNACAC-3′ 和 5′-NNNNRYAC-3′（N 代表任何碱基，R 代表嘌呤，Y 代表嘧啶）确定为 PAM 序列。有人发现人体细胞中的最佳 PAM 序列是 5′-NNNNACAC-3′。sgRNA 设计的 GX22 规则显示出最佳的活性，而较短的 sgRNA（长度为 20 或 19 nt）显示出较低的效率，甚至在某些测试基因位点上完全丧失了 CjCas9 活性。与 SpCas9 和 SaCas9 直系同源物相比，CjCas9 具有更高的靶向活性，同时特异性更高。CjCas9 及其 U6-sgRNA 被有效地包装到 AAV 颗粒中，并成功靶向小鼠肌肉和视网膜细胞中的多个基因位点。它的小尺寸为将其他元素包装到 AAV 颗粒中留下了更多空间。结合其高的靶向活性和显著降低的脱靶作用，使得 CjCas9 在治疗中具有巨大的潜力。

考虑使用基于 dCas9 的表观基因组编辑工具时，此类融合中的表观遗传编辑器的催化结构域也可促成脱靶活性，这与 dCas9 结合的混杂无关，而是源自过度表达的催化结构域的存在。在这种情况下，剂量反应实验非常重要，因为它们实际上是减少由催化域过度表达而引起的非特异性活性的唯一方法。

6.3 CRISPR-Cas9系统中脱靶效应的检测方法

针对 CRISPR-Cas 系统存在的脱靶效应，目前已经有多种方法被报道。按照这些方法报道的时间先后，以下简单介绍这些检测方法。部分相关方法的比较等亦可参考相关综述 [56-58]。

6.3.1　预测的脱靶位点检测

借助 CT-Finder、Cas-OFFinder 等多款生物信息工具在线预测脱靶位点[59,60]，预先筛选出可能性高的脱靶位点进行检测，将包含预测脱靶位点的片段进行扩增，然后分别用 Sanger 测序、二代测序（next generation sequence, NGS）技术对 PCR 产物进行测序。Sanger 测序简便易行，不需要特殊的设备或技术，当样本量大时比较耗时且不经济，并且对于脱靶率小的位点也不能完全检测出来。NGS 成本虽然相对较高，但是在样本量多的情况下，通过多重 PCR 将这些含候选脱靶位点的片段扩增出来，进行测序更值得考虑。也可将 PCR 产物进行 T7E1 或 Surveyor 检测，T7E1 对插入缺失（indels）比较敏感，而 Surveyor 对单核苷酸突变（SNPs）和小片段的 indels 相对敏感，因而 T7E1 对 DSB 产生的 NHEJ 检测更为敏感，两者均容易受温度、时间、DNA 与酶的比例和缓冲液盐离子浓度的影响[61]，其优点在于快速简便，但灵敏度低。由于是对预测的脱靶位点进行检测，可能忽略了其他的脱靶位点，因此存在一定偏倚性，不能全面反映细胞内脱靶情况。

6.3.2　WGS

全基因组测序（whole genome sequencing, WGS），顾名思义就是利用高通量测序技术对整个基因组中的全部基因进行检测，能够直接真实地反映脱靶的情况。研究者们已在诱导性多能干细胞、秀丽隐杆线虫、疟原虫和拟南芥等多个物种中应用全基因组测序检测基因组编辑的脱靶情况[62-65]。无论是 SNPs 和缺失，还是染色体水平的变化如易位、倒位等，WGS 都能检测到。然而，WGS 只能检测出具有高度可靠性的高频脱靶位点，对于大量样本中的低频脱靶位点仍然难以检测[66]，缺乏在大量样本中检测脱靶位点所需的灵敏度。而下面介绍的其他相关方法能够富集脱靶位点，可以与 WGS 结合来共同研究脱靶效应。

6.3.3　ChIP-seq

染色体免疫共沉淀（cross-linking chromatin immunoprecipitation, ChIP）技术可以针对性地获得蛋白质与 DNA 结合的复合物，与二代测序技术联合则可以全面地检测与蛋白质结合的 DNA 序列，该方法称为 ChIP-seq[67]。在 CRISPR-Cas9 的脱靶检测中，利用失活的 Cas9 即 dCas9 与 DNA 序列进行结合而不发生切割的特点，从而确定 Cas9 的具体结合位点，包括靶位点和脱靶位点。将结合了 dCas9 的基因组碎片化，通过 ChIP 富集含有 dCas9 的 DNA 片段，再经过纯化获得 DNA 进行 PCR 和二代测序。研究者利用 ChIP-seq 对 12 个 sgRNAs 的脱靶进行检测，发现了 10 ～ 1000 个不等的脱靶位点，基本位于染色质开放区域，且相当一部分与预测的脱靶位点不一致 [68]。然而该技术也存在假阳性，这是由于 ChIP 更倾向于结合高表达聚合酶Ⅱ、聚合酶Ⅲ和 tRNA 基因的区域 [69]，此外，与 DNA 结合以及对 DNA 切割的位点可能也存在差异。

6.3.4　IDLV 捕获

IDLV，即整合缺陷的慢病毒载体（integrative-deficient lentiviral vectors, IDLV），它们以游离的 DNA 形式存在于细胞核中，能够整合到发生 DSB 的位点，利用该特点首次应用于 ZFNs 的脱靶检测中 [70]。并且不同于完整的慢病毒载体，IDLV 对基因组的整合没有偏好性，以往常被用于检测病毒载体的安全性。随后该技术也被应用于 TALEN 和 CRISPR-Cas9 中，可以检测到 1% 的脱靶率，识别 1 ～ 13bp 的错配 [71,72]。当核酸酶切割基因组产生 DSB 时，IDLV 会在 NHEJ 修复期间整合于靶位点和脱靶位点，相当于"标记"了 DSB 位点。之后提取细胞基因组并破碎，在破碎的片段两端加上接头序列。因 IDLV 两端含有两个已知的 LTR（long terminal repeats）序列，可以利用线性扩增 PCR（linear amplification-mediated PCR, LAM-PCR）技术扩增位于 IDLV 两侧的片段，该技术常用于扩增未知的 DNA 序列，最后进行二代测序。使用该技术的优势在于 IDLV 能够高效地进入细胞核，包括难以转染的人类细胞，但同时也会整合到其他非核酸酶引发的 DSB 位点，增加了假阳性率，因此需要做好对照。另外，该方法是否能够捕获到所有的脱靶的位点并不清楚。

6.3.5　BLESS

BLESS（direct in situ breaks labeling, enrichment on streptavidin, and next-generation sequencing）技术是基于生物素 - 链霉亲和素原理设计的 [73]。首先提取完整的细胞基因组，在体外利用核酸酶进行切割，然后用高度特异性 T4 连接酶将生物素化的寡核苷酸与 DSB 位点连接，该连接酶只能连接双链断裂的位置，形成发夹样结构。其次将基因组消化成片段，因生物素化和链霉亲和素化的寡核苷酸都含有相同的酶切位点，所以用相同的酶切后进行连接以达到富集的目的。经过纯化后，在发夹结构的另一端引入带酶切位点的寡核苷酸连接双链的断裂端，最后将片段的两端消化形成用于扩增的开放双链模板，再进行 PCR 和二代测序。这种直接在原位标记的方法避免了在提取基因组 DNA 过程中人为造成的 DSB 标记，从而大大降低了假阳性率。有研究者在对小鼠和人类细胞的基因组编辑时运用 BLESS 和 ChIP-seq 检测脱靶，结果显示 BLESS 能检测出更多的脱靶位点 [74,75]。虽然该技术是对原位 DSB 直接进行检测的，但由于是在体外进行的，可能并不能真实地反映体内的情况。

6.3.6　GUIDE-seq

GUIDE-seq（genome-wide, unbiased identification of DSB evaluated by sequencing）技术与 IDLV 捕获技术的原理相似，细胞的基因组在核酸酶作用下发生 DSB，此时在 NHEJ 修复期间引入"标签"——双链寡脱氧核苷酸（double-stranded oligodeoxynucleotides, dsODNs），该"标签"会整合到 DSB 位点。然后提取细胞基因组随机打断成片段，在片段两端加上接头，因引入的 dsODNs 序列和接头序列已知，故对正反链分别进行 LAM-PCR，再通过二代测序即可检测脱靶位点，该方法同样能检测到比 ChIP-seq 更多的脱靶位点，敏感性小于 0.1%[76]。与 ChIP-seq、IDLV 捕获和 BLESS 技术相比，GUIDE-seq 相对简便，因此也有一些研究者借助此方法检测脱靶效应，但只有在发生 DSB 后立即引入 dsODNs 才能被检测到 [77-79]。此外，与 IDLV 捕获方法有类似的问题，GUIDE-seq 技术中"dsODNs 标签"是否能够整合到细胞中所有的 DSB 并不清晰。

6.3.7　LAM-HTGTS

LAM-HTGTS（linear amplification-mediated high-throughput genome-wide translocation sequencing）技术发展于检测 AID 时引发的基因重排，建立在位点发生 DSB 的基础上 [80]。之后有研究者利用 DSB 引发的重排原理来检测 CRISPR-Cas9 和 TALEN 进行基因组编辑的脱靶情况，细胞基因组在核酸酶作用下发生 DSB，引发基因重排，将提取的细胞基因组破碎，针对某个基因的脱靶，在该基因 sgRNA 附近设计带有生物素标签的捕获引物，通过 LAM-PCR、生物素 - 链霉亲和素系统富集带有靶基因片段的序列，包括发生了重排和未发生重排的序列，再利用二代测序技术进行分析 [81]。该方法不需要引入额外的特殊序列，灵敏度比 IDLV 高，背景值比 BLESS 低，且相对经济。缺点在于只能检测发生重排的位点，而重排的概率比较低，约 200 ～ 1000 个细胞中发生一次[82]。

6.3.8　Digenome-seq

Digenome-seq（digested genome sequencing）是完全在体外进行的脱靶检测技术[83,84]。首先提取细胞基因组并消化片段，在片段两端加上相同的接头序列，而后将 Cas9 蛋白和 sgRNA 与消化的片段混合进行切割，这些片段中部分被切割，部分未被切割，再利用二代测序读取所有的片段并与基因组序列进行比对。该方法灵敏度极高，能检测到 0.1% 的缺失，且不受染色质结构限制，实验的可重复性和均一性也较高。Digenome-seq 是先经过基因组的破碎，再进行核酸酶的切割，而前面有几个检测的方法都是先进行核酸酶的切割引入各种"标签"，再进行基因组的破碎，因此该技术是直接检测切割的位点而不是检测结合的位点，脱靶位点的覆盖范围相对较大，灵敏度也相对较高。然而采用"标签"引入的方式存在效率问题，这些"标签"并不是都能整合到 DSB 的位点，尤其是对于低频脱靶位点。Digenome-seq 的缺点在于进行二代测序分析时没有对发生切割和未发生切割的片段进行分离，故所需要的读长量大才能检测到低频的位点，最多需要 400 亿碱基的长，并且它是完全在体外进行的脱靶检测技术，所以可能不能真实地反映体内的情况，由于不受染色质结构的影响，可能存在一定的假阳性。

6.3.9　SITE-seq

SITE-seq（selective enrichment and identification of tagged genomic DNA ends by sequencing）技术是与 CIRCLE-seq 同期出现的一项体外检测方法[85]。首先获取高分子量的细胞基因组，用 Cas9/RNA 复合体（sgRNPs）体外切割基因组，在切割的位点加上生物素化的接头序列，然后进行基因组的破碎，再利用生物素进行富集，得到的是被核酸酶切割过的片段，在该片段的另一端加上接头序列后，进行 PCR 和二代测序分析。与 HTGTS 和 GUIDE-seq 相比，SITE-seq 不依赖于核酸酶的转运方式、细胞的类型和 DNA 的修复，但是 SITE-seq 检测到的位点能覆盖且比另外两者要多；相比于 Digenome-seq，该技术能将脱靶位点进行富集并检测，提高了检测的灵敏度。在该技术中，检测到的脱靶位点的数量与 sgRNPs 的使用浓度相关，低浓度时检测到的脱靶位点少，相反高浓度时能检测到的数量多，在一定浓度时能覆盖利用体内脱靶检测方法检测到的位点。利用该技术可以定位编辑活性高的基因组区域，指导选择活性和特异性最高的位点来减少脱靶效应。缺点在于 SITE-seq 是完全在体外进行，随着 sgRNPs 浓度的增加，其检测到的脱靶位点远多于体内检测到的位点，所以可能不能真实地反映细胞内的脱靶情况，但可以为编辑位点的选择提供指导依据。

6.3.10　CIRCLE-seq

CIRCLE-seq（circularization for in vitro reporting of cleavage effects by sequencing）技术是研究人员开发的一种通过测序体外检测切割效应的方法[86]。同样是体外进行的实验，将基因组剪切成片段，在片段两端加上茎环结构的接头序列，通过酶切接头序列和分子内连接，使片段环化后用核酸酶切割，能被切割的环形片段都将线性化，不能被切割的维持环状结构，在线性化的片段上再次加上接头序列，然后进行 PCR 和 NGS 检测。该技术的优点在于它的读长量少（4 ～ 5million）且随机读长背景低，而 Digenome-seq 的读长量最多需要400million，并且 CIRCLE-seq 能检测到小于 0.1% 的脱靶位点。研究人员以靶向 HBB 基因为例，显示 CIRCLE-seq 能鉴定出 Digenome-seq 已检测到的 29个位点中的 26 个，并且还检测到 156 个其他方法无法检测的新位点。但由于该技术是在体外进行的，同样可能不能真实地反映在体内的情况。

6.3.11　GOTI

GOTI（genome-wide off-target analysis by two-cell embryo injection）是一项可用于检测 CRISPR-Cas9 以及单碱基编辑系统脱靶检测效应的方法，而不会受到个体中存在的 SNPs 的干扰[87]。研究者们利用小鼠胚胎进行实验，在受精卵分裂成两个细胞时用工具编辑其中的一个卵裂球，并使用红色荧光蛋白将其标记，随后让两个细胞继续分裂，等小鼠胚胎发育到 14.5 天时，将整个小鼠胚胎消化成为单个细胞，并利用流式细胞分选技术基于红色荧光蛋白分选出被编辑和未被编辑的细胞，再进行全基因组测序比较两组的差异。基于 GOTI 方法，研究者发现了 BE3 处理的胚胎中存在大量的 SNVs，是 Cre 或Cas9 处理的 20 多倍，这是之前检测手段无法发现的脱靶位点。该技术避免了单细胞体外扩增带来的噪声问题，而且由于来自同一枚受精卵，理论上基因背景完全一致，可以直接对两组细胞的基因组进行比对分析。

6.3.12　PEM-seq

PEM-seq（primer-extension-mediated sequencing）技术是研究人员开发的一种基于体内染色体易位发生的机制，将 LAM-HTGTS 与 Target-seq 相结合，通过捕获全基因组易位来检测脱靶位点[88]。研究者利用该技术检测 CRISPR-Cas9 在 HEK293T 细胞中 RAG1A 位点的脱靶情况，在 Cas9 的作用下细胞内基因组发生 DSB，两个不同的 DSB 连接会发生染色体易位，随后提取细胞基因组并超声破碎成片段，在离切割位点 200bp 的范围内引入带有生物素标签的捕获引物进行延伸，然后与带有随机分子条码（RMB）的接头连接，以标记每个片段。同样的通过 LAM-PCR、生物素 - 链霉亲和素系统富集带有靶基因片段的序列，再利用二代测序进行分析。最后确定了 53 个脱靶位点，其中包含 24 个新位点，并去除了由 LAM-HTGTS 确定的 4 个薄弱位点，由此可以看出该技术比 LAM-HTGTS 具有更高的灵敏度。此外，PEM-seq 不仅可以灵敏地找出 Cas9 的脱靶位点，还可以精确定量 CRISPR-Cas9 的切割效率。然而，PEM-seq 可以识别脱靶位点但不能量化所识别的脱靶位点的频率，并且易位发生的概率很低，因此至少需要数万个细胞才能确认给定的 CRISPR-Cas9 的脱靶位点。

6.3.13　DISCOVER-seq

DISCOVER-seq（discovery of in situ Cas off-targets and verification by sequencing）技术是一种真正在细胞内进行脱靶位点检测的方法。当 CRISPR-Cas9 在细胞内切割基因组时会引起 DSBs，细胞通过损伤修复途径募集 DNA 修复因子到靶位点上，以此来修复断裂并将切割末端连接在一起。基于这一现象，研究者们通过 ChIP-Seq 技术分析了靶位点处的多种 DNA 修复因子的分布情况，发现 MRE11 的分布与 Cas9 在靶位点处的切割关系最为密切[89]。DISCOVER-seq 技术利用该原理，在 Cas9 发挥作用引起 DSB 后的合适窗口期内，通过 ChIP-seq 分析 MRE11 在基因组上的分布，从而有效地检测出潜在的脱靶位点。研究者首先在人源的 K562 细胞系和小鼠 B16-F10 细胞系中对该方法的有效性进行了确认，并与 GUIDE-seq 进行对比，证明 DISCOVER-seq

虽在灵敏性上有所不足，但准确性更高。整个 DISCOVER-seq 技术的检测不需要在体外进行基因组切割，并且由于依赖细胞的自然修复过程来识别切割位点，是一种侵入性更小、更可靠的方法。

6.4　结语

CRISPR-（d）Cas9 分子工具已经开始从根本上改变了真核基因组和表观基因组的检查方法。表观遗传学的领域正在从相关性（即在不同实验中使用一种将表观遗传学修饰与基因转录状态相关联的方法）转变为可以通过直接操作基因来直接推断基因的表观遗传学和转录状态之间的因果关系。可以在活细胞或整个生物体内执行将（d）Cas9 工具直接引入细胞核的操作。更重要的是，基因组和表观基因组工程具有巨大的潜力，可以彻底改变人类疾病的治疗方法，因为异常的表观遗传学特征几乎总是与复杂的疾病有关。与突变不同，定义特定基因状态（活性与沉默）的表观遗传修饰是可逆的，这为将疾病状态细胞重编程为健康细胞状态提供了可能性。CRISPR-（d）Cas9 用于表观遗传编辑在开发精确医学方面具有巨大潜力[90]。然而，该任务仍有两个最重要的挑战：①将 Cas9 工具安全、准确地输送到目标组织 / 器官；②在目标基因位点 / 基因组区域导入工具的特异性要高。最后，在医学上使用 CRISPR-Cas 相关技术存在伦理问题，最近关于"CRISPR 婴儿"的争议可以很好地说明这一点，这可以作为一个警示性故事，提醒我们将新方法转化为临床实践时要小心。另外，基于 CRISPR-（d）Cas9 的工具开辟了新的可能性，不仅可以更好地理解癌症的分子基础，而且可以理解许多复杂疾病的分子基础，并有助于设计新的精准疗法。

参考文献

[1] Bolukbasi M F, Gupta A, Wolfe S A. Creating and evaluating accurate CRISPR-Cas9 scalpels for genomic surgery[J]. Nature Methods, 2015, 13(1): 41.

[2] Jiang W, Bikard D, Cox D, et al. RNA-guided editing of bacterial genomes using CRISPR/Cas systems, Nat. Biotechnol., 2013, 31: 233-239.

[3] Wu X, Scott D A, Kriz A J, et al. Genomewide binding of the CRISPR endonuclease Cas9 in mammalian cells, Nat. Biotechnol., 2014, 32: 670-676.

[4] Pattanayak V, Lin S, Guilinger J P, et al. High-throughput profiling of off-target DNA cleavage

reveals RNA-programmed Cas9 nuclease specificity, Nat. Biotechnol., 2013, 31: 839-843.

[5] Tsai S Q, Zheng Z, Nguyen N T, et al. GUIDE-seq enables genome-wide profiling of off-target cleavage by CRISPR-Cas nucleases[J]. Nature Biotechnology, 2015, 33(2).

[6] Zheng T, Hou Y, Zhang P, et al. Profiling single-guide RNA specificity reveals a mismatch sensitive core sequence[J]. entific Reports, 2017, 7: 40638.

[7] Pattanayak V, Lin S, Guilinger J P, et al. High-throughput profiling of off-target DNA cleavage reveals RNA-programmed Cas9 nuclease specificity[J]. Nature Biotechnology, 2013, 31(9): 839-843.

[8] Maurice L, Adams F F, Michelle N, et al. Refined sgRNA efficacy prediction improves large- and small-scale CRISPR-Cas9 applications[J], 2018, 46(3): 1375-1385.

[9] Garmen, Yuen, Fehad, et al. CRISPR/Cas9-mediated gene knockout is insensitive to target copy number but is dependent on guide RNA potency and Cas9/sgRNA threshold expression level.[J]. Nucleic Acids Research, 2017, 45(20): 12039-12053.

[10] Guohui C, Hanhui M, Jifang Y, et al. DeepCRISPR: optimized CRISPR guide RNA design by deep learning[J]. Genome Biology, 2018, 19(1): 80.

[11] Lin Y, Cradick T J, Brown M T, et al.CRISPR/Cas9 systems have off-target activity with insertions or deletions between target DNA and guide RNA sequences, Nucl. Acids Res., 2014, 42(11): 7473-7485.

[12] Moses C, Nugent F, Waryah C B, et al. Activating PTEN tumor suppressor expression with the CRISPR/dCas9 system[J]. Molecular Therapy - Nucleic Acids, 2018, 14: 287-300.

[13] Kim S, Kim D, Cho S W, et al. Highly efficient RNA-guided genome editing in human cells via delivery of purified Cas9 ribonucleoproteins[J]. Genome Research, 2014, 24(6): 1012-1019.

[14] Ranganathan V, Wahlin K, Maruotti J, et al. Expansion of the CRISPR-Cas9 genome targeting space through the use of H1 promoter-expressed guide RNAs[J]. Nature Communications, 2014, 5: 4516.

[15] Gao Z L, Herrera-Carrillo E, Berkhout B. A single H1 promoter can drive both guide RNA and endonuclease expression in the CRISPR-Cas9 system[J]. Molecular Therapy - Nucleic Acids, 2018, 14: 32-40.

[16] Gao Z L, Herrera-Carrillo E, Berkhout B. RNA polymerase II activity of type 3 Pol III promoters, Mol. Ther. - Nucl. Acids, 2018, 7: 135-145.

[17] Jian C, Lizhen W, Shang-Min Z, et al. An easy and efficient inducible CRISPR/Cas9 platform with improved specificity for multiple gene targeting[J], 2016, 44(19): 1-10.

[18] Kevin M, Davis, Vikram, et al. Small molecule-triggered Cas9 protein with improved genome-editing specificity.[J]. Nature chemical biology, 2015.

[19] Zetsche B, Volz S E, Zhang F. A split-Cas9 architecture for inducible genome editing and transcription modulation[J]. Nature Biotechnology, 2015, 33(2): 139-142.

[20] Nihongaki Y, Kawano F, Nakajima T, et al.Photoactivatable CRISPR/Cas9 foroptogenetic

genome editing, Nat. Biotechnol., 2015, 33, 755-760.

[21] Chen Y, Liu X, Zhang Y, et al. A Self-restricted CRISPR system to reduce off-target effects, Mol. Ther., 2016, 24: 1508-1510

[22] Gilbert L A, Horlbeck M A, Adamson B, et al. Genome-scale CRISPR-mediated control of gene repression andactivation, Cell, 2014.

[23] Cho S W, Kim S, Kim Y, et al. Analysis of offtargeteffect of CRISPR/Cas-derived RNA-guided endonucleases and nickases, 1992, 0-1.

[24] Tycko J, Myer V E, Hsu P D.Methods for optimizing CRISPR/Cas9 genomeediting specificity, Mol. Cell, 2016, 63(3): 355-370.

[25] Fu Y, Sander J D, Reyon D, et al. Improving CRISPR/Cas nuclease specificity using truncated guide RNAs, Nat. Biotechnol., 2014, 32(3): 279-284.

[26] Kiani S, Chavez A, Tuttle M, et al. Cas9 gRNA engineering for genome editing, activation and repression, Nat. Methods, 2015, 12(11): 1051-1054.

[27] Hendel A, Bak R O, Clark J T, et al.Chemically modified guide RNAs enhance CRISPR/Cas genome editing in human primary cells, Nat. Biotechnol., 2015.

[28] Yin H, Song C Q, Suresh S, et al.PartialDNA-guided Cas9 enables genome editing with reduced off-target activity, Nat.Chem. Biol., 2018, 14(3): 311-316.

[29] Kleinstiver B P, Pattanayak V, Prew M S, et al. High-fidelity CRISPR-Cas9 nucleases with no detectable genome-wideoff-target effects, Nature, 2016, 529(7587): 490-495.

[30] Slaymaker I M, Gao L, Zetsche B, et al. Rationallyengineered Cas9 nucleases with improved specificity, Science, 2016, 351(6268): 84-88.

[31] Chen J S, Dagdas Y S, Kleinstiver B P, et al. Enhanced proofreading governs CRISPR/Cas9 targeting accuracy, Nature, 2017, 550(7676): 407-410.

[32] Casini A, Olivieri M, Petris G, et al. A highly specific SpCas9 variant is identified by in vivo screening in yeast, Nat. Biotechnol., 2018, 36(3): 265-271.

[33] Hu J H, Miller S M, Geurts M H, et al.Evolved Cas9 variants with broad PAM compatibilityand high DNA specificity, Nature, 2018, 556(7699): 57-63.

[34] Kim S, Bae T, Hwang J, et al. Rescue of high-specificity Cas9 variants using sgRNAs with matched 5′ nucleotides, Gen. Biol., 2017.

[35] Dever D P, Bak R O, Reinisch A, J. et al. CRISPR/Cas9 β-globin gene targeting in human haematopoietic stem cells, Nature, 2016, 539(7629): 384-389.

[36] Vakulskas C A, Dever D P, Rettig G R, et al. A high-fidelity Cas9 mutant delivered as a ribonucleoprotein complexenables efficient gene editing in human hematopoietic stem and progenitorcells, Nat. Med., 2018, 24(8): 1216-1224.

[37] Ran F A, Cong L, Yan W X, et al. In vivo genome editing using *Staphylococcus aureus* Cas9[J]. Nature, 2015, 520(7546): 186.

[38] Müller M, Lee C M, Gasiunas G, et al. *Streptococcus thermophilus* CRISPR-Cas9 systems

enable specific editing of the human genome[J]. Molecular Therapy, 2016, 24(3): 636-644.

[39] Xu K, Ren C, Liu Z, et al. Efficient genome engineering in eukaryotes using Cas9 from *Streptococcus thermophilus*[J]. Cellular & Molecular Life ences, 2015, 72(2): 383-399.

[40] Hou Z, Zhang Y, Propson N E, et al. Efficient genome engineering in human pluripotent stem cells using Cas9 from *Neisseria meningitidis*[J]. Pnas, 2013, 110(39): 15644-15649.

[41] Kim E, Koo T, Park S W, et al. In vivo genome editing with a small Cas9 orthologue derived from *Campylobacter jejuni*[J]. Nature Communications, 2017, 8: 14500.

[42] Kim D, Kim J, Hur J K, et al. Genome-wide analysis reveals specificities of Cpf1 endonucleases in human cells[J]. Nature Biotechnology, 2016.

[43] Strecker J, Jones S, Koopal B, et al. Engineering of CRISPR-Cas12b for human genome editing[J]. Nature Communications, 2019, 10(1): 212.

[44] Ran F A, Cong L, Yan W X, et al. In vivo genome editing using *Staphylococcus aureus* Cas9. [J]. Nature, 2015.

[45] Kleinstiver B P, Prew M S, Tsai S Q, et al. Broadening the targeting range of *Staphylococcus aureus* CRISPR-Cas9 by modifying PAM recognition[J]. Nature Biotechnology, 2015, 33(12): 1293-1298.

[46] Thakore P I, Kwon J B, Nelson C E, et al. RNA-guided transcriptional silencing in vivo with *S. aureus* CRISPR-Cas9 repressors[J]. Nature Communications, 2018, 9(1): 1674.

[47] Garneau J E, Dupuis MÈ, Villion M, et al. The CRISPR/cas bacterialimmune system cleaves bacteriophage and plasmid DNA, Nature, 2010, 468(7320): 67-71.

[48] Magadán Alfonso H, Dupuis Marie-ève, Manuela V, et al. Cleavage of Phage DNA by the *Streptococcus thermophilus* CRISPR3-Cas System[J]. Plos One, 2012, 7(7): e40913.

[49] Ibraheim R, Song C Q, Mir A, et al. All-in-One Adeno-associated Virus Delivery and Genome Editing by *Neisseria meningitidis* Cas9 in vivo[J]. Genome Biology, 2018, 19(1).

[50] Pawluk A, Amrani N, Zhang Y, et al. Naturally Occurring Off-Switches for CRISPR-Cas9[J]. Cell, 2016, 167(7): 1829-1838.e9.

[51] Hirano H, Gootenberg J S, Horii T, et al. Structure and engineering of *Francisella novicida* Cas9, Cell, 2016.

[52] Chen F, Ding X, Feng Y, et al. Targeted activation of diverse CRISPR-Cas systems for mammalian genome editing via proximal CRISPR targeting[J]. Nature Communications, 2017, 8: 14958.

[53] Timothy, R, Sampson, et al. A CRISPR/Cas system mediates bacterial innate immune evasion and virulence.[J]. Nature, 2013.

[54] Price A A, Sampson T R, Ratner H K, et al. Cas9-mediated targeting of viral RNA in eukaryotic cells[J]. Proceedings of the National Academy of ences of the United States of America, 2015, 112(19): 6164.

[55] Zhang T, Zheng Q, Yi X, et al. Establishing RNA virus resistance in plants by harnessing CRISPR immune system[J]. Plant Biotechnology Journal, 2018, 16(8).

[56] 何秀斌, 谷峰. 基因组编辑脱靶研究进展 [J]. 生物工程学报, 2017, 33(10): 1757-1775.

[57] Manghwar H, Li B, Ding X, et al. CRISPR/Cas systems in genome editing: methodologies and tools for sgRNA design, off-target evaluation, and strategies to mitigate off-target effects[J]. Advanced Science. 2020: 1902312.

[58] Zischewski J, Fischer R, Bortesi LJBa. Detection of on-target and off-target mutations generated by CRISPR/Cas9 and other sequence-specific nucleases[J]. Biotechnology advances, 2017, 35(1): 95-104.

[59] Bae S, Park J, Kim J-S. Cas-OFFinder: a fast and versatile algorithm that searches for potential off-target sites of Cas9 RNA-guided endonucleases[J]. Bioinformatics, 2014, 30(10): 1473-1475.

[60] Zhu H, Misel L, Graham M, et al. CT-Finder: A web service for CRISPR optimal target prediction and visualization[J]. Scientific reports, 2016, 6(1): 1-8.

[61] Vouillot L, Thélie A, Pollet NJGG, Genomes, Genetics. Comparison of T7E1 and surveyor mismatch cleavage assays to detect mutations triggered by engineered nucleases[J]. G3: Genes, Genomes, Genetics, 2015, 5(3): 407-415.

[62] Feng Z, Mao Y, Xu N, et al. Multigeneration analysis reveals the inheritance, specificity, and patterns of CRISPR/Cas-induced gene modifications in *Arabidopsis*[J]. Proceedings of the National Academy of Sciences, 2014, 111(12): 4632-4637.

[63] Smith C, Gore A, Yan W, et al. Whole-genome sequencing analysis reveals high specificity of CRISPR/Cas9 and TALEN-based genome editing in human iPSCs[J]. Cell stem cell, 2014, 15(1): 12-13.

[64] Paix A, Wang Y, Smith H E, et al. Scalable and versatile genome editing using linear DNAs with microhomology to Cas9 Sites in *Caenorhabditis elegans*[J]. Genetics, 2014, 198(4): 1347-1356.

[65] Ghorbal M, Gorman M, Macpherson CR, et al. Genome editing in the human malaria parasite Plasmodium falciparum using the CRISPR/Cas9 system[J]. Nature biotechnology, 2014, 32(8): 819.

[66] Veres A, Gosis BS, Ding Q, et al. Low incidence of off-target mutations in individual CRISPR/Cas9 and TALEN targeted human stem cell clones detected by whole-genome sequencing[J]. Cell stem cell, 2014, 15(1): 27-30.

[67] Park PJJNrg. ChIP-seq: advantages and challenges of a maturing technology[J]. Nature reviews genetics, 2009, 10(10): 669-680.

[68] Kuscu C, Arslan S, Singh R, et al. Genome-wide analysis reveals characteristics of off-target sites bound by the Cas9 endonuclease[J]. Nature biotechnology, 2014, 32(7): 677.

[69] Teytelman L, Thurtle D M, Rine J, et al. Highly expressed loci are vulnerable to misleading

ChIP localization of multiple unrelated proteins[J]. Proceedings of the National Academy of Sciences, 2013, 110(46): 18602-18607.

[70] Gabriel R, Lombardo A, Arens A, et al. An unbiased genome-wide analysis of zinc-finger nuclease specificity[J]. Nature biotechnology, 2011, 29(9): 816.

[71] Wang X, Wang Y, Wu X, et al. Unbiased detection of off-target cleavage by CRISPR/Cas9 and TALENs using integrase-defective lentiviral vectors[J]. Nature biotechnology, 2015, 33(2): 175.

[72] Osborn M J, Webber B R, Knipping F, et al. Evaluation of TCR gene editing achieved by TALENs, CRISPR/Cas9, and megaTAL nucleases[J]. Molecular Therapy, 2016, 24(3): 570-581.

[73] Crosetto N, Mitra A, Silva M J, et al. Nucleotide-resolution DNA double-strand break mapping by next-generation sequencing[J]. Nature methods, 2013, 10(4): 361.

[74] Ran F A, Cong L, Yan W X, et al. In vivo genome editing using *Staphylococcus aureus* Cas9[J]. Nature, 2015, 520(7546): 186-191.

[75] Slaymaker I M, Gao L, Zetsche B, et al. Rationally engineered Cas9 nucleases with improved specificity[J]. Science, 2016, 351(6268): 84-88.

[76] Tsai S Q, Zheng Z, Nguyen N T, et al. GUIDE-seq enables genome-wide profiling of off-target cleavage by CRISPR/Cas nucleases[J]. Nature biotechnology, 2015, 33(2): 187.

[77] Kleinstiver B P, Prew M S, Tsai S Q, et al. Engineered CRISPR/Cas9 nucleases with altered PAM specificities[J]. Nature, 2015, 523(7561): 481-485.

[78] Kleinstiver B P, Pattanayak V, Prew M S, et al. High-fidelity CRISPR-Cas9 nucleases with no detectable genome-wide off-target effects[J]. Nature, 2016, 529(7587): 490-495.

[79] Doench J G, Fusi N, Sullender M, et al. Optimized sgRNA design to maximize activity and minimize off-target effects of CRISPR/Cas9[J]. Nature biotechnology. 2016;34(2): 184.

[80] Chiarle R, Zhang Y, Frock R L, et al. Genome-wide translocation sequencing reveals mechanisms of chromosome breaks and rearrangements in B cells[J]. Cell, 2011, 147(1): 107-119.

[81] Frock R L, Hu J, Meyers R M, et al. Genome-wide detection of DNA double-stranded breaks induced by engineered nucleases[J]. Nature biotechnology, 2015, 33(2): 179.

[82] Hu J, Meyers R M, Dong J, et al. Detecting DNA double-stranded breaks in mammalian genomes by linear amplification-mediated high-throughput genome-wide translocation sequencing[J]. Nature protocols, 2016, 11(5): 853.

[83] Kim D, Bae S, Park J, et al. Digenome-seq: genome-wide profiling of CRISPR/Cas9 off-target effects in human cells[J]. Nature methods, 2015, 12(3): 237.

[84] Kim D, Kim S, Kim S, et al. Genome-wide target specificities of CRISPR/Cas9 nucleases revealed by multiplex Digenome-seq[J]. Genome research, 2016, 26(3): 406-415.

[85] Cameron P, Fuller C K, Donohoue P D, et al. Mapping the genomic landscape of CRISPR-Cas9 cleavage[J]. Nature methods. 2017, 14(6): 600.

[86] Tsai S Q, Nguyen N T, Malagon-Lopez J, et al. CIRCLE-seq: a highly sensitive in vitro screen for genome-wide CRISPR-Cas9 nuclease off-targets[J]. Nature methods, 2017, 14(6): 607.

[87] Zuo E, Sun Y, Wei W, et al. Cytosine base editor generates substantial off-target single-nucleotide variants in mouse embryos[J]. Science, 2019, 364(6437): 289-292.

[88] Yin J, Liu M, Liu Y, et al. Optimizing genome editing strategy by primer-extension-mediated sequencing[J]. Cell discovery, 2019, 5(1): 1-11.

[89] Wienert B, Wyman S K, Richardson C D, et al. Unbiased detection of CRISPR off-targets in vivo using DISCOVER-Seq[J]. Science, 2019, 364(6437): 286-289.

[90] Gao X, Tsang J C H, Gaba F, et al. Comparison of TALE designer transcription factors and the CRISPR/dCas9 in regulation of gene expression by targeting enhancers, Nucl. Acids Res., 2014, 42(20): e155.

CRISPR

第7章

CRISPR-Cas9的实验模型

梁敏敏

7.1　引言

20 世纪 90 年代发现的 CRISPR-Cas9 技术，又被科学家称为"超越现实的基因编辑"，具有定向切除基因组中的特定基因的强大功能，自被发现以来就受到科学家的广泛关注，并把它用于人类生物学、农学和微生物学等领域的基因编辑工作中，其中涉及的研究对象包括植物、真菌、细菌以及人类疾病相关的细胞、动物等模型，为研究工作的开展提供了很多便利。

CRISPR-Cas 系统广泛存在于细菌和古菌中，是一种自适应的免疫系统，能够抵抗外来核酸的入侵。一般来说，CRISPR-Cas 系统由 CRISPR RNA（crRNA）和 Cas 蛋白组成。crRNA 与靶序列互补，引导 Cas 蛋白进行序列特异性识别和切割。这种基因修饰可以由易出错的非同源末端连接（NHEJ）或同源定向修复（HDR）引入，从而产生精确的基因组修饰。这些机制可用于各种基于 CRISPR-Cas 的生物技术。CRISPR-Cas 系统分为 1 类和 2 类，分别基于多蛋白效应体复合物和单一 Cas 蛋白。根据其复杂性和特征蛋白，CRISPR-Cas 系统进一步分为六种类型（Ⅰ-Ⅵ型）。其中，Ⅱ-A 型 CRISPR-Cas9 和 V-A 型 CRISPR-Cas12a（之前称为 Cpf1）作为细菌遗传工具的研究和发展最为广泛 [1]。

现在已有很多研究证明 CRISPR-Cas9 技术的强大基因编辑能力，证明其在基因功能研究及癌症等疾病的研究及治疗策略的开发中可以起到重要作用。这些研究包括从癌症的发生与发展中涉及的基因的功能验证到癌症模型和治疗概念等内容，2017 年 Berindan-Neagoe 等就曾综述过这部分内容 [2]，见表 7.1。

表 7.1　CRISPR-Cas9 技术在癌症研究中的应用

分类		细胞系/有机体	癌症类型	靶向基因
基因功能研究	体外研究	A375（人）	黑色素瘤	*SAM* library
		A375（人）	黑色素瘤	*GeCKO* library
		MDA-MB-231, MCF-7（人）	乳腺癌	*Shcbp1*
		T24, J82, 5637, SW-780（人）	膀胱癌	*p21, E-cadherin, hBax*
		HEK293T（人）	非小细胞肺癌	*Cd74-Ros1, Eml4-Alk, Ki5b-Ret*
		HEK293（人）	非小细胞肺癌	*Met*
		Dld-1（人）	结肠癌	*Pkc*

分类		细胞系/有机体	癌症类型	靶向基因
基因功能研究	体外研究	B16-F10, Ret（鼠）	黑色素瘤	*Id1, Id3*
		BT-474, SKBR-3, MCF-7（人）	乳腺癌	*Her2*
	体内研究	鼠	胰腺癌（DU145细胞, 人）	*TGFBRII, Nanog1, Nanoggp8*
		鼠	乳腺癌［JygMC（A），鼠］	*Cripto-1*
		鼠	乳腺癌（MDA-MB-231, 人）	*Ctbp1*
		鼠	宫颈癌（SiHa, C33-A, 人）	*HPV E6, E7*
		鼠	淋巴瘤（HSC, 鼠）	*Mcl-1, TP53*
		鼠	急性髓性白血病（HSC, 鼠）	*Mll3*
肿瘤模型	体外研究	成肌细胞（鼠）	横纹肌肉瘤	*Pax3, Foxo1*
		HEK293A, hMSCs, PBMCs. HL-60（人）	尤文氏肉瘤，急性髓性白血病	*Ewsr1, Fli1, Runx1, Eto*
	体内研究	鼠	非小细胞肺癌	*Eml4-Alk, Nkx2. 1, Pten, Apc*
		鼠	胰腺导管腺癌	*Lkb1*
		鼠	肺腺癌	*TP53, Lkb1, Kras*
		鼠	肝细胞性肝癌	*Pten, TP53*
		鼠	成胶质细胞瘤	*Pten, Apc, Nf1*
		鼠	成神经管细胞瘤	*Ptch1*
		鼠	胰腺癌	多基因
		鼠	急性髓性白血病	*Tet2, Dnmt3a, Nf1, Ezh2*
		鼠	结肠癌	*Apc, TP53, Kras, Smad4, PIK3CA*
治疗概念	体外研究	KHOS, u-20s（人）	骨肉瘤	*Cdk11*
		原代T细胞	肿瘤免疫治疗	*Cxcr4, PD-1*
	体内研究	鼠	胰腺导管腺癌	*p57*
		鼠	前列腺癌	*TCR, B2M, PD-1*
		鼠	白血病	*TCR, B2M, PD-1*

这里我们对这些内容分类举例介绍。

7.2 细胞模型

癌症是危害人类健康的重大疾病，由于其复杂性、异质性及其治疗的特异性，患者死亡率高，使其成为目前研究最多的疾病之一。了解肿瘤细胞增殖的分子机制是寻找可靠的可以改变细胞通路和新颖治疗靶标的肿瘤模型的首要任务，而 CRISPR-Cas9 技术的产生为其提供了良好的实验工具。

2018 年，Ouyang 等人就将 CRISPR-Cas9 技术应用于骨肉瘤的研究中。骨肉瘤是目前最常见的原发性骨恶性肿瘤，多发于青春期，死亡率非常高，且目前用于转移性和复发性骨肉瘤的化疗药物疗效非常有限，转移性骨肉瘤患者的长期生存率仅为 20%，治疗效率相当低。此外，目前预测骨肉瘤预后的能力更是非常有限。因此，人们迫切需要确定预后标志物以进一步对骨肉瘤患者进行治疗。研究表明，细胞黏附分子分化簇 44（CD44）在多种骨肉瘤细胞系中广泛表达，在骨肉瘤转移和复发组织中显著上调，且其上调会促进上皮细胞向间充质细胞的转化（EMT）过程，导致骨肉瘤预后恶化，作为骨肉瘤 Maker 之一被广泛研究。

在骨肉瘤 CD44 相关的研究中，基因敲除技术被广泛应用于该基因的功能探索。2018 年 Ouyang 等利用 CRISPR-Cas9 基因编辑技术解决了传统的 siRNA 技术对 mRNA 抑制的暂时性对临床应用的限制。研究了 CD44 在骨肉瘤的迁移、侵入、增殖和耐药等过程中的应用 [3]。

宫颈癌是影响世界女性健康的第二常见的恶性肿瘤，据调查宫颈癌是发展中国家妇女因疾病死亡的主要原因之一。多项流行病学和生物学研究表明，人乳头瘤病毒（HPV）的感染是宫颈癌发生的主要病因。HPV 的致癌能力主要与 E6、E7 两个基因有关，在 HPV 相关的癌细胞中，E6、E7 的过表达选择性地抑制 P53、pRb 等抑癌蛋白表达，导致细胞周期紊乱、端粒酶活化和细胞永生化。2014 年，Zhen 等设计了针对 E6 和 E7 的 CRISPR-Cas9 系统。其中 3 个 CRISPR-Cas9 系统有效抑制了 E6 或 E7 在 HPV 感染的宫颈癌细胞（SiHa 细胞）中的表达，而对 HPV 阴性细胞则无影响，这些结果证明了这些 CRISPR-Cas9 系统可以有效、特异、稳定地抑制靶向致癌基因 E6 和 E7 在宫颈癌中的表达，抑制癌细胞生长。使用肿瘤移植模型，CRISPR-Cas9 可能部分或完全抑制肿瘤的生长。E6 和 E7 人乳头状瘤病毒致癌基因与人类基因无序列同源性，敲除这些致癌基因可能是宫颈癌的一种高效的分子治疗方法。该实验的初步成效说明 CRISPR-Cas9 在宫颈癌治疗中有着巨大的潜力 [4]。

人类结直肠癌是一种常见的癌症。由于该疾病在编码 WNT、MAPK、TGF-b、TP53 和 PI3K 通路蛋白的基因中发生反复突变，导致人类结肠癌的发病机制变得复杂，给该疾病的治疗有带来很大的难度。

针对这个问题，2015 年 Matano 等使用 CRISPR-Cas9 基因组编辑系统将多个突变导入从正常人体肠上皮中提取的类器官中。通过调节培养条件来模拟肠道生态位，在抑癌基因 *APC*、*SMAD4* 和 *TP53* 以及癌基因 *KRAS*、*PIK3CA* 中选择了含有突变的同基因类有机物。表达所有五种突变的类器官在体外独立于小生境因子生长，并在小鼠肾亚囊植入后形成肿瘤。尽管它们在注入小鼠脾后形成含有休眠肿瘤起始细胞的微转移酶，但它们未能在肝脏定植。相比之下，来自染色体不稳定的人类腺瘤的工程化类有机物则形成了巨转移菌落 [5]。

结果表明，驱动通路突变使干细胞能够在敌对的肿瘤微环境中维持，但侵入行为需要额外的分子损伤。通过 CRISPR-Cas9 模型基因编辑系统可探究人类结肠癌，给该疾病的治疗带来相当大的潜力。

由于细胞可以很容易地获得、操作和重新导入患者体内，因而造血系统是基于细胞的基因治疗的重要前沿系统，随着基因组编辑方法的发展，如 ZFN 和 TALEN 使位点特异性基因修复或敲除成为可能，并提高了在遗传水平上治疗疾病的可能性。但是这些技术存在一定的局限性，包括低靶向疗效和针对每个靶蛋白的从头设计等，因而无法广泛应用于临床治疗。CCRISPR-Cas9 技术的出现为解决这些问题提供了有效的实验工具。

2014 年，Mandal 等运用 CRISPR-Cas9 系统针对原发性人造血干细胞中两个临床相关基因微球蛋白 2（B2M）和趋化因子受体 5（CCR5），在原发性人 CD4+ T 细胞和 CD34+ 造血干细胞及祖细胞（HSPCs）中进行编辑。CCR5 是 HIV-1 嗜 CCR5 毒株所使用的主要辅助受体，是一个经过验证的基因靶点，其突变导致的蛋白表达缺失或单倍体功能不全可保护细胞不受 HIV 感染。此外，即使停止抗逆转录病毒治疗，移植 CCR5 纯合子突变型 HSPCs 也可提供长期的抗艾滋病毒反弹保护 [6]。

Mandal 等将 CRISPR-Cas9 系统导入 CD34+ HSPCs 中，在单链 gRNA 的指导下取得了高效的 CCR5 敲除结果，利用双 gRNA 系统提高了两种细胞的基因缺失效率，CD4+ T 细胞中 B2M 的双等位基因失活频率达到 34%，CD34+ HSPCs 中 CCR5 的失活频率达到 42%。数据表明 CRISPR-Cas9 可以用于敲除 CD4+ T 细胞和 CD34+ HSPCs 中具有临床意义的基因，其效率之提升对许多临床治疗，如艾滋病的治疗具有重要意义。该研究还表明，CRISPR/Cas9 靶向 CD34+ HSPCs 在体外和体内都具有多谱系潜能，以及非常高的靶向突变率和极低的离靶点突变率，说明 CRISPR-Cas9 可能具有广泛的适用性，使以基因和细胞为基础的血液治疗成为可能。

疟疾每年造成约 66 万人死亡，恶性疟原虫是造成疟疾最严重形式的原生动物。缺乏有效疫苗和寄生虫产生耐药性的能力强是疟疾治疗和根除的主要障碍。对其抗性基因的研究中，传统的恶性疟原虫基因组操作耗时而且不可靠，如锌指核酸酶引入靶向 DNA 双链断裂（DSB）进而产生靶向突变的方法已被证明在恶性疟原虫中起作用。然而，尽管有报道称这种技术效率很高，但是由于成本和繁琐的设计过程，并没有得到广泛的应用。

最近，基于 CRISPR-Cas 技术，Mehdi Ghorbal 等开发了一种新的基因组编辑策略。2 类化脓链球菌 CRISPR-Cas9 系统的体外重组结果显示，sgRNA 可以诱导 Cas9 内切酶在靶 DNA 位点产生 DSB。sgRNA 携带 Cas9 结合域和可定制的 20 个核苷酸，与目标 DNA 位点相匹配[7]。

此次在恶性疟原虫中 CRISPR-Cas9 基因组编辑的展示是真核病原体中的第一次尝试。根据实验结果，与常规方法所需的 2 ～ 4 个月（也存在大于 18 个月的）的时间相比，特异性基因敲除和单核苷酸亚结构可以在短时间内完成。此外，只有限数量的可选标记对恶性疟原虫有效。因此，这种无标记方法的成功对连续基因组操作至关重要。恶性疟原虫的 CRISPR-Cas9 系统还为多种相关应用提供了机会。例如，恶性疟原虫缺乏靶向基因调控的工具，可以通过使用与抑制或激活效应因子融合的催化失活的 Cas9 来克服，这在其他生物体中是有着应用潜力的。CRISPR-Cas9 有可能成为疟疾研究中的常规实验室技术，将来还可能用于其他具有医学和经济意义的重要病原体的研究中。

脑动静脉畸形（brain arteriovenous malformation, bAVM）是颅内出血的重要原因之一。但迄今为止，bAVM 的发病机制尚未完全阐明。转基因小鼠的 bAVM 模型是研究 bAVM 发病机制和试验新疗法的重要工具。然而，由于体型的原因，鼠标模型有一些局限性。最近在散发性人 bAVM 的研究中发现的体细胞突变，为啮齿动物和大于啮齿动物散发性 bAVM 模型的构建提供了可行的方法。2018 年，Zhu 等使用 CRISPR-Cas9 技术在小鼠大脑中进行了原位诱导体细胞基因突变实验，将两种靶向小鼠 Alk1 外显子 4 和 5 的序列特异性导向 RNA（sgRNA）克隆到 pAd-Alk1e4sgRNA+e5sgRNA-Cas9 质粒中。这些 sgRNA 能够使小鼠细胞系中 *Alk1* 基因发生突变。将 Ad-

Alk1e4sgRNA+e5sgRNA-Cas9 包装成腺病毒后,将表达血管内皮生长因子(AAV-VEGF)的腺病毒载体共注入野生型 C57BL/6J 小鼠大脑。病毒注射 8 周后,12 只小鼠中有 10 只检测到 bAVMs。与对照组(Ad-GFP/AAV-VEGF- 注射)相比,在 Ad-Alk1e4sgRNA+ e5sgRNA-Cas9/AAV-VEGF 注射的小鼠大脑中,13% 的 Alk1 等位基因发生突变,Alk1 表达降低 26%。在 Ad-Alk1e4sgRNA+e5sgRNA-Cas9/AAV-VEGF 注射位点周围检测到 Alk1- null 内皮细胞。数据表明 CRISPR-Cas9 是在动物中生成 bAVM 模型的一种可行工具,并将其成功在小鼠体内进行了相关机制的研究,对找到预防甚至治疗该疾病的方法有着重要的意义 [8]。

7.3　动物模型

　　小鼠、斑马鱼、线虫、果蝇等模式动物作为基因组编辑模型对研究动物发育、癌症、传染病等进化保守的生物化学途径具有重要价值。传统基因敲除方法的基因干扰,基因插入效率低,(CRISPR)-Cas9 技术一定程度上解决了这些问题,近年来多位科学家利用该技术对多种模式动物进行了改造。

7.3.1　鼠

　　NOD.Cg-Prkdc scid Il2rg tm1Wjl/ SzJ(NSG)小鼠是一种免疫缺陷型裸鼠,常被应用于人类细胞异种移植以模拟人体造血和免疫细胞功能、干细胞生物学、肿瘤移植和传染病研究。对 NSG 小鼠品系进行进一步的基因修饰可产生用作研究人类疾病或增强人类细胞移植的改良模型,如通过表达人类造血细胞因子增加特定人类造血细胞系的移植。然而,NSG 小鼠遗传过程复杂,与其他自交系转基因或敲除小鼠品系进行杂交建立具有理想遗传修饰的同源品系时过程复杂、工程量较大。

　　而 CRISPR-Cas9 技术刚好可以解决上述问题,在受精卵阶段修改小鼠基因组,不需要繁琐的杂交育种或使用胚胎干细胞而导致复杂的突变等,过程较为简单。2019 年,Du 等以敲除 X 连锁 Cybb 基因(X-linked Cybb gene)为例,用 CRISPR-Cas9 方法对 NSG 小鼠进行基因修饰。简单来说,设计并制作两个以 Cybb 基因的外显子 1 和外显子 3 为靶点的 sgRNA,将其中一个 sgRNA 与 Cas9 mRNA 微注射到 NSG 小鼠受精卵中。注射的胚胎随后被转移到假孕母鼠的输卵管中。通过 PCR 和 DNA 测序对寄养母鼠所生幼仔进行基因分型。

基因分型结果证明了利用 CRISPR-Cas9 技术可以高效地对 NSG 小鼠进行基因改造。给人们以后探究该类小鼠基因修饰以启发。对在小鼠身体上进行人类细胞异种移植以模拟人体造血和免疫细胞功能、干细胞生物学、肿瘤移植和传染病研究具有重大意义 [9]。

2013 年，Wu 等首次报道了通过向患有白内障小鼠的体内共注入 Cas9 mRNA 和靶向白内障的 *Crygc* 基因的单链 RNA（sgRNA），将其成功治愈。研究人员基于外源性供应的寡核苷酸或内源性 WT 等位基因，通过同源定向修复（homology-direct repair, HDR）进行校正，存在少量的靶向外修饰的残余。得到的小鼠具有繁殖能力，并且能够将修正后的等位基因遗传给后代 [10]。该团队选择了 *Crygc* 基因突变导致的显性白内障小鼠模型。这些小鼠携带的 *Crygc 3* 基因外显子缺失 1 bp，该缺失造成 76 位氨基酸突变为终止密码子，从而导致纯合和杂合突变小鼠的 gC-crystallin 发生截断，导致白内障。经过细胞水平上测试 Crispr-Cas9 介导的基因修复的可行性，选择了合适区域的 sgRNA-4，将 Cas9 mRNA 和 sgRNA-4 共注入纯合子白内障雄性交配的 B6D2F1 雌性受精卵的细胞质中。注入的受精卵以正常受精卵生长速度的 91% 发育成囊胚，说明注入的 sgRNA 毒性较低。

为了进一步确认疾病的纠正，研究者对修复和对照白内障小鼠的晶状体进行了组织学分析。对照组白内障小鼠全眼赤道区出现病变，基因编辑治愈的无白内障小鼠（分别为 2、3 只）组织学特征正常。将修复后的小鼠与 WT 小鼠交配来分析其繁殖能力，子代 DNA 测序结果显示，幼鼠携带来自其父母的修复 *Crygc* 等位基因，说明修正后的等位基因可以通过生殖系成功传递给下一代。该研究已经证明了 CRISPR-Cas9 系统可以通过基因编辑直接纠正小鼠的遗传缺陷，从而用于治疗小鼠的遗传疾病。在未来，研究类似的基因校正策略是否可以用于与人类疾病相关的环境中的突变校正（如人类干细胞）将是非常有意义的。

2014 年，Olson 等将 CRISPR-Cas9 技术应用于患有杜氏肌营养不良症（DMD）小鼠的治疗中。杜氏肌营养不良症是由一种编码肌营养不良蛋白的基因突变引起的伴 X 染色体遗传病。DMD 的特点是渐进性肌无力和寿命缩短，患者通常在 25 岁之前由呼吸并发症和心肌病引起死亡。因此，其治疗需要对骨骼肌、呼吸肌和心肌的结构和功能进行持续的抢救性治疗。虽然 DMD 的遗传原因早在近 30 年前就已经被发现，且目前已经开发了几种以基因和细胞为基础的治疗方法来将功能性的 DMD 等位基因或肌营养不良样蛋白传递到病变的心肌组织，但该疾病的治疗仍面临许多挑战，目前尚无有效的治疗方法。

针对该问题 Olson 等通过 CRISPR-Cas9 介导的体内基因组编辑，将 Cas9、sgRNA 和 HDR 模板注射到小鼠受精卵中，以纠正生殖系中的致病基因突变，这一策略有可能纠正包括祖细胞在内的全身细胞中的突变。之后还评估了 CRISPR-Cas9 基因治疗的安全性和有效性。最终实验结果表明，CRISPR-Cas9 介导的基因组编辑能够纠正导致 DMD 的主要基因病变，并防止小鼠出现该疾病的特征。因此，CRISPR-Cas9 系统在体内直接编辑卫星细胞（satellite cells）是促进 DMD 肌肉修复的一种潜在的有希望的方法 [11]。

7.3.2　果蝇

果蝇（*Drosophila melanogaster*）因其基因组与人类基因组同源性高达60%，其中致病基因与人同源性高达 75% 且重复序列少，成为科学家研究基础遗传学到组织器官发育的有利的模式动物。

CRISPR-Cas9 技术出现之前，在果蝇中进行的所有的基因编辑工作几乎都通过利用异常的 NHEJ 在开放阅读框架中产生的移码突变完成。虽然这是破坏基因功能的有效方法，但它是随机的并且仅限于插入缺失的产生，且NHEJ 不允许精确掺入外源 DNA，包括视觉标记，以帮助筛选，故而限制了其应用。此外，更复杂的基因组工程应用，例如用于制备条件等位基因的重组位点，内源蛋白标记或基因组序列的精确编辑需要 HDR。

2017 年，针对该类问题 Bence 等使用双链 DNA（dsDNA）供体证明了CRISPR-Cas9 介导 HDR 的有效方法，所述供体促进大的外源序列的掺入，包括易于筛选和可去除的可见标记。CRISPR-Cas9 系统的一个优点是可以通过注射将 CRISPR 组分引入遗传中。该团队将 DSH3PX1 基因座定位为 DSH3PX1 EY08084 果蝇中的缺失，其在第一外显子中含有 10.9kb 的 EP 元件。通过使用侧翼 gRNA，将其作为质粒 DNA 与 hsp70-Cas9 一起注射到 DSH3PX1 EY08084 胚胎中。DSH3PX1 基因座为 3.3kb，使目标缺失的总大小达到 14.2kb。实验观察到 1/17 杂交（约 6%）的后代中 w+mC 标记的丢失。分子分析证实在这些果蝇中发生了靶向缺失。实验说明 CRISPR-Cas9 系统可以特异性地敲除果蝇特定基因 [12]。

2018 年，Han 等运用 CRISPR-Cas9 技术研究果蝇体内组织特异性相关基因的功能。研究者描述了一种利用 CRISPR-Cas9 在果蝇中进行组织特异性基因突变的优化策略，并称之为 CRISPR-trim，以一种组织特异性的方式高效敲除果蝇的一个或多个基因。为了实现这一方法，该团队开发了一套用于产生和评价增效剂驱动的 Cas9 细胞系的工具箱，为高效的多 gRNA 转基因创造了方便的克隆载体，并建立了一种评估转基因 gRNA 诱变效率的实验方法。

组织特异性功能缺失（LOF）分析有助于阐明基本基因的发育作用、决定细胞的自主性，并解释细胞与细胞的相互作用。传统研究果蝇组织特异性基因功能的方法有运用可抑制细胞标记物进行镶嵌分析（MARCM）、组织 RNA 干扰法（RNAi）等。然而，这些技术存在一些缺点，如 RNAi 技术仅针对 mRNA 进行降解或翻译抑制，所以易发生靶外效应，基因敲除只能完成很少一部分；MARCM 可以产生较为可靠的 LOF 基因，但这一过程可能是劳动密集型（labor intensive）的，需要在同一动物体内组合多个成分。CRISPR-Cas9 系统由于其在基因干扰方面的简易性和高效性，很有可能超越目前应用于果蝇组织特异性 LOF 的方法。CRISPR 方法可以产生真正的基因敲除，而且不断改进的 gRNA 选择算法在很大程度上缓解了靶外效应，且可以避免其他方法对细胞的有害影响 [13]。

7.3.3　斑马鱼

斑马鱼在科学研究中有着重要的意义。其机体在许多方面与人类相似，且研究成本低，早期胚胎透明易观察等优点受到了科研界的青睐。对斑马鱼进行基因编辑因而显得尤为重要。

利用 CRISPR-Cas9 系统在斑马鱼中已经实现了一种通过同源独立 DNA 修复的长 DNA 片段的靶向敲入，增加了利用 CRISPR-Cas9 高效生成敲入转基因斑马鱼的可能性。然而，该方法在外源基因靶向整合到内源性基因组位点中的应用范围还不清楚。针对该问题，2014 年 Higashijima 等报道了具有细胞特异性基因 *Gal4* 或报告基因表达（reporter gene expression）的敲入转基因斑马鱼的高效生成。将含有热休克启动子的供体质粒与以基因组消化为靶点的短导 RNA（sgRNA）和以供体质粒消化为靶点的 gRNA 以及 Cas9 mRNA 共注入供体质粒，成功地构建了 4 个基因位点的多个不同结构的稳定敲除转基因鱼，效率超过 25%。由于 CRISPR-Cas9 介导的敲入技术简单、设计灵活、效率高，该团队提出 CRISPR-Cas9 介导的敲入技术将成为一代转基因斑马鱼的标准方法的想法[14]。

2013 年，Auer 等也运用 CRISPR-Cas9 介导的 DNA 片段通过同源独立的双链断裂（DSB）修复途径实现高效地敲入斑马鱼基因组。短导 RNA（sgRNA）与 Cas9 核酸酶 mRNA 共注入供体质粒后，供体质粒 DNA 与所选染色体整合位点同时裂解，实现供体 DNA 高效靶向整合。该团队成功地将 eGFP 转化为 Gal4 转基因株系，同样的质粒和 sgRNA 可以应用于任何产生 eGFP 株系作为增强子和基因诱捕筛选的物种。此外，结果也展示了在内源性基因位点上容易靶向 DNA 整合的可能性，从而大大促进了报告基因和功能缺失等位基因的产生[15]。

2015 年，Ablain 等利用 CRISPR-Cas9 对斑马鱼的 UROD 基因进行破坏，在斑马鱼胚胎中产生荧光表型。UROD 是一种参与血红素生物合成的酶，缺乏该基因的红细胞由于未处理的卟啉积累而呈现强烈的红色荧光。在人肝性皮肤卟啉病中发现 UROD 基因突变导致一种以肝脏铁代谢缺陷、皮肤光敏性和红细胞血红素生成减少为特征的疾病。作者利用 CRISPR-Cas 系统靶向 UROD，利用该基因破坏后的荧光表型，证明 CRISPR-Cas 敲除技术可以在斑马鱼的血液谱系中进行空间控制。其载体系统允许产生稳定的斑马鱼线与组织特异性、遗传性基因敲除。这种方法可用于在功能丧失研究中处理细胞自主性，以及降低与某些基因的全局敲除有关的使体内功能分析复杂化的胚胎致死率[16]。

之后，Armstrong 等试图开发一种方法在斑马鱼基因组中轻松地创建位点特异性 SNP。他们利用 CRISPR-Cas9 介导的同源性定向修复的简单方法使用单链寡脱氧核苷酸供体模板（ssODN）对两个疾病相关基因 *tardbp* 和 *fus* 进行位点定向的单核苷酸编辑[17]，并和传统的 NHEJ 方法进行了比较。实验证明，在使用靶向 *tardbp* 或 *fus* 的 gRNA 的 NHEJ 时，尽管在目标核苷酸附近有 gRNA 靶向位点，但不能在目标靶点上产生单一的核苷酸取代。而 ssODN 模板的共注射足以敲入编码两个与 ALS 相关的突变（*tardbp* A379T 和 *fus* R536H）所需的突变点，这在这些遗传性疾病的模型中还是首次。然而，为了消除任何潜在的靶外突变，这些细胞系需要经过几代的杂交。但是同时也说明，这项技术将有助于创建其他疾病模型，并在斑马鱼基因组中编辑点突变。

另外，Varshney 等提出了一种利用 CRISPR-Cas9 技术在斑马鱼体内进行高通量靶向诱变的途径，这将使基因组的饱和诱变和大规模表型工作成为可能。该团队描述了一种无克隆单导 RNA（sgRNA）的合成，结合流线型突变体鉴定方法，利用荧光 PCR 和多路高通量测序，并报告了针对斑马鱼基因组中 83 个基因的 162 个位点的种系传播数据，获得了产生突变的 99% 的成功率和 28% 的平均种系转染率。通过高通量测序从 58 个基因中验证了 678 个独特的等位基因。实验结果证明了该方法可以用于高效的多路基因靶向。本研究将 CRISPR-Cas9 的传代数据与 TALEN 和 ZFN 的传代数据进行对比，结果表明 CRISPR-Cas9 的传代效率是其他技术的 6 倍[18]。

由于此方法的简单、灵活和非常高效，该方法极大地扩展了斑马鱼基因组编辑库，可以很容易地适用于许多其他生物。

7.3.4　猪

近年来，随着不同品系猪的全基因组序列的解析成功，作为与人基因同源性高达 84% 的哺乳动物，科学界对猪的应用越来越多。基因组编辑技术，特别是 CRISPR-Cas9 系统 tem，近年来发展迅速，在基础研究和应用研究中被用于各种基因组修饰。

2018 年，Liu 等利用 CRISPR-Cas9 技术在中国本土猪品种两广小花猪的猪胚胎成纤维细胞（PEFs）中有效地破坏胰岛素样生长因子 2（IGF2）内含子 3 中 ZBED6 结合位点基序。研究 IGF2 表达和肌细胞生成并评估其影响，最后通过体细胞核移植和胚胎移植生产基因编辑猪（SCNT）技术。胰岛素样生长因子 2（IGF2）在胎儿的发育和幼仔的生长发育中起着重要的作用，猪 IGF2 内含子 3 中的 SNP 破坏了含有 6（ZBED6）的锌指床型抑制因子的结合位点，导致 IGF2 在骨骼肌中上调，并对肌肉生长、心脏大小和脂肪沉积产生主要影响。结果表明，双等位基因缺失 ZBED6 结合位点基序的猪肌肉发育明显增强，说明 ZBED6 抑制的释放对猪肌肉发育有重要影响。研究证实了 ZBED6 结合位点基序对 IGF2 表达的重要影响。CRISPR-Cas9 模型为培育两广小花猪新品系提供依据，可有效提高两广小花猪的瘦肉率，对生猪养殖者具有重要的商业价值[19]。

7.3.5　其他动物模型

鲑鱼养殖是挪威一项重要的农业，单 2017 年就创造了 600 多亿挪威克朗的价值，同时也是挪威海洋生物技术发展的推动力。然而，近几年鲑鱼养殖业的扩张遇到了瓶颈，其主要原因在于逃逸的养殖鲑鱼对野生种群的遗传干扰。为了解决这一问题，2018 年 Fakultet 等就曾报道了 Wargelius 等利用 CRISPR-Cas9 技术对鲑鱼进行基因组改造阻止生殖细胞的产生制造出没有生殖能力的鲑鱼，解决了养殖鲑鱼的遗传基因内渗和早熟问题 [20]。

草地贪夜蛾是美洲的一种主要的玉米害虫，最近已经被引入到非洲。近年来，草地贪夜蛾已经对杀虫剂和转基因玉米产生的苏云金芽孢杆菌毒素产生了抗性，寻找新的控制草地贪夜蛾的方法迫在眉睫。2018 年，Wu 等将 CRISPR-Cas9 技术引入到草地贪夜蛾的研究中，为寻找其抗性机制在分子水平的研究和新的控制策略的发展提供了有力的基因编辑手段。作者首先鉴别出草地贪夜蛾的 *abdominal-A*（*Sfabd-A*）基因，并对 244 个草地贪夜蛾胚胎分别显微注射 Sfabd-A single guide RNA（sgRNA）和 Cas9 蛋白进行基因编辑，对其他 62 个胚胎只注射 Sfabd-A sgRNA 进行孵化。在这些孵化出来的胚胎中，12 只幼虫表现出典型的 *aba-A* 基因突变的表型，最终长成 3 只雌性成年蛾、5 只雄性成年蛾。这 8 只成年蛾中，大多数为不孕蛾，其中一只雌蛾和一只野生型雄蛾交配时产了一些不能发育的卵。这些结果表明 CRISPR-Cas9 技术可以有效地对草地贪夜蛾进行基因编辑，且可以用于验证基因功能，便于了解害虫抗性产生及发展的相关机制 [21]。

尼罗罗非鱼（*Oreochromis niloticus*）是一种雌雄异体硬骨鱼，性别为 XX/XY，被认为是全球水产养殖中最重要的物种之一，它还被认为是理解性别决定和进化的发育遗传基础的重要实验室模型。早前有报道 CRISPR-Cas9 技术在罗非鱼基因分裂中的成功应用，观察到 XY 鱼中 amhy、amhrII、gsdf 纯合子突变导致性别逆转。而 XX 鱼中 foxl2 或 cyp19a1a 纯合子突变，导致性别逆转。近年来，有报道称非编码序列在许多生理过程中起着重要的控制作用，其中包括性别的测定。例如，在家蚕中，一种单一的雌性特异性 piRNA 被发现负责初级性别确定。在小鼠中，增强子 13（Enh13）是一个 557bp 的元件，位于转录起始位点 5′端 565kbp 处，对启动小鼠睾丸发育至关重要。它的删除导致 XY 小鼠雌性，Sox9 转录水平与其在性腺中的水平相当。

2018 年，Li 等人研究建立了一种利用 CRISPR-Cas9 系统在非模型鱼罗非鱼中产生精确大基因组缺失的有效方法对其性别决定进行研究。实验结果发现，两种 gRNA 结合 ssDNA 可以提高缺失效率及生殖细胞的传代能力。本实验为研究罗非鱼体内非编码序列的作用提供了一种可靠、经济有效的工具来帮助识别与罗非鱼性别测定有关的新的遗传元素，且可适用于其他非模型鱼类 [22]。

7.4　植物

　　番茄（*Solanum lycopersicum*）是世界上主要的蔬菜作物，也是公认的生物学和遗传学研究的模型植物。植物的生长发育需要大量的微观和宏观营养物质，而磷（P）是分子组成（核酸、磷脂、初级代谢物等）的一部分，对植物细胞的结构和功能至关重要。此外，P 参与信号转导和酶的调控。在维管植物拟南芥和非维管植物小立碗藓中，磷酸盐转运蛋白 1（PHO1）同源物在磷酸盐的获取和转运中发挥重要作用。番茄基因组包含 6 个与 AtPHO1 同源的基因（SlPHO1.1 ～ SlPHO1.6）。研究表明，SlPHO1.1 在番茄苗期 Pi 转运中起重要作用。为进一步探究该基因在番茄中的作用，Lei 等通过 CRISPR-Cas9 系统获得了两种番茄 SlPHO1 缺失突变体，来揭示番茄中 PHO1 对 Pi 饥饿（Pi starvation）的功能。测量了番茄的生理变化，包括表型差异、色素分析和 P 含量。研究结果表明，在番茄根系和幼芽中，PHO1 可能在番茄根系和幼芽对缺乏 Pi 的非生物胁迫的响应中发挥重要作用。因此，实验结果证明 CRISPR-Cas9 技术可以应用于番茄的基因改造，探索某种特定基因在番茄中的表达及影响，对番茄的研究具有重大意义 [23]。

　　2018 年 Danilo 等采用 CRISPR-Cas9 技术在番茄中进行了定向转基因的实验探究。该实验采用两步走的策略，运用 CRISPR-Cas9，将参与花青素生物合成的番茄 *DFR* 基因作为靶向转基因插入的平台。第一步，在内源性 *DFR* 基因中删除 1013bp；第二步，使用标准土壤农杆菌介导的转化技术来靶向 *DFR* 基因着落区插入目标基因。对再生植株进行了紫红色表型筛选，仅在 1.29% 的转化外植体中发现了靶向插入，且植株的 DFR 功能得到了恢复。通过该实验，说明 CRISPR-Cas9 技术在番茄中转基因插入的过程中非常有效。而且使用的视觉筛选可以简单方便地选择这些少量的基因靶向事件，不需要对所有再生材料进行系统的 PCR 筛选，并且可以应用于其他作物 [24]。

　　2018 年，Cai 等将 CRISPR-Cas9 技术应用于大豆基因组编辑技术。探索利用多导 RNA 在大豆复杂基因组编辑中完成大片段 DNA 缺失中的应用。

利用两个 sgRNA 同时靶向同一基因内或同一染色体上的两个位点，可通过 NHEJ 通路导致两个靶向位点之间的片段缺失，从而提供了一种更简便的大片段缺失方法。解决该问题可使大豆在染色体工程以及基因育种等方面得到巨大突破。针对该问题，作者采用 CRISPR-Cas9 技术，设计了双 sgRNA/Cas9，特异性诱导大豆两个开花位点 T（FT）同源物 GmFT2a（Glyma16g26660）和 GmFT5a（Glyma16g04830）的 DNA 片段靶向缺失。该团队构建了 5 个针对单个位点的载体（3 个为 GmFT2a，2 个为 GmFT5a）和 3 个携带相应 sgRNA 对的双 sgRNA/Cas9 组合载体，通过土壤农杆菌介导的转化将 8 个构建物全部转化为大豆品种，并检测了植株单靶点突变和两个靶点同时突变的效率。实验成功地在 13 个位点对之间实现了大片段缺失，并同时确认了这些突变的遗传性。实验获得的 T2 无转基因纯合子 ft2a 突变体表现为晚开花表型。实验最后的结果表明，CRISPR-Cas9 系统是大豆基因组片段删除的一个简单、可靠、高效的工具 [25]。

马铃薯是全球公认的粮食安全的作物，其地位仅次于小麦、水稻和玉米，是第四重要的粮食作物。从以往来看，传统育种一直被用来培育改良的马铃薯品种。然而，由于其自身的特点，当需要结合大量的农艺性状、市场品质性状和抗性性状，或者需要种质库中不存在的新性状时，马铃薯的育种效率低下。植物遗传转化的三种主要方法是：农杆菌介导转化、生物大分子和原生质体转染。

2018 年，Nadakuduti 等利用 CRISPR-Cas9 技术，在马铃薯四倍体品种中敲除了淀粉粒结合酶（gss）的全部的 4 个等位基因，研制了一种块茎淀粉品质发生改变的蜡质马铃薯。通过在马铃薯原生质体中瞬时表达质粒 DNA 或通过 RNPs 表达试剂，4 个等位基因的突变系均通过具有高支链淀粉的块茎再生，结果表明 CRISPR-Cas9 技术在马铃薯性状改变上具有很大的应用潜力 [26]。

基于 CRISPR-Cas9 的植物育种主要集中在蛋白质编码序列上，主要用于剔除具有不良性状的基因。Cas9 的靶向范围不仅限于蛋白质编码基因，还可以靶向非编码 RNA 和调控元件。基因靶向（gene targeting, GT）是通过 HR 诱导精确的基因组改变，由于 NHEJ 是体细胞 DSB 修复的首选机制，且大多数作物仍缺乏高效的转化和再生过程，因此在植物中仍具有很高的挑战性。利用 Cas9 及其编码为 DNA、RNA 的 sgRNA 或直接通过 RNP 复合物可以在植物中实现突变诱导。

　　CRISPR-Cas9 系统在获得新的吸引性状方面的潜力最近在几种作物中得到了证明，它被广泛用于从数量和质量方面改善植物性状，或赋予和增加植物对病原菌的抗性。到目前为止，基于 CRISPR-Cas9 的植物育种主要集中在蛋白质编码序列上，主要用于剔除具有不良性状的基因。Schindele 等的研究表明，Cas9 诱发的突变也可以通过靶向顺式调控元件（cis-regulatory-elements, CREs）对数量性状进行微调。利用多个 sgRNA 同时靶向启动子的不同区域，可以在番茄中产生多种不同的等位基因，每个等位基因产生的植株表型略有不同。复合花序和自剪枝分别在果实大小、花序分枝和枝条结构等高产相关性状上产生了数十个品种。这些结果表明，Cas9 介导的工程已经远远超出了简单的敲除突变，允许精细的基因组操作，如微调数量性状 [27]。

7.5　真菌

　　甲基营养型酵母 *Ogataea polymorpha* 属于酵母科（Saccharomycetaceae），是一种极具吸引力的基础和应用研究生物，常用于研究甲醇利用、自噬、过氧化物酶体生物发生和硝酸盐同化作用。*O. polymorpha* 的一个特点是，可通过非同源末端连接（non-homologous end join, NHEJ）介导，将多达 100 个目的基因整合到基因组中，可用于高表达外源基因，与各种生物技术产品同步。但是，作为生物制品的酵母细胞工厂，不仅需要基因整合，还需要同时进行基因缺失、精确点突变等多重基因编辑手段，针对上述问题，2018 年 Wen 等开发了一种 CRISPR-Cas9 辅助的多拷贝基因组编辑方法（multiplex genome editing method，CMGE）。

　　研究人员以 CMGE 为基础，对 *O. polymorpha* 进行了基因缺失、整合、精确点突变等多种基因组修饰。采用 CMGE-ML 整合方法，将白藜芦醇生物合成途径的 3 个不同位点的 3 个基因（*Herpetosiphon aurantiacus*）TAL、拟南芥（*Arabidopsis thaliana*）4CL 和葡萄（*Vitis vinifera*）STS 同时整合，首次实现了白藜芦醇在 *O. polymorpha* 中的生物合成。采用 CMGE-MC 方法将融合表达盒 P ScTEF1-talp ScTPI1 -4CL-P ScTEF2 -STS 共 10 个拷贝整合到基因组中。白藜芦醇的产量比单一复合物提高了约 20 倍，达到 97.23±4.84mg/L。利用 CMGE-MC 整合 *HSA* 和 *cadA* 基因，在 *O. polymorpha* 中实现了人血清白蛋白和尸体碱的生物合成。

该种 CRISPR-Cas9 辅助的多基因编辑方法，包括在酵母中敲除多基因、多位点（multi-locus, ML）和多拷贝（multi-copy, MC）整合方法。利用 CMGE 技术，在 *O. polymorpha* 中合成了白藜芦醇、尸胺和人血清白蛋白（HSA），实验表明了 CMGE 在 *O. polymorpha* 基因工程中的实用性和有效性[28]。CRISPR-Cas9 技术的出现为建立多基因工程提供了一种有效途径。

人类真菌病原体白色念珠菌通常以共生体的形式生活在大多数健康人的黏膜表面，但对于免疫功能受损的人，它可引发危及生命的全身感染。因此，白色念珠菌感染是第四常见的医院血流感染。尽管抗真菌治疗以及药物有了一定的研究进展，但是感染死亡率仍然约为 40%。因此，为了开发新的疗法人们迫切需要对白色念珠菌致病机制进行深入研究。促进白色念珠菌感染的一个主要因素是其超强的增殖能力，它与宿主组织相互作用促进其浸润性生长和生物膜的形成，菌丝的生长可以诱导体外多种环境刺激，包括血清、碱性 pH、CO_2 和 *N*-乙酰氨基葡萄糖（GlcNAc）。突变分析发现转录因子网络（TFs）对诱导菌丝形态非常重要。这些 TFs 还需要在菌丝生长过程中诱导一组特殊的基因编码毒性所需的因子，如黏附蛋白和超氧化物歧化酶。

白色念珠菌中有三种 NDT80 旁系同源基因（NDT80、RON1、REP1），被证明可以促进对各种应激条件的抵抗，并在菌丝生长中发挥作用。它们调节不同的过程，包括性发育、丝状结构、耐药性、毒性和对营养胁迫（the response to nutrient stress）的反应。为了比较相同菌株背景下的突变表型，确定 NDT80 样的 TFs 是否具有重叠功能，Min 等利用了瞬时 CRISPR-Cas9 和 SAT1-Flipper 来对 ndt80 构建基因缺失菌株，其中包含每个 TF 的纯合缺失突变、三个可能的双突变体和一个三突变体，逐一将三个转录因子的功能和相互作用进行研究[29]。

蘑菇作为高等真菌的一个重要类群，是产生具有生物活性的次生代谢物极具生产潜力的细胞工厂，但是目前却缺乏针对蘑菇进行基因调控等的方法，从而阻碍了生物合成及其调控这些有用的天然产物的研究。2017 年，Qin 等首次将 CRISPR-Cas9 技术应用于蘑菇，并以灵芝属植物为典型例子在蘑菇中建立了 CRISPR-Cas9 辅助基因断裂方法。CRISPR-Cas9 引入双链断裂（DSB）诱导非同源末端连接（NHEJ），进一步辅助基因的破坏。作者采用酿脓链球菌的 CRISPR-Cas9 系统，以具有抗肿瘤和抗转移活性的灵芝酸为研究对象，对灵芝进行研究并开发了一种蘑菇基因敲除技术（gene disruption technology）。除了基因干扰外，CRISPR-Cas9 还可以在蘑菇上进行其他的基因编辑技术，如基因替换、基因敲除、定点突变、同源定向修复（homology-direct repair, HDR）供体等，对蘑菇基因组工程和生物合成机理的研究带来很大的突破[30]。

稻瘟病菌（*Magnaporthe oryzae*）是水稻栽培中最严重的病原菌，对全球粮食安全构成重大威胁。为了加速该物种的靶向突变和特异性基因组编辑，2018 年 Foster 等开发了一种基于 CRISPR-Cas9 的无质粒快速基因组编辑方法，通过将纯化的 Cas9 预复合物短暂导入 RNA 形成核糖核蛋白（RNPs），实现高效的基因编辑，并证明稳定表达的 Cas9 对 *M. oryzae* 具有高度毒性。当与寡核苷酸或 PCR 生成的供体 DNA 联合使用时，对具有特定碱基对编辑、基因座内基因替换或多个基因编辑的菌株的生成非常迅速和直接。此方法展示出了一种联合编辑策略，用于在特定位点上产生单个核苷酸变化。总之，通过运用 CRISPR-Cas9 技术，得出的实验结果表明针对 *M. oryzae* 进行基因操作的精度和速度有了可扩展的提高，且技术还可以被广泛应用于其他真菌物种[31]。

除此之外，利用 CRISPR-Cas9 技术对真菌的研究越来越多，为工农业的发展提供了有力的技术支撑。

7.6　细菌

尖孢镰刀菌复合体（*Fusarium oxysporum* species complex, FOSC）是一种重要的致病性丝状真菌复合体，可以同时使动物和植物感染。当前对这些真菌的反向遗传技术（包括基因破坏和基因删除）是可行的，但还是有一些技术上的限制，导致该类技术效率低下。2018 年，Coleman 等人提出一种优化的 Cas9 核糖体（RNP）和原生质体转化的基因编辑系统，将 Cas9 蛋白和 sgRNA 在体外组装成较为稳定的 RNP，将该复合物转入真菌原生质体中，经 PEG 介导转染后进行基因编辑。为了确定 Cas9 RNP 系统是否在 FOSC 原生质体中起作用并评估其有效性，该团队选择了 URA5 和 URA3 两个基因进行靶向破坏，产生对 5- 氟代乙酸（5-FOA）耐药的尿嘧啶缺陷性突变体。此外，利用该系统对次生代谢产物生物合成簇 BIK1 的同源基因进行了突变，该基因的破坏效率最高约为 50%。对 BIK1 突变体的进一步分析证实，这种多酮合成酶参与了红色素 bikaverin 的合成。本研究产生的突变体表现出较强的预期表型，说明该 *F. oxysporum* 优化的 CRISPR-Cas9 系统对该真菌的基因工程技术是比较稳定的。该系统可以有效地用于在 FOSC 家族中我们感兴趣的基因产生突变，并可能促进有关这些真菌的广泛宿主范围、sec- 次生代谢物产生和多余染色体的功能研究。重要的是，所有镰刀菌的 NLS H2B 序列与融合到 Cas9 蛋白上的 NLS H2B 序列高度相似，说明该转化体系可能适用于镰刀菌属的其他成员 [32]。

枯草芽孢杆菌（*Bacillus subtilis*）是芽孢杆菌属的革兰氏阳性模型菌，枯草芽孢杆菌能够高效地将蛋白质分泌到培养上清液中，是工业发酵的主要菌株。随着基因工程和分子生物学的迅速发展，许多依赖同源重组的基因修饰方法已被开发用于枯草芽孢杆菌，并用于菌株改良、基因组研究和生物基化学品的生产。但是，传统的基因组编辑方法依赖于抗生素耐药性标记，标记的去除需要较大的工程量才能使工程菌株被用作生态友好的宿主。此外，可用的标记基因的数量有限，因此可能会限制多染色体修饰的灵活性。为了克服这些困难，目前已经报道了一些基于反选择标记的枯草芽孢杆菌标记回收系统，但是这些技术也存在一些效率低、耗时、费用高、工程量大等缺点。与此同时，CRISPR-Cas 系统，尤其是使用 Cas9 蛋白的 CRISPR-Cas9 系统由于其对基因编辑的优势而进入了科学家的视野。

So 等开发了一种基于 CRISPR-Cas9 的高效基因组工程系统，并在枯草芽孢杆菌中产生了精确的基因缺失、点突变和基因插入 [33]。在这个双质粒系统中，Cas9 基因和 Pgrac 启动子连接到 pHCas9 载体中，产生 Cas9 蛋白。设计不同大小的 gRNA 模块和 DNA 模板，在目标位点进行相应的操作。最后，将携带 SpCas9 至 BSC100 结构的 pHCas9 质粒转化为含有供体 DNA 模板和 sgRNA 转录模块的 pAD123 衍生物，实现 *B. subtilis* 的突变。随后，将混合物的一半涂在含有氯霉素和新霉素的 LB 琼脂培养基上，另一半接种到最终浓度为 1% 的培养基中，进行长时间培养。结果表明，单基因缺失（100%）、点突变（68%）和 GFP 基因插入（97%）的频率非常高，表明该系统广泛适用于枯草芽孢杆菌的各种位点定向突变。此外，除了在传统的基因组编辑中有用之外，该系统还被证明能更有效地生成大型基因组删除（25.1 kb 删除约 80%）。因此，双质粒系统在单基因缺失、点突变、基因导入和基因组大量缺失等方面表现出较高的效率，极大地促进了枯草芽孢杆菌基因组编辑的发展。另外 CRISPR-Cas9 系统在高通量技术的发展中具有广阔的前景。因此，可以开发类似的技术，用于枯草芽孢杆菌合理设计菌株的构建和试验，以及生产改进。此外，还应探索和开发基于高通量技术的更强大的多基因修饰系统，以增强枯草芽孢杆菌基因组编辑的范围 [34]。

大肠杆菌作为革兰氏阴性模型菌，是代谢工程和合成生物学等生物技术领域中最常用的微生物之一。对于在工业生产中生产有价值的化学药物，通过在大肠杆菌中实施多种基因操作方法，即基因过表达、基因缺失和基因导入（或替换），以改善向目标产物的代谢通量，从而提高其效价和产量。但是由于质粒丢失、抗生素耐药和宿主代谢负担等缺点，质粒携带的基因表达在工业菌株中是不可行的。相比之下，将必需基因（essential genes）整合到寄主染色体中则是更优化的方法。尽管当前的很多基因编辑技术在大肠杆菌中得到了广泛的发展，但与基因缺失和小片段整合相比，将大片段 DNA 的染色体导入大肠杆菌中仍然具有挑战性，使用现有的基因编辑方法编辑 DNA 大片段整合的效率仍然相对较低。为了提高同源重组的效率，通常需要较大的同源臂，然而，这样却增加了克隆和连接大片段目标基因和同源臂的难度，这些问题将大大延长大型基因片段整合的操作周期。

针对该问题 2018 年 Li 等通过 CRISPR-Cas9 技术提出一种大肠杆菌大片段 DNA 基因组整合的新方法。首先，在大肠杆菌 W3110 中引入并优化了酿脓链球菌的原隔离体。接下来，对每一轮集成的适当片段大小进行优化，使其在 34kb 内。利用优化后的原间隔子 /gRNA 对，将一个总大小为 15.4kb 的 DNA 片段，包含几个关键的尿苷生物合成基因，整合到 W3110 染色体中，在摇瓶发酵中产生 5.6 g/L 的尿苷。利用这种策略，几乎任何长度的 DNA 片段都可以整合到一个合适的基因组位点，并且可以交替使用两个 gRNA，避免了构建 gRNA 表达质粒的繁琐过程。因此，该研究为大肠杆菌染色体整合大型 DNA 片段提供了一种有用的策略，该策略可以很容易地应用于其他细菌 [35]。CRISPR-Cas9 系统在大肠杆菌中已经有了很多研究，未来将会有更多优化的该系统方法运用于大肠杆菌基因工程研究中，这对开展相应人类疾病研究具有重大的意义。

网柄菌是一种广泛应用于细胞生物学和发育生物学研究的微生物模型。它们的生长发育发生在常温下的大气 CO_2 水平下，因此，不需要专门的孵化器。虽然不像秀丽隐杆线虫、黑腹果蝇等后生模式生物那样复杂，但盘基网柄菌具有简单的发育过程，包括细胞分化过程、模式形成和形态发生细胞运动，被用来了解影响人类疾病的基本细胞功能，包括细胞运动、吞噬、大胞饮和趋化。由于盘基网柄菌的这种特点，其基因编辑技术在人类疾病研究中有着巨大的潜力。但是在盘基网柄菌中尚未见位点特异性基因组编辑的报道，一个主要的原因是其具有 15 ～ 20 个重复序列，克隆重复序列在技术上具有挑战性。近年来，CRISPR-Cas9 技术通过允许在许多生物体中进行精确的基因组编辑，彻底改变了生物学研究现状[36]。2019 年 Muramoto 等开发了两种不同的 CRISPR-Cas9 表达系统：一体式系统和基于双质粒的系统[37]。

一体式系统：将 tRNA-sgRNA、Cas9 核酸酶和 G418 盒子组装成 pBluescript Ⅱ 载体，构建一体化系统。然后用异亮氨酸 tRNA 的 RNA 聚合酶Ⅲ依赖性启动子诱导 sgRNA 表达。由于真核细胞 tRNA 基因具有位于转录区内的启动子，所以该载体不包含 tRNA 的上部分区域。在 trans-activating RNA 的 3′端插入 6-胸苷酸转录终止信号，内源性的 tRNA-processing 机制自然地从原始转录本中切割 sgRNA，生成的 sgRNA 两端不包含额外的核苷酸。成熟的 mRNA 从细胞核运输到细胞质，因此，从基因组 DNA 中分离得到 Cas9/sgRNA 复合物。该载体中包含的 Cas9 核酸酶是从 *S. pyogenes* 中获得的，优化了最初使用盘基网柄菌密码子的 47 个氨基酸序列。由于一体式载体不含染色体外复制的元素，转化细胞在短时间内短暂表达蛋白质，在细胞分裂过程中失去载体。瞬时表达成功地将插入确实突变导入盘基网柄菌基因组，其中基因靶向效率为 70%。这个一体式系统也被用来制造多个基因敲除。将多个 tRNA-sgRNA 模块亚克隆组装成最终目的载体 pTM1290，通过 *Xho* Ⅰ 和 *Hind*Ⅲ 酶切连接到 pTM1285，表达多个 sgRNA，同时产生表达 5 个 PI3K sgRNA 的质粒作为靶基因，效率为 73% ～ 100%。

双质粒体：将 Cas9 核酸酶和 sgRNA 分离成两个不同的质粒，在细胞内结合形成 Cas9/sgRNA 复合物。第一个质粒用 G418 抗性盒表达 Cas9 核酸酶，第二个质粒用潮霉素抗性盒表达 tRNA-sgRNA。因此，转化后的细胞对 G418 和 hygromycin 均具有耐药性，只允许使用灭活素作为进一步基因操作的耐药性标记。两质粒共表达后，靶向编码 tdTomato 的基因（99.4%，*n*=1618）。因此，基于双质粒的系统在网柄菌基因组编辑中表现出极高的效率。

7.7　结语

CRISPR-Cas9 技术的出现虽然可以应用于多种生物的基因编辑，且解决了以往基因编辑技术效率低、靶向性差、成本高、过程繁琐等缺点，但是需要注意的是，CRISPR-Cas9 系统的原始形式为位点特异性突变提供了一个简单的工具。通过利用不同的修复机制，可以敲除基因或诱导精确的基因组改变，以研究基因功能或改善作物植株的农艺性状。增加突变率的尝试主要集中在 Cas9 基因的表达，例如使用不同类型的启动子。目前 CRISPR 设计工具无法预测特定 CRISPR-Cas9 的实际切割活性，这可能会根据目标位置、序列、染色质可及性等尚未确定的因素而变化[37]，且 CRISPR 在小鼠应用中的一个主要障碍是可能存在的靶外突变。在临床应用的可行性上面临的另一个挑战是啮齿动物和人类之间体型的差距，这需要大规模的扩大。尽管 CRISPR-Cas9 可以有效地在体细胞中产生 NHEJ 介导的插入缺失突变，但在有丝分裂后的细胞中 HDR 介导的校正相对无效，为了将 CRISPR-Cas9 系统应用于临床，还需要在出生后体细胞组织中进行更有效的基因组编辑。

参考文献

[1] Wang H, Russa M L, Qi L S, CRISPR-Cas9 in Genome Editing and Beyond[J]. Annual Review of Biochemistry, 2016, 85(1): 227.

[2] Chira S, et al. CRISPR/Cas9: Transcending the Reality of Genome Editing[J]. Molecular Therapy-Nucleic Acids, 2017, 7: 211.

[3] Xiao Z, et al. Targeting CD44 by CRISPR-Cas9 in multi-drug resistant osteosarcoma cells[J]. Cellular Physiology and Biochemistry, 2018, 51(4): 1879.

[4] Zhen S, et al. In vitro and in vivo growth suppression of human papillomavirus 16-positive cervical cancer cells by CRISPR/Cas9[J]. Biochemical and Biophysical Research Communications, 2014, 450(4): 1422.

[5] Matano M, et al. Modeling colorectal cancer using CRISPR-Cas9-mediated engineering of human intestinal organoids[J]. Nature Medicine, 2015, 21(3): 256.

[6] Mandal, Pankaj K, et al. Efficient ablation of genes in human hematopoietic stem and effector cells using CRISPR/Cas9[J]. Cell Stem Cell, 2014, 15(5): 643.

[7] Ghorbal M, et al. Genome editing in the human malaria parasite Plasmodium falciparum using the CRISPR-Cas9 system[J]. Nature Biotechnology, 2014, 32(8): 819.

[8] Zhu W, et al. Induction of brain arteriovenous malformation through CRISPR/Cas9-mediated

somatic Alk1 gene mutations in adult mice[J]. Translational Stroke Research, 2018, DOI: 10.1007/s12975-018-0676-1

[9] Du Y, et al. Using CRISPR/Cas9 for gene knockout in immunodeficient NSG mice[M]. Springer, 2019:139.

[10] Wu Y, et al. Correction of a genetic disease in mouse via use of CRISPR-Cas9[J]. Cell Stem Cell, 2013, 13(6): 659.

[11] Long C, McAnally J R, Shelton J M, et al. Prevention of muscular dystrophy in mice by CRISPR/Cas9-mediated editing of germline DNA. Science, 2014, 345(6201): 1184-1188.

[12] Bence M, et al. Combining the auxin-inducible degradation system with CRISPR/Cas9-based genome editing for the conditional depletion of endogenous *Drosophila melanogaster* proteins[J]. The FEBS Journal, 2017, 284(7): 1056.

[13] Han C, et al. Robust CRISPR/Cas9-Mediated Tissue-Specific Mutagenesis Reveals Gene Redundancy and Perdurance in *Drosophila*[J]. GENETICS, 2018, 211(2): 459.

[14] Kimura Y, et al. Efficient generation of knock-in transgenic zebrafish carrying reporter/driver genes by CRISPR/Cas9-mediated genome engineering[J]. Scientific Reports, 2014, 4: 6545.

[15] Auer T O, et al. Highly efficient CRISPR/Cas9-mediated knock-in in zebrafish by homology-independent DNA repair[J]. Genome Research, 2013, 24(1): 142.

[16] Ablain J, et al. A CRISPR/Cas9 vector system for tissue-specific gene disruption in zebrafish[J]. Developmental Cell, 2015, 32(6): 756.

[17] Wang T T, et al. Homology directed knockin of point mutations in the Zebrafish *tardbp* and *fus* genes in ALS using the CRISPR/Cas9 System[J]. Plos One, 2016, 11(3): e0150188.

[18] Varshney G K, et al. High-throughput gene targeting and phenotyping in zebrafish using CRISPR/Cas9[J]. Genome Research, 2015, 25(7): 1030.

[19] Liu X, et al. Disruption of the ZBED6 binding site in intron 3 of IGF2 by CRISPR/Cas9 leads to enhanced muscle development in Liang Guang Small Spotted pigs. Transgenic Research[J], 2018, 28(1): 141.

[20] Dankel D J. "Doing CRISPR" [J]. Politics and the Life Sciences, 2018, 37(2): 220.

[21] Wu K, Shirk P D, Taylor C E, et al. CRISPR/Cas9 mediated knockout of the abdominal-A homeotic gene in fall armyworm moth (*Spodoptera frugiperda*)[J]. Plos One, 2018, 13(12): e0208647.

[22] Li M, et al. High Efficiency Targeting of Non-coding Sequences Using CRISPR/Cas9 System in Tilapia[J]. Genes|Genomes|Genetics, 2019, 9(1): 287.

[23] Zhao P, You Q, Lei M. A CRISPR/Cas9 deletion into the phosphate transporter SlyPHO1;1 reveals its role in phosphate nutrition of tomato seedlings[J]. Physiologia Plantarum, 2018, DOI: 10.1111/ppl.12897.

[24] Danilo B, Perrot L, Botton E, et al. The DFR locus: A smart landing pad for targeted transgene insertion in tomato[J]. Plos One, 2018, 13(12): e0208395.

[25] Cai Y, et al. CRISPR/Cas9-mediated deletion of large genomic fragments in soybean[J]. International Journal of Molecular Sciences, 2018, 19(12): 3835.

[26] Nadakuduti S S, et al. Genome editing for crop improvement - applications in clonally propagated polyploids with a focus on potato (*Solanum tuberosum* L.)[J]. Frontiers in Plant Science, 2018, 13(9):1607.

[27] Schindele P, Wolter F, Puchta H. Transforming plant biology and breeding with CRISPR/Cas9, Cas12 and Cas13[J]. FEBS Letters, 2018, 592(12): 1954.

[28] Wang L, et al. Efficient CRISPR-Cas9 mediated multiplex genome editing in yeasts[J]. Biotechnology for Biofuels, 2018, 11(1): 227.

[29] Min K, et al. Genetic Analysis of NDT80 family transcription factors in candida albicans using new CRISPR-Cas9 approaches[J]. mSphere, 2018, 3(6): e00545-18.

[30] Qin H, et al. CRISPR-Cas9 assisted gene disruption in the higher fungus Ganoderma species[J]. Process Biochemistry, 2017, 56: 57.

[31] Foster A J, et al. CRISPR-Cas9 ribonucleoprotein-mediated co-editing and counterselection in the rice blast fungus[J]. Scientific Reports, 2018, 8(1): 14355.

[32] Wang Q, Cobine P A, Coleman J J. Efficient genome editing in Fusarium oxysporum based on CRISPR/Cas9 ribonucleoprotein complexes[J]. Fungal Genetics and Biology, 2018, 117: 21.

[33] So Y, Park S Y, Park E H, et al. A highly efficient CRISPR-Cas9-mediated large genomic deletion in bacillus subtilis. Front Microbiol, 2017, 8: 1167.

[34] Hong K Q, et al. Recent advances in CRISPR/Cas9 mediated genome editing in *Bacillus subtilis*[J]. World Journal of Microbiology and Biotechnology, 2018, 34(10): 153.

[35] Li Y J, Yan F Q, Wu H Y, et al. Multiple-step chromosomal integration of divided segments from a large DNA fragment via CRISPR/Cas9 *in Escherichia coli*[J]. Journal of Industrial Microbiology & Biotechnology, 2018, 46(1): 81.

[36] Sekine R, Kawata T, Muramoto T. CRISPR/Cas9 mediated targeting of multiple genes in *Dictyostelium*[J]. Scientific Reports, 2018, 8(1): 8471.

[37] Muramoto T, et al. Recent Advances in CRISPR/Cas9-Mediated Genome Editing in *Dictyostelium*[J]. Cells, 2019, 8(1): 46.

CRISPR

第8章

纳米材料递送
CRISPR-Cas系统

崔雪晶　王晓宇　鲍　琳

8.1　引言

利用 CRISPR-Cas9 进行高效、精确的 DNA 编辑是基因治疗领域最有希望的重大进展之一。然而，对 CRISPR-Cas9 元件进行安全、有效的递送，以实现特异性基因靶向治疗而不产生脱靶效应，这是临床治疗的主要挑战。现在的递送主要由慢病毒、逆转录病毒或腺相关病毒（AAV）提供。尽管像 AAV 这样的病毒载体在 CRISPR-Cas9 系统递送中显示较高的效率，但人们仍然关注病毒载体的免疫原性和长期表达，这阻碍了病毒载体在临床中的应用。非病毒载体如脂质制剂可将 Cas9/sgRNA 复合物或 Cas9 mRNA/sgRNA 复合物递送到细胞中。然而，Cas9 mRNA 或蛋白质的制备需要繁琐的过程，例如转录或翻译。而且不可忽视的是，由于相关酶类的广泛存在，使得 mRNA 和蛋白质很难保持稳定。其他方法，如流体动力学注射可将 CRISPR-Cas9 系统递送到小鼠肝脏，但该方法仅适合将药剂递送至肝脏，限制其在其他组织例如实体瘤中的应用。此外，机械刺激方法利于细胞转染，但该方法只能在体外使用。由此可见，实现 CRISPR-Cas9 在生物体内有效递送仍然缺乏有效手段。纳米载体的出现，打破了众多难以突破的瓶颈。纳米颗粒（NPs）提供了一种有希望的方法来应对这些挑战。本章介绍了一些基于纳米材料的递送系统的进展，以期能够有效递送 CRISPR-Cas9 并最大限度地发挥其功效。

8.2　纳米材料概述

8.2.1　纳米材料定义及特性

纳米是一个长度单位，$1nm=10^{-9}m$。相比于尺寸较大的块状材料，纳米材料具有独特的理化性质，包括以下几个方面。①小尺寸效应。当粒子的尺寸与光波波长、德布罗意波长以及超导态的相干长度或透射深度等物理特征尺寸相当或更小时，晶体周期性的边界条件将被破坏，非晶态纳米粒子的颗粒表面层附近的原子密度减少，导致光、电、磁、热、力学等特性呈现新的物理性质的变化称为小尺寸效应。②表面效应。纳米颗粒尺寸小，表面能高，位于表面的原子占极高的比例。随着尺寸减小，表面原子数迅速增加，原子配位不足及高的表面能，使这些表面原子具有高的活性，很容易与其他原子结合。③量子尺寸效应。当粒子尺寸下降到某一阈值时，金属费米能级附近的电子能级由准连续变为离散能级的现象，特别地，纳米半导体颗粒存在不连续的最高被占据分子轨道和最低轨道能级而使能隙变宽的现象称为量子尺寸效应。④宏观量子隧道效应。微观粒子具有贯穿势垒的能力称为隧道效应。纳米颗粒的磁化强度，量子相干器件中的磁通量等亦具有隧道效应，称为宏观的量子隧道效应等。由于以上独特的理化性质，纳米材料进入了快速发展阶段，不同类型的纳米材料已经进入了人们生产生活的各个领域。

8.2.2 纳米材料的分类

根据维度，常见的纳米材料可分为零维（如纳米金球、炭黑、富勒烯）、一维（如碳纳米管、金纳米线、银纳米线）、二维（如石墨烯、少层黑磷、二硫化钼）及不规则纳米材料（二氧化钛、二氧化铈）。狭义上来讲，纳米材料包括纳米颗粒本身及由它构成的固体材料。

此外，根据组成成分的不同，纳米材料可分为碳纳米材料、高分子聚合物纳米材料、无机纳米材料、金属纳米材料、金属氧化物纳米材料以及生物膜纳米材料等。

8.2.3 纳米材料的应用

纳米材料越来越多地应用于生产生活的各个领域。目前已知，含有纳米材料或依赖纳米技术制作合成的商业化产品高达上千种。如电子器件、化妆品、防晒品、医用抗菌产品、生物成像产品以及催化剂等。经预测，2020 年，包含人工纳米材料产品的商业价值将超过 3 万亿美元 [1]。根据不同的应用目的，通过对纳米材料内部或表面进行改性或修饰，可获得具有独特性能（如高强度、高吸附性或强导电性等）的纳米材料，进而实现纳米材料在不同领域的应用。在生物领域，纳米材料在组织工程、生物成像、肿瘤治疗以及抗菌等领域中已经展现出潜在的应用前景。特别是在药物 / 基因载体方面，纳米材料已经显示出极大的潜在应用价值。如由于独特的中空结构、巨大比表面积以及表面的高活性位点，碳纳米管为药物分子提供了有利的空间及丰富的结合位点。通常来说，未经修饰的纳米材料较难溶于水、分散性较差且容易团聚，限制了其在生物医药领域的应用。因此，在使用前往往对纳米材料进行改性，以提高它的分散性及生物相容性等。例如，二维的石墨烯纳米片通过对其表面修饰后，可通过共价键或 π-π 堆积作用结合药物分子以及基因，进而实现其作为载体的目的。此外，受体修饰的碳纳米管可通过特异性识别靶体直接到达病灶后结合单细胞从而减少给药剂量，被认为是理想的药物载体 [2]。而且，碳纳米管的小尺寸效应使其可以轻易通过细胞膜这一屏障，直接把药物输送到细胞内部，从而提高治疗效率。也有研究发现，功能化的富勒烯及石墨烯也可以作为药物分子的载体 [3,4]。

8.3　基因疗法简介

目前，癌症及遗传性疾病是影响人类健康的两大类疾病，缺少有效的治疗方法。然而，基因编辑技术的出现使癌症和遗传性疾病的有效治疗成为可能。自发现以来，CRISPR-Cas 系统已被公认为是最有前景的基因编辑和调控技术。已知，CRISPR-Cas 系统是在长期演化过程中形成的一种适应性免疫防御系统，用于对抗病毒的入侵。Ⅱ型 CRISPR-Cas 系统经人工改造为由 Cas9 核酸酶和特异的单链向导 RNA（single guide RNA, sgRNA）构成的新型靶向基因组编辑技术，即 CRISPR-Cas9 系统。相比传统基因编辑技术，CRISPR-Cas9 系统具有以下优势：①载体构建简单，所应用的 Cas9 蛋白相同，只需设计特异的 sgRNA；②可实现多个靶位点的基因编辑；③实验周期短，花费低，操作简单。该系统在生物科学领域的应用已初步证实了其具有广阔的应用前景，有望在临床疾病治疗中发挥重要作用。最近，CRISPR-Cas9 介导的基因编辑技术已被用于抑制 HIV-1 复制、纠正遗传疾病以及治疗癌症。除基因编辑外，CRISPR-Cas9 还被应用于基因表达调控和 DNA/RNA 成像。尽管 CRISPR-Cas9 系统应用范围较广，但该系统仍存在一个主要问题，即在体内没有安全有效的 CRISPR-Cas9 系统递送方法。目前，CRISPR-Cas9 系统在体内主要通过病毒载体，包括慢病毒载体、腺病毒载体和腺病毒相关载体递送。然而，其可能的细胞毒性、免疫原性、长期过度表达以及病毒载体的脱靶效应，仍然是限制其临床应用的重要缺陷。此外，非病毒载体方法，如电穿孔、显微注射、脂质纳米粒子传递和核糖体递送，也受到其稳定性、可获得性、安全性及效率的限制。因此，设计生物相容性的载体递送 CRISPR-Cas 系统具有重要临床及现实意义。目前已知，纳米材料具有小尺寸效应和跨生物屏障性能，通过对其改性并装载 CRISPR-Cas9 后，可实现 CRISPR-Cas9 系统在细胞及生物体内的有效递送。

8.4 纳米材料递载CRISPR-Cas系统的生物应用

8.4.1 二维纳米材料递送 CRISPR-Cas 系统的生物应用

由于纳米颗粒独特的理化性质，其进入生物体后，能够通过内吞或渗透作用跨越生物屏障，到达一些常规药物所不能到达的病灶，因而可以作为潜在的药物运输载体。作为碳纳米材料家族的重要一员，石墨烯是一种由碳原子以 sp2 杂化轨道组成的六角形呈蜂巢晶格状的平面薄膜，其厚度仅为0.35nm。它不仅是世界上最薄的二维（2D）材料，也是已测试材料中强度最高的纳米材料 [5]。石墨烯经氧化后可形成氧化石墨烯（GO），氧化石墨烯由于良好的稳定性、优异的生物相容性和低毒性而在生物领域具有巨大的应用潜能，特别是作为递送小分子药物和基因的载体。与其他纳米载体相比，氧化石墨烯的平面结构提供了更高的比表面积，从而有效地增强了其负载能力。最近的一项研究表明石墨烯可将小分子蛋白有效递送到细胞中 [6]。然而，纳米材料递送其他功能性的生物大分子，如 Cas9/sgRNA 复合物，仍然是亟待解决的问题。已知，Cas9 来源于原核生物，将 Cas9 以高效、良好的生物相容性和稳定性递送到真核细胞中至关重要。传统上，将 sgRNA 序列克隆到 Cas9 表达质粒中以与 Cas9 共表达，这些质粒载体既可以通过转染试剂进入细胞，也可通过电穿孔技术或者细胞膜变形等进入细胞。然而，质粒进入细胞后进行转录、翻译和蛋白 /RNA 组装形成 Cas9/sgRNA 核糖体复合物，耗时较长。而且，细胞内持续表达 Cas9 往往会导致脱靶效应。因此，将此类载体应用于生物体通常是不切实际的。另外，研究者也尝试将 CRISPR-Cas9 表达质粒整合到病毒载体中进行递送，但是这种方法易引起免疫应答。为了克服这些问题，一些无质粒策略，包括细胞穿透肽（CPPs）、阳离子脂质以及 DNA 纳米链（NCs）等已被开发用于 Cas9 系统的生物递送。然而令人遗憾的是，这些策略存在低效或潜在的免疫原性。另外，这些方法并没有强调 CRISPR-Cas9 稳定性。众所周知，CRISPR-Cas9 系统在生物体内外应用时，sgRNA 极不稳定，极易发生不可逆转的酶促降解。RNA 的这种不稳定性主要归因于普遍存在的 RNase 污染。因此，急需开发新的 CRISPR-Cas9 载体，用于其稳定递送并进行基因的高效编辑。为解决以上问题，Zhou 的研究团队开发了基于聚乙二醇（PEG）和聚乙烯亚胺（PEI）双功能化 GO 的 Cas9/sgRNA 共递送平台，用于人源细胞的基因编辑。该体系通过物理吸附和 π-π 堆积相互作用将 Cas9/sgRNA 负载到 GO-PEG-PEI 进行 Cas9/sgRNA 的递送（见图 8.1）。该载体首先通过内吞作用进入细胞，并基于 PEI 的质子海绵效应进行内体包封和释放，随后通过与 Cas9 融合的核定位信号肽将 Cas9/sgRNA 转运到细胞核中，达到基因编辑的目的 [7]，其编辑效率高达 39%。重要的是，该种纳米载体可以保护 sgRNA 免受酶降解，表现出极高的稳定性，这对于未来 sgRNA 在体内的应用至关重要。总的来讲，此类 Cas9/sgRNA 递送策略具有以下关键优势：①纳米载体设计简单，其组装基于游离 Cas9/sgRNA 的化学修饰，易于制备 GO-PEG-PEI；②具有良好的细胞相容性和较小的细胞毒性；③所构建的纳米载体保持了 sgRNA 极高的稳定性，即使通过人工引入 RNase 进行攻击，其活性也不受影响。因此，这种 GO 介导的 Cas9/sgRNA 递送系统具有作为生物医学研究和靶向基因工程应用的潜力。

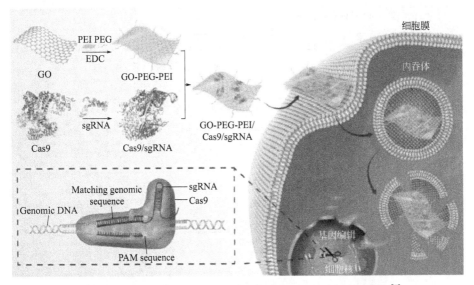

图 8.1　GO-PEG-PEI 纳米体系递载 Cas9/sgRNA 系统 [7]

由于纳米粒子（NPs）大小可控、表面可功能化、生物响应行为和负载能力可调控等优点，纳米粒子已被用于递送多种生物分子。然而，纳米粒子的不可生物降解或降解为具有负面作用的产物，在一定程度上阻碍了其在生物医药领域的应用。幸运的是，可生物降解黑磷（black phosphorus, BPs）的出现弥补了这一缺陷，在递载 Cas9 系统中显示出极大的潜力。黑磷纳米片是一种新开发的二维材料，作为元素磷的同素异形体，BP 具有优异的生物相容性，并在生理条件下降解为无毒的亚磷酸盐／磷酸盐离子。具有原子厚度和 2D 褶皱蜂窝结构的 BP 在各种纳米材料中提供级高的比表面积 [8]。此外，BP 表面上的周期性原子槽为蛋白质和软线性材料提供了理想的锚定位点，其具有负载和递送生物分子的潜力。例如，Zhou 等人成功构建了一种基于负载黑磷纳米片（BPs）的生物可降解的二维递送平台，该平台在 Cas9 核糖核蛋白体的 C 端（Cas9N3）植入了三个核定位信号（NLSs），从而获得了 Cas9-sgRNA 复合物（Cas9N3）的核靶向性。该体系经过进一步工程改造后，通过静电相互作用将 Cas9N3 核糖核蛋白加载到 BP 上，具有 98.7% 的高负载能力 [9]。Cas9N3-BPs 通过膜渗透和胞吞途径进入细胞，其中 BPs 生物降解并从相关的内体逃逸，释放到胞质后通过核定位信号靶向细胞核。该体系成功将 Cas9N3 复合物递送到靶基因并进行编辑（见图 8.2）。因此，与其他基于纳米颗粒的递送平台相比，Cas9N3-BPs 在相对较低的剂量下，可实现体内外的高

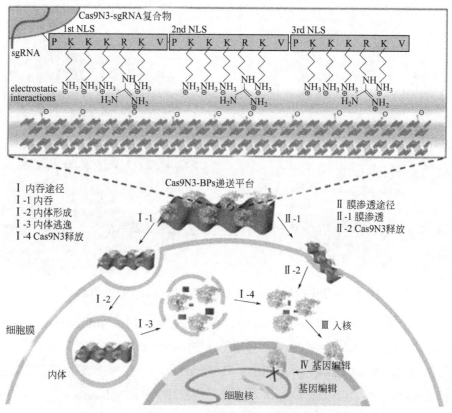

图 8.2　Cas9N3-BPs 递送平台及其在细胞内传递过程 [9]

效递送及有效的基因编辑。值得注意的是，这种可生物降解的 2D 递送平台为 CRISPR-Cas9 系统和其他生物医学应用的生物活性大分子提供了广谱的胞内递送方法。

8.4.2　贵金属及自组装纳米材料递载 CRISPR-Cas 系统的生物应用

CRISPR-Cas9 系统的低递送效率仍然是阻碍其应用的一大障碍。从CRISPR-Cas9 递送的背景来看，由于脂质制剂具有高负载效率、良好的稳定性、良好的重复性和方便制备等优点，使其成为优选的药剂。此外，它们满足临床制造要求，例如批次间差异小、易合成和生物相容性。金纳米粒（AuNPs）具有独特的光学和表面特性，可作为非病毒基因载体。而且，AuNPs 的局部表面等离子体共振效应（LSPR）产生的热量可用于癌症热疗或触发药剂的释放。因此，结合两者优势开发多功能系统，可以提高基因转染或基因治疗的效率。在最近的一篇报道中，Wang 等人成功构建了基于脂质 /AuNP 复合物递送 Cas9/sgRNA 的多功能载体。该载体递送 Cas9-Plk-1 质粒（CP）用于黑色素瘤的治疗，其中，*Plk-1* 基因是在肿瘤细胞中过表达的有丝分裂的主要调节因子。其设计策略是通过静电相互作用在 TAT 肽修饰的 Au 纳米颗粒（AuNPs/CP，ACP）上负载 CP 形成 ACP 复合物，并在 ACP 上包被脂质形成脂质包封的 LACP[10]。LACP 可通过内吞作用进入肿瘤细胞，随后利用 AuNPs 的光热效应将 CP 释放到细胞质中（见图 8.3）。而 CP 则可通过 TAT 指导进入细胞核，从

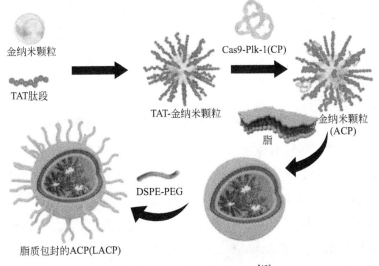

图 8.3　LACP 构建示意图 [10]

而实现靶基因（*Plk-1*）的有效敲除，达到对黑色素瘤的治疗目的。该种结合 AuNPs 负载、脂质包封和光热调控的多功能系统为高效 CRISPR-Cas9 递送和靶向基因编辑提供了全新的设计思路。

　　金纳米颗粒除了用于多功能载体设计外，同样也用于直接递送 CRISPR-Cas9 系统。例如，Mout 等使用金纳米颗粒与工程化的 CRISPR-Cas9 共同组装成纳米体系。这些载体有效地将蛋白质和核酸递送至细胞质，并进一步转运至细胞核。该载体递送效率约为 90%，基因编辑效率达到 30%[11]。其具体设计策略是使用阳离子精氨酸金纳米颗粒（ArgNPs）结合 CRISPR-Cas9 蛋白后进行自组装（见图 8.4）。其中，Cas9 蛋白带正电荷，在 Cas9 蛋白的 N 末端插入谷氨酸肽标签（E 标签）后，由于 E 标签的插入提供了局部负电荷，可与带正电荷的 ArgNP 相互作用形成复合体，后者利用核定位信号（NLS）靶向细胞核后可实现特定基因的编辑。该系统极大地促进了基因组工程在其他领域的应用，包括基因转录的时空调控和染色质的动力学成像。另外，该系统也为建立瞬时基因编辑疗法提供了借鉴。

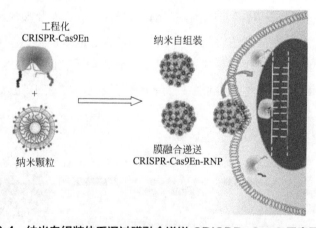

工程化
CRISPR-Cas9En

纳米自组装

纳米颗粒

膜融合递送
CRISPR-Cas9En-RNP

图 8.4　纳米自组装体系通过膜融合递送 CRISPR-Cas9 示意图[11]

　　除了利用纳米颗粒自身的粒子效应外，可进行自组装纳米颗粒的出现也赋予了递送系统新的设计策略。例如，Qazi 等开发了来自噬菌体 P22 的自组装纳米颗粒，用于 Cas9/sgRNA 的特异性递送[12]。已知，源自噬菌体 P22 的颗粒（VLP）是稳定的超分子蛋白笼结构，可用于包封物的特异性递送。该载体的设计策略是将 Cas9 蛋白融合到 P22 的支架蛋白上，进而介导 P22 包覆蛋白自组装形成 58nm 衣壳，实现 Cas9 在该载体中的包封（见图 8.5）。

重要的是，包封在 P22 VLP 内的 Cas9/sgRNA 仍具有对靶标序列的特异性切割活性。

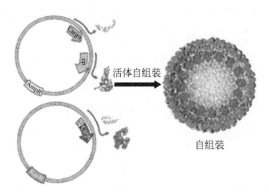

活体自组装

自组装

图 8.5　P22 外壳蛋白自组装颗粒递送 CRISPR-Cas9 系统示意图[12]

8.4.3　其他纳米材料递载 CRISPR-Cas 系统的生物应用

生物体本身包含很多具有生物相容性的纳米结构成分。例如，具有生物膜结构的胞外囊泡——外泌体，由于其来源于胞内多囊泡体的释放，同样具有良好的生物相容性。外泌体是直径范围为 30 ～ 100nm 的膜囊泡，所有细胞均能分泌外泌体，其可稳定地存在于体液中。外泌体作为介导细胞间通讯的介质，可以传输各种信号转导分子，包括 mRNA、microRNA、功能性蛋白和脂质[13]。由于外泌体体积较小，可以从单核吞噬细胞的吞噬作用中快速逃离，进而通过系统循环稳定地携带和传递药物，并跨越血管内皮细胞到达靶细胞。还有研究表明，外泌体由于其表面特定的蛋白显示出良好的组织或细胞靶向性。有意思的是，通过对外泌体的表面分子进行修饰可使其获得更好的靶向性[14,15]。外泌体的这些特性使其在体内药物递送方面拥有广阔的应用前景。然而，由于外泌体尺寸小，很难将大核酸包封到外泌体中。因此，衍生了一些外泌体递送药物制剂的间接策略。例如，最近的一篇研究通过简单的孵育制备了脂质体与外泌体的复合物。相比于独立的外泌体，该混合纳米颗粒可以高效地包裹质粒，包括 CRISPR-Cas9 表达载体。该体系实现了 CRISPR-Cas9 系统的细胞递送[16]。值得注意的是，合成的混合纳米颗粒被间充质干细胞（MSCs）内吞后可表达负载的基因，而这些基因并不能被单独的脂质体转染。

除外泌体外，核酸纳米结构也被研究者用于 Cas9 系统的递送。例如，

Sun 等构建了一种新的 DNA 纳米微球运输工具，基于滚环扩增技术（rolling circle amplification, RCA）同步递送 Cas9 和 sgRNA 进入人体细胞核，实现了高效的基因编辑（见图 8.6）。在该传递系统中，通过将纳米微球的 DNA 序列和 sgRNA 引导序列设计为部分互补，从而将 Cas9/sgRNA 加载到纳米微球上形成复合体，后者可用于基因编辑系统的有效递送[17]。此外，Ha 等基于滚环转录技术（rolling circle transcription, RCT）构建了由高分子 sgRNA、shRNA 和 Cas9 组成的多核糖蛋白纳米颗粒。该体系通过 Dicer 介导的 shRNA 剪切可以获得多个 sgRNA/Cas9 复合物，显著提高了靶基因在细胞和动物模型中的编辑效率[18]。

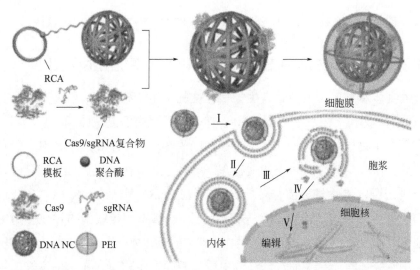

图 8.6 **核酸纳米结构递送 CRISPR-Cas9 系统示意图**[17]

8.5 结语

CRISPR-Cas9 系统的应用是基因治疗领域的一个重大突破。研究人员已经证明了利用 CRISPR-Cas9 系统修复、删除或沉默与疾病相关的某些基因突变来治疗癌症和遗传性疾病的可能性。然而，CRISPR-Cas9 在临床应用方面仍然存在一些挑战，主要的阻碍是缺乏有效和安全的递送系统。尽管像 AAV 这样的病毒载体在 CRISPR-Cas9 系统递送中显示较高的效率，但人们仍然关注病毒载体的免疫原性和长期表达，这阻碍了病毒载体在临床中的应用。非病毒载体如脂质制剂可将 Cas9/sgRNA 复合物或 Cas9 mRNA/sgRNA 复合物递送到细胞中。然而，Cas9 mRNA 或蛋白的制备需要繁琐的过程，例如转录或翻译。而且不可忽视的是，由于相关酶类的广泛存在，mRNA 和蛋白质很难保持稳定。其他方法，如流体动力学注射可将 CRISPR-Cas9 系统递送到小鼠肝脏，但该方法仅适合将药剂递送至肝脏，限制其在其他组织如实体瘤中的应用。此外，机械刺激方法利于细胞转染，但该方法只能在体外使用。由此可见，实现 CRISPR-Cas9 在生物体内有效递送仍然缺乏有效手段。纳米载体的出现，打破了众多难以解决的瓶颈。多样化的纳米体系具有不同的递送功能和效率，且纳米载体多样性的设计策略为各种疾病的治疗提供了丰富的选择。因此，纳米载体递送 CRISPR-Cas9 到生物体进行某些疾病治疗可能是未来临床应用中重要的技术手段。

参考文献

[1] Catia C. Nanomaterials in consumer products: a challenging analytical problem[J]. Frontiers in Chemistry, 2015, 3: 48.

[2] Su Z, Zhu S, Donkor A D, et al. Controllable Delivery of Small-Molecule Compounds to Targeted Cells Utilizing Carbon Nanotubes[J]. Journal of the American Chemical Society, 2011, 133(18): 6874-6877.

[3] Marianna L, Gerdol M, Pacor S, et al. Functionalized fullerenes as potential carriers for anticancer drugs: transcriptome analysis on MCF7 cell line as tool to study their biological effects. Seminario Nazionale Dottorandi ed Assegnisti in Farmacologia ed affini. 2012.

[4] Yang X, Zhang X, Ma Y, et al. Superparamagnetic graphene oxide-Fe_3O_4 nanoparticles hybrid for controlled targeted drug carriers[J]. Journal of Materials Chemistry, 2009, 19(18): 2710-2714.

[5] Geim A K. Graphene: status and prospects.[J]. Science, 2009, 324: 1530-1534.

[6] Shen H, Liu M, He H, et al. PEGylated Graphene Oxide-Mediated Protein Delivery for Cell Function Regulation[J]. Acs Applied Materials & Interfaces, 2012, 4(11): 6317-6323.

[7] Yue H, Zhou X, Cheng M, et al. Graphene oxide-mediated Cas9/sgRNA delivery for efficient genome editing[J]. Nanoscale, 2018, 10: 1063-1071.

[8] Castellanos-Gomez, Andres. Black phosphorus: narrow gap, wide applications[J]. Journal of Physical Chemistry Letters, 2015: 4280-4291.

[9] Zhou W H, Cui H D, Ying L M, et al. Enhanced cytosolic delivery and releases of CRISPR/Cas9 by black phosphorus nanosheets for genome editing[J]. Angewandte Chemie International Edition, 2018, 57(32): 10268-10272.

[10] Wang P, Zhang L, Zheng W, et al. Thermo-triggered release of CRISPR-Cas9 system by lipid-encapsulated gold nanoparticles for tumor therapy[J]. Angewandte Chemie International Edition, 2017, 57(6): 1491-1496.

[11] Mout R, Ray M, Yesilbag T G, et al. Direct cytosolic delivery of CRISPR/Cas9-ribonucleoprotein for efficient gene editing[J]. Acs Nano, 2017, 11(3): 2452-2458.

[12] Qazi S, Miettinen H M, Wilkinson R A, et al. Programmed self-assembly of an active P22-Cas9 nano carrier system[J]. Molecular Pharmaceutics, 2016, 13(3): 1191-1196.

[13] Tkach M, Théry, Clotilde. Communication by extracellular vesicles: where we are and where we need to go[J]. Cell, 2016, 164(6): 1226-1232.

[14] Zhu M, Tian X, Song X, et al. Nanoparticle-induced exosomes target antigen-presenting cells to initiate Th1-Type immune activation[J]. Small, 2012, 8(18): 2841-2848.

[15] Syn N L, Wang L, Chow K H, et al. Exosomes in cancer nanomedicine and immunotherapy: prospects and challenges[J]. Trends in Biotechnology, 2017, 35(7): 665-676.

[16] Lin Y, Wu J, Gu W, et al. Exosome-liposome hybrid nanoparticles deliver CRISPR/Cas9 system in MSCs[J]. Advanced Science, 2018, 5(4): 1700611.

[17] Sun W J, Ji W Y,Hall J M, et al. Self-assembled DNA nanoclews for the efficient delivery of CRISPR-Cas9 for genome editing[J]. Angewandte Chemie, 2015, 54: 12029-12033

[18] Ha J S, Lee J S, Jeong J, et al. Poly-sgRNA/siRNA ribonucleoprotein nanoparticles for targeted gene disruption[J]. Journal of Controlled Release, 2017, 250: 27-35.

CRISPR

第9章

全基因组CRISPR-Cas9基因敲除和转录激活筛选的实验方案

宋 宁 冯 强 陈爱亮

9.1 引言

要充分了解基因功能和表观遗传调控，就必须在活体模型内使用高通量筛选技术 [1]。早期筛选方法依赖于化学 DNA 诱变剂来诱导遗传变异，但此过程效率低下，而且突变鉴定成本很高。最近，利用 RNA 干扰（RNAi）途径[特别是短发夹 RNA（shRNA）] 改变转录水平的方法彻底革新了筛选工具 [2]。尽管 RNAi 筛查对许多生物学进展做出了贡献，但转录的不完全敲除和高脱靶活性阻碍了该方法的应用 [3,4]。

可编程核酸酶已成为一种新的有前途的基因扰动技术，能够精确识别和切割目标 DNA，特别是来自微生物的 CRISPR（簇状规则间隔短回文重复序列）免疫系统的 RNA 引导的核酸内切酶 Cas9 已被证明对 DNA 的精确修饰具有强大的功能 [5]。Cas9 由与 DNA 形成 Watson-Crick 碱基对的短 RNA 引导至特定的基因组靶标，因此，Cas9 在目标基因位点上产生精确的双链断裂（DSB），可通过同源定向修复（HDR）或更常见的非同源末端连接（NHEJ）进行修复 [6]。HDR 使用同源 DNA 模板精确修复 DSB，而 NHEJ 容易出错并引入插入缺失。当 Cas9 靶向编码区时，功能缺失（LOF）突变可能会由于移码插入缺失而发生，从而产生无功能的蛋白质。这些功能使 Cas9 非常适合进行基因组编辑 [7]。除了产生 LOF 突变外，Cas9 还可以通过将无催化活性的 Cas9（dCas9）融合到转录激活和抑制域来调节转录，而不会改变基因组序列 [8,9]。CRISPR 激活（CRISPRa）和 CRISPR 抑制（CRISPRi）可以通过直接融合或募集激活和抑制域（例如 VP64 和 KRAB）来实现 [10]。

与大型混合单向导 RNA（sgRNA）文库一起，Cas9 可以介导许多表型的高通量 LOF 和功能获得（GOF）研究，并阐明复杂的生物学问题。作为 CRISPR-Cas9 系统用于筛选的实用性证明，基因组规模的 CRISPR-Cas9 敲除（GeCKO）和协同激活介体（SAM）文库被用于鉴定敲除或激活后对 BRAF 抑制剂 vemurafenib 产生抗性的基因 [9,11]。既往大多数筛选是在体外系统中进行的，但也有研究在体内利用 CRISPR-Cas9 探索了形成非转移性肺癌细胞系转移的关键因素 [12,13]。CRISPR-Cas9 筛选还被扩展到非编码基因组，方法是将 sgRNA 靶向非编码基因位点，以发现非编码基因位点（如 BCL11A 增强子、POU5F1 基因座和 CUL3 基因座以及 p53 和 ESR1 转录因子结合位点）中的功能元件 [14-17]。

9.2　实验设计

9.2.1　筛选方法

通常来说，筛选方式有两种：阵列筛选和混合筛选。对于阵列筛选，不同 CRISPR 试剂被加入多孔板的不同孔中。这种方式虽然可以方便检测荧光、发光，甚至是直接成像的细胞表型，但昂贵且费时。另一种广泛用于 Cas9 筛选的方法是混合筛选，混合的慢病毒文库以较低的感染复数（MOI）进行转导，以确保大多数细胞只接受一个稳定的整合 RNA 引导。筛选完成后，在基因组 DNA 中对 sgRNA 进行深度测序，识别筛选选择导致的 sgRNA 分布的变化。因此，混合筛选比阵列筛选更便宜、更节约时间，但混合筛选通常局限于是否有生长表型或荧光激活的细胞分选（FACS）的选择性表型。表型选择可分为阳性（如对药物、毒素或病原体的抗性）、阴性（如重要基因、毒性）或标记基因选择（如报告基因表达）。无论筛选选择的类型是什么，二代测序都可用于比较受干扰的实验条件和对照之间每个 sgRNA 的读取（reads），以鉴定候选基因进行验证。对于阳性和阴性筛选，实验条件和对照条件可以是分别用药物和载体处理或在两个不同的时间点的相同感染。在标记基因的筛选中，流式细胞仪筛选出标记基因表达量最高和最低的细胞作为实验条件和对照条件。

9.2.2　sgRNA 文库的设计和选择

尽管每个 sgRNA 文库都是为特定目的而计算设计的，但基本的设计过程在文库之间是一致的。首先，根据已知的 sgRNA 靶向规则（如保守外显子 5′用于基因敲除，转录起始位点的上游或下游分别用于转录激活或抑制），确定感兴趣的靶向 sgRNA 文库的基因组区域。其次，根据以下四个标准识别和选择 Cas9 同源特异性前间区序列邻近基序（PAM）的所有可能的 sgRNA 靶标，要求：①脱靶活性最小化；②靶标活性最大化；③避免同聚体延伸（如 AAAA、GGGG）；④一定的 GC 含量。近期的研究开始阐明决定 sgRNA 特异性和效率的特征。尽管特异性和效率可能会因实验设置而异，但仍然可以通过在文库中包含多余的 sgRNA，并在鉴定筛选时针对同一表型基因设计多条不同的 sgRNA 来缓解筛选中的假阳性 sgRNA。一旦选择了靶向 sgRNA，额外的不针对基因组的非靶标向导 RNA 应该作为阴性对照。非靶标向导对于评估筛选的干扰和成功因素至关重要。在筛选的最后，实验条件下的最佳靶标向导要比在对照条件下富集或减少很多，而非靶标向导在实验条件和对照条件下均保持相对不变。

Addgene 提供了几个进行敲除和激活筛选的全基因组文库。对于敲除基因的筛选，GeCKO v2 文库靶向 19050 个人类或 20611 个小鼠编码基因的 5′端保守编码外显子，每个基因有 6 个 sgRNA。除了针对编码基因，GeCKO v2 文库还针对 1864 个人类 miRNA 或 1175 个小鼠 miRNA，每个 miRNA 有 4 个 sgRNA。每个物种特异性文库包含 1000 个非靶向对照 sgRNA。GeCKO 文库可以使用 1 个载体（lentiCRISPR v2）或 2 个载体（lentiCas9-Blast 和 lentiGuide-puro）格式。为了进行激活筛选，协同激活介体（synergistic activation mediator, SAM）文库靶向转录起始位点上游的 200bp 区域，该区域包含 23430 个人类或 23439 个小鼠参考序列编码亚型，每个亚型有 3 个 sgRNA。该库必须以 2 个载体（lentiSAM v2 和 lenti MS2-P65-HSF1_Hygro）或 3 个载体［lenti dCAS-VP64_Blast, lenti MS2-P65-HSF1_Hygro 和 lenti sgRNA（MS2）_Puro 或 lenti sgRNA（MS2）_Zeo］格式与其他 SAM 效应子组合。GeCKO v2 和 SAM 库都优先使用具有最小的脱靶活性的 sgRNA。

为了设计定制文库，有些 python 软件脚本被用于生成针对指定基因组区域的一组基因的 sgRNA。软件脚本主要是通过计算候选间隔序列的错配和基因组中相似位点的位置和分布来优先考虑具有较少潜在脱靶位点的 sgRNA。人们可以很简单地采用脚本为不同的基因组、核酸酶或感兴趣的区域（如用于饱和诱变筛选的非编码区域或蛋白质功能域）设计文库。当已知有一个基因亚群参与了筛选表型表达和 / 或当细胞数量有限时，可以考虑进行靶向筛选，在提供的全基因组筛选中捕获一个基因亚群。此外，人们可以考虑使用 sgRNA 文库质粒主链来满足筛选的需要。例如，当在复杂组织中进行体内筛选时，可以使用细胞类型特异性启动子来确保只干扰感兴趣的细胞类型。要通过流式细胞术选择成功的转导，可以用荧光标记代替抗生素选择标记。

9.2.3 构建和递送 sgRNA 文库的方法

在整个 sgRNA 文库克隆和扩增过程中，要尽量减少任何可能影响筛选结果的潜在偏差。例如，在混合的 Oligo 文库合成过程的初始扩增中，应该限制

PCR 循环的数量，以防止在扩增过程中引入偏差。根据库的大小调整克隆过程的每个步骤，以减少 sgRNA 代表性的损失。sgRNA 文库转化后，限制生长时间以避免可能导致质粒扩增偏差的菌落竞争。

根据所需的用途，sgRNA 库可以由慢病毒、逆转录病毒或腺相关病毒（AAV）提供。慢病毒和逆转录病毒整合到基因组中，而腺相关病毒不整合，因此对于筛选，腺相关病毒的递送仅限于非分裂细胞。相反，逆转录病毒只转导分裂细胞。此外，与慢病毒和逆转录病毒相比，腺相关病毒的插入容量更小。因此，到目前为止，大多数的筛选依赖慢病毒递送。

9.2.4 选择 sgRNA

9.2.4.1 筛选结果分析

利用 CRISPR 进行基因组敲除和转录激活的筛选［以筛选 $BRAF^{V600E}$（A375）细胞系中对 BRAF 抑制剂维莫非尼（PLX）有抗性的基因为例］。由于选择压力，与基线和对照条件相比，实验条件下的 sgRNA 文库分布应产生显著偏差，靶向 sgRNA 和非靶向的 sgRNA 相比有明显的差异。此外，在实验条件和对照条件之间 sgRNA 的相对富集或缺失应该与不同的感染复制相关。根据筛选的类型（阳性、阴性或标记基因选择），sgRNA 的富集或缺失将被用来鉴定具有筛选表型的候选基因。

筛选分析方法，例如 RNAi 基因富集排序（RIGER）、冗余 siRNA 活性（RSA）、基于模型的全基因组 CRISPR-Cas9 敲除分析（MAGeCK）和 STARS，通常选择具有多个富集或缺失 sgRNA 的候选基因以减少由于单个 sgRNA 的脱靶活性而引起的 sgRNA 分布变化的可能性。RIGER 根据 sgRNA 的富集或缺失对其进行了排序，并针对每个基因检查了 sgRNA 在 sgRNA 列表中的位置。然后，使用 Kolmogorov-Smirnov 统计量评估位置集是否偏向于列表的顶部，并基于 Permutation test 计算富集分数和基因排序。RSA 与 RIGER 类似，不同之处在于 RSA 基于迭代超几何分布公式来分配统计显著性。另一种筛选分析方法 MAGeCK 使用负二项式模型评估 sgRNA 排名的统计显著性，然后使用鲁棒性排名聚合算法来确定阳性和阴性选择的基因和途径。STARS 使用二项式分布的概率质量函数对基因进行评分，并得出错误发现率。

这些筛选分析方法可以通过将非编码区域划分为更小的区域并为每个

区域分配 sgRNA 来适应非编码筛选。由于插入缺失的长度是不同的，多个 sgRNA 的一致富集或缺失的片段表明存在潜在的功能调控元件。在实验条件下，从筛选分析中确定的每个候选基因相对于对照应该有多个显著富集或缺失的 sgRNA。候选基因的 RIGER p 值也应明显低于其余基因。

9.2.4.2　候选基因的验证

考虑到筛选过程可能很复杂，并且分析产生了一个候选基因的排序列表，有必要验证已识别的候选基因对表型的干扰。为了验证，每个针对候选基因的 sgRNA 都可以单独克隆到 sgRNA 文库的质粒主链中，并验证其筛选表型。此外，还可以量化每个 sgRNA 诱导的干扰，分别用于敲除和激活筛选的插入缺失和转录激活率，以建立表型与基因型的关系。

插入缺失率可以用 SURVEYOR 核酸酶测定法或新一代测序技术测定，新一代测序技术更适合对大量 sgRNA 作用靶标位置进行采样。对于插入缺失率的测量，设计距离目标切割位点至少 50bp 的引物，对于检测较长的插入十分重要。本章靶向二代测序技术的方案涵盖了两步 PCR，其中第一步使用自定义引物扩增感兴趣的基因组区域，第二步使用通用的条形码引物在 Illumina 平台上进行多重深度测序。与推荐用于二代测序的 sgRNA 库的单步 PCR 方法相比，两步 PCR 方法更通用，而且成本更低，可以用于评估多种不同的靶标位点，因为每个靶标位点的自定义引物可以很容易地与不同的通用条形码引物组合。

在二代测序之后，插入缺失率可以通过运行 python 脚本来计算，该脚本有两种不同的算法。第一种方法使用 Ratcliff-Obershelp 算法对读取数据进行比对，然后从这个比对中找到插入或缺失区域。第二种方法改编自 Geneious aligner，扫描读取 k-mers 并映射比对以检测插入和缺失。在实际应用中，Ratcliff-Obershelp 比对算法更准确，而基于 k-mer 的比对算法更快。然后，通过最大似然估计（MLE）校正，调整这些插入缺失率以解决背景插入缺失率。最大似然估计校正将 Cas9 切割产生的真实插入缺失率和单独测量的背景插入缺失率结合起来，作为观察到的插入缺失率建模。真正的插入缺失率是在假设观察到的计数符合背景概率的二项分布的前提下，最大化观察到的读数计数的概率。

测量转录激活通常需要分离 RNA，由 RNA 到 cDNA 的逆转录，以及定量

PCR（qPCR）。流程的每个步骤都有各种不同的方法，在本方案中介绍了一种用于 qPCR 的逆转录方法，该方法快速、高通量且经济高效，因此非常适合定量上调倍数以进行验证。该方法包括直接裂解 96 孔板上生长的细胞，然后进行反转录和 TaqMan qPCR。基于 TaqMan 的检测比基于 SYBR 的检测更具特异性和可重复性，因为它依赖于靶向目标基因的荧光探针，而 SYBR 依赖 dsDNA 结合染料。TaqMan 还允许与对照探针多路技术复用，这些探针作为总 RNA 浓度的替代指标可测量管家基因的表达。

在对筛选表型和干扰进行验证后，建议分别验证用于敲除或转录激活筛选的蛋白表达的下调或上调。免疫组织化学和 Western blot 是两种最常用的蛋白表达检测方法。免疫组织化学需要固定验证细胞系并使用特异性抗体检测靶蛋白，而 Western blot 则需要收集蛋白并在特异性抗体染色前进行电泳分离。虽然免疫组织化学提供了关于蛋白质定位的额外信息，但它通常需要比 Western blot 更特异的抗体，因为免疫组织化学法中蛋白质不是按大小分开的。因此，优选 Western blot 来验证候选基因的蛋白表达。

9.3　材料

9.3.1　试剂

9.3.1.1　sgRNA 库和载体主链

- lentiCRISPR v2（Addgene, cat. no. 52961）。
- lentiCas9-Blast（Addgene, cat. no. 52962）。
- lentiGuide-Puro（Addgene, cat. no. 52963）。
- lenti dCAS-VP64_Blast（Addgene, cat. no. 61425）。
- lenti MS2-P65-HSF1_Hygro（Addgene, cat. no. 61426）。
- lenti sgRNA（MS2）_Zeo backbone（human; Addgene, cat. no. 61427）。
- lenti sgRNA（MS2）_Puro backbone（human; Addgene, cat. no. 73795）。
- lenti sgRNA（MS2）_Puro optimized backbone（mouse; Addgene, cat. no. 73797）。
- lentiSAMv2 backbone（human; Addgene, cat. no. 75112）。
- Human GeCKO v2 Library, 1 plasmid system（Addgene, cat. no. 1000000048）。

• Human GeCKO v2 Library, 2 plasmid system（Addgene, cat. no. 1000000049）。

• Mouse GeCKO v2 Library, 1 plasmid system（Addgene, cat. no. 1000000052）。

• Mouse GeCKO v2 Library, 2 plasmid system（Addgene, cat. no. 1000000053）。

• Human SAM Library, Zeo, 3 plasmid system（Addgene, cat. no. 1000000057）。

• Human SAM Library, Puro, 3 plasmid system（Addgene, cat. no. 1000000074）。

• Mouse SAM Library, Puro optimized, 3 plasmid system（Addgene, cat. no. 1000000075）。

• Human SAM library, lentiSAMv2, 2 plasmid system（Addgene, cat. no. 1000000078）。

9.3.1.2 常规 sgRNA 文库克隆

• 混合的 Oligo 文库（Twist Bioscience 或 CustomArray）。

• 用于扩增 Oligo 文库以进行克隆的 PCR 引物。长度大于 60bp 的引物可作为 4nmol 超聚物（Integrated DNA technologies）订购。

• 高保真 PCR 预混液，2×（New England BioLabs, cat. no. M0541L）。为了最大限度地减少寡核苷酸扩增中的错误，使用高保真聚合酶非常重要。其他高保真聚合酶，例如 PfuUltra Ⅱ（Agilent）或 Kapa HiFi（Kapa Biosystems）也可以用作替代品。为了扩增高多样性文库（例如 sgRNA 文库），推荐使用 NEBNext 高保真 PCR 预混液。

• 不含 DAN 酶 /RNA 酶的超纯蒸馏水（Thermo Fisher, cat. no. 10977023）。

• QIAquick PCR 纯化试剂盒（Qiagen, cat. no. 28104）。

• QIAquick 凝胶提取试剂盒（Qiagen, cat. no. 28704）。

• TBE 缓冲液，10×（Thermo Fisher, cat. no. 15581028）。

• SeaKem LE 琼脂糖（Lonza, cat. no. 50004）。

• SYBR Safe DNA 染料, 10000×（Thermo Fisher, cat. no. S33102）。

• 1kb Plus DNA ladder（Thermo Fisher, cat. no. 10787018）。

• 50bp DNA ladder（Thermo Fisher, cat. no. 10416014）。

• TrackIt Cyan/Orange 缓冲液（Thermo Fisher, cat. no. 10482028）。

• FastDigest Esp3 Ⅰ（BsmB Ⅰ; Thermo Fisher, cat. no. FD0454）。

• FastAP 热敏碱性磷酸酶（Thermo Fisher, cat. no. EF0651）。

• DTT, 分子等级（Promega, cat. no. P1171）。

- Gibson Assembly Master Mix（New England BioLabs, cat. no. E2611L）。

- GlycoBlue Coprecipitant（Thermo Fisher, cat. no. AM9515）。

- 异丙醇（Sigma-Aldrich, cat. no. I9516-25mL）。

- 氯化钠溶液（Sigma-Aldrich, cat. no. 71386-1L）。

- Tris-EDTA 缓冲液（Sigma-Aldrich, cat. no. 93283-100mL）。

9.3.1.3 sgRNA 质粒扩增

- LB 琼脂，现成的琼脂粉（Affymetrix, cat. no. 75851）。

- LB 肉汤，现成的粉末（Affymetrix, cat. no. 75852）。

- 氨苄青霉素，100mg/mL，无菌过滤（Sigma-Aldrich, cat. no. A5354）。

- Endura 电感受态细胞（Lucigen, cat. no. 60242）。关键：高效感受态细胞（>10^{10}cfu/μg）减少了获得足够的 sgRNA 文库代表所需的电穿孔次数。

- NucleoBond Xtra Maxi EF（Macherey-Nagel, cat. no. 740424.10）。关键：无内毒素的质粒纯化试剂盒对于避免病毒生产和哺乳动物细胞培养中的内毒性至关重要。其他无内毒素的质粒纯化试剂盒，例如 Qiagen Plasmid Plus Midi 试剂盒，可以用作替代品。

- One Shot Stbl3 化学诱导感受态 *E. coli*（Thermo Fisher, cat. no. C737303）。

- SOC 培养基（New England BioLabs, cat. no. B9020S）。

- NucleoBond Xtra Midi EF（Macherey-Nagel, cat. no. 740420.50）。关键：无内毒素的质粒纯化试剂盒对于避免病毒生产和哺乳动物细胞培养中的内毒性至关重要。其他无内毒素的质粒纯化试剂盒，例如 Qiagen Plasmid Plus Maxi 试剂盒，可以用作替代品。

9.3.1.4 二代测序

- 用于扩增二代测序的文库的引物，用于扩增二代测序插入缺失的引物。长度大于 60bp 的引物可以订购为 4 nmol 超级单体（Integrated DNA technologies）。

- KAPA HiFi HotStart ReadyMix, 2×（Kapa Biosystems, cat. no. KK2602）。关键：为了最小化扩增 Oligo 时的错误，使用高保真聚合酶非常重要。其他高保真聚合酶，例如 PfuUltra Ⅱ（Agilent）或 Kapa HiFi（Kapa Biosystems），也可以用作替代品。为了扩增用于插入缺失分析的 gDNA，建议使用 KAPA HiFi HotStart ReadyMix。

- Qubit dsDNA HS 检测试剂盒（Thermo Fisher, cat. no. Q32851）。

• NextSeq 500/550 High Output Kit v2（150 cycle; Illumina, cat. no. FC-404-2002）。

• MiSeq Reagent Kit v3（150 cycle; Illumina, cat. no. MS-102-3001）。

• MiSeq Reagent Kit v2（300 cycle; Illumina, cat. no. MS-102-2002）。

• PhiX Control Kit v3（Illumina, cat. no. FC-110-3001）。

• 氢氧化钠溶液，10mol/L（Sigma-Aldrich, cat. no. 72068-100mL）。注意：穿防护服并避免接触 10mol/L 氢氧化钠，如果皮肤接触，眼睛接触，食入和吸入会非常危险。

• Tris, pH 7.0（Thermo Fisher, cat. no. AM9850G）。

9.3.1.5　哺乳动物细胞培养

• HEK293FT（Thermo Fisher, cat. no. R70007）。注意：定期检查细胞系，确保它们是可靠的且没有感染支原体。

• DMEM，高糖，补充谷氨酰胺，丙酮酸（Thermo Fisher, cat. no. 10569010）。

• 青霉素 - 链霉素双抗，100×（Thermo Fisher, cat. no. 15140122）。

• 优质胎牛血清（VWR, cat. no. 97068-085）。

• TrypLE Express，无酚红（Thermo Fisher, cat. no. 12604021）。

• HUES 66 细胞系（Harvard Stem Cell Science）。注意：定期检查细胞系，以确保它们是可靠的且未感染支原体。

• Geltrex LDEV-free 无生长因子基底膜基质（Thermo Fisher, cat. no. A1413202）。

• mTeSR1 培养基（Stemcell Technologies, cat. no. 05850）。

• 诺莫霉素（InvivoGen, cat. no. ant-nr-1）。

• Rho 相关蛋白激酶（ROCK）抑制剂（Y-27632; Millipore, cat. no. SCM075）。

• 细胞消化液（Stemcell Technologies, cat. no. 07920）。

• Dulbecco's PBS（DPBS; Thermo Fisher, cat. no. 14190250）。

9.3.1.6　慢病毒的产生和滴度

• Opti-MEM I 还原血清培养基（Thermo Fisher, cat. no. 31985062）。

• pMD2.G（Addgene, cat. no. 12259）。

• psPAX2（Addgene, cat. no. 12260）。

• pcDNA3-EGFP 转染控制质粒（Addgene, cat. no. 13031）。

• Lipofectamine 2000 转染试剂（Thermo Fisher, cat. no. 11668019）。

- PLUS 试剂（Thermo Fisher, cat. no. 11514015）。

- Polyethylenimine HCl MAX，线性，分子量 40000（PEI Max; Polysciences, cat. no. 24765-1）。

- 聚凝胺（Hexadimethrine bromide; Sigma-Aldrich, cat. no. 107689-10G）。

- Blasticidin S HCl（Thermo Fisher, cat. no. A1113903）。

- 二盐酸嘌呤霉素（Thermo Fisher, cat. no. A1113803）。

- 潮霉素 B（Thermo Fisher, cat. no. 10687010）。

- 博来霉素（Thermo Fisher, cat. no. R25001）。

- CellTiter-Glo 发光细胞活力测定（Promega, cat. no. G7571）。

9.3.1.7　筛选和验证

- Quick-gDNA MidiPrep（Zymo Research, cat. no. D3100）。

- DNA 结合缓冲液（Zymo Research, cat. no. D4004-1-L）。

- DNA 洗涤缓冲液（Zymo Research, cat. no. D4003-2-24）。

- DNA 洗脱缓冲液（Zymo Research, cat. no. D3004-4-4）。

- 纯乙醇（Sigma-Aldrich, cat. no. 459844-500mL）。

- 用于克隆验证 sgRNA 的引物（Integrated DNA technologies）。

- T4 多核苷酸激酶（New England BioLabs, cat. no. M0201S）。

- T4 DNA 连接酶反应缓冲液，10×（New England BioLabs, cat. no. B0202S）。

- T7 DNA 连接酶 2× 快速连接缓冲液（Enzymatics, cat. no. L6020L）。

- 牛血清蛋白，分子生物学等级（New England BioLabs, cat. no. B9000S）。

- QuickExtract DNA 提取溶液（Epicentre, cat. no. QE09050）。

- RNase AWAY（VWR, cat. no. 53225-514）。

- 蛋白酶 K（Sigma-Aldrich, cat. no. P2308-25mg）。

- Tris, 1mol/L, pH 8.0（Thermo Fisher, cat. no. AM9855G）。

- Deoxyribonuclease Ⅰ bovine（Sigma-Aldrich, cat. no. D2821-50KU）。

- UltraPure 1mol/L Tris-HCl 缓冲液，pH 7.5（Thermo Fisher, cat. no. 15567027）。

- 氯化钙溶液（Sigma-Aldrich, cat. no. 21115-1mL）。

- 甘油（Sigma-Aldrich, cat. no. G5516-100mL）。

- $MgCl_2$, 1mol/L（Thermo Fisher, cat. no. AM9530G）。

- Triton X-114（Sigma-Aldrich, cat. no. X114-100mL）。

- 蛋白酶 K 抑制剂（EMD Millipore, cat. no. 539470-10mg）。
- 二甲亚砜（Sigma-Aldrich, cat. no. D8418-50mL）。
- 乙二醇 - 双（2- 氨基乙基醚）- *N, N, N′, N′* - 四乙酸（SigmaAldrich, cat. no. E3889-10g）。
- RevertAid RT 逆转录试剂盒（Thermo Fisher, cat. no. K1691）。
- Oligo dT（TTTTTTTTTTTTTTTTTTTTNN; Integrated DNA Technologies）。
- TaqMan 目标探针，FAM 染料（Thermo Fisher）。
- Taqman 内源性对照探针，VIC 染料（如 Human GAPD, GAPDH，内源对照 VIC®/MGB 探针，引物限制性；Thermo Fisher, cat. no. 4326317E）。
- TaqMan Fast Advanced Master Mix, 2×（Thermo Fisher, cat. no. 4444557）。

9.3.2 耗材及设备

- Axygen 八连排 PCR 管（Fisher Scientific, cat. no. 14-222-250）。
- Axygen PCR 96 孔板（VWR, cat. no. PCR-96M2-HS-C）。
- 384 孔光学板（Roche, LightCycler 480 Multiwell plate 384, cat. no. 5102430001）。
- Axygen 1.5mL 防油微量离心管（VWR, cat. no. 10011-702）。
- 离心管，聚丙烯，15mL（Corning cat. no. 352097）。
- 离心管，聚丙烯，50mL（Corning, cat. no. 352070）。
- 无菌过滤吸头（如 Rainin）。
- 100mm×15mm 未经 TC 处理的细菌培养皿（Corning, cat. no. 351029）。
- 245mm 方形生物测定皿，无手柄，未经 TC 处理（Corning, cat. no. 431111）。
- VWR 细菌细胞涂布器（VWR, cat. no. 60828-688）。
- AirPore 胶带纸（Qiagen, cat. no. 19571）。
- Nunc EasYFlask 25cm², Filter Cap, 7mL 工作体积（T25 flask; Thermo Scientific, cat. no. 156367）。
- Nunc EasYFlask 75cm², Filter Cap, 25mL 工作体积（T75 flask; Thermo Scientific, cat. no. 156499）。
- Nunc EasYFlask 225cm², Filter Cap, 70mL 工作体积（T225 flask; Thermo Scientific, cat. no. 159934）。
- Corning 瓶顶真空过滤系统，0.22μmol/L（Sigma-Aldrich, cat. no. CLS431098）。
- Stericup filter unit, 0.45μmol/L（Millipore, cat. no. SCHVU02RE）。

- 针筒过滤器，0.45μmol/L（Millipore, cat. no. SLHV013SL）。
- 带有 Luer-Lok 的一次性注射器（Fisher Scientific, cat. no. 14-829-45）。
- Falcon 组织培养板，6 孔（Corning, cat. no. 353224）。
- Falcon 组织培养板，12 孔（Corning, cat. no. 353043）。
- Falcon 组织培养皿，100mm（Corning, cat. no. 353003）。
- 96 孔平底透明底部黑色聚苯乙烯 TC 处理的微孔板（Corning, cat. no. 3904）。
- BD BioCoat 透明 Poly-D- 赖氨酸 96 孔透明平底 TC 处理的微孔板（Corning, cat. no. 356461）。
- Cellometer SD100 计数腔（Nexcelom Bioscience, cat. no. CHT4- SD100-002）。
- Zymo-Spin V with Reservoir（Zymo Research, cat. no. C1016-25）。
- 收集管，2mL（Zymo Research, cat. no. C1001-25）。
- Amicon Ultra-15 带有 Ultracel-100 膜的离心过滤器（Millipore, cat. no. UFC910008）。
- 具有可编程温度步进功能的热循环仪，96 孔（如 Applied Biosystems Veriti, cat. no. 4375786）。
- 实时 PCR 系统，384 孔（如 Roche Lightcycler 480 cat. no. 05015243001）。
- 台式微量离心机（如 Eppendorf, cat. no. 5424 and 5804）。
- Eppendorf ThermoStat C（Eppendorf, cat. no. 5383000019）。
- Gene Pulser Xcell Microbial System（Bio-Rad, cat. no. 1652662）。
- 数字凝胶成像系统（GelDoc EZ, Bio-Rad, cat. no. 170-8270），蓝色样品盘（Bio-Rad, cat. no. 170-8273）。
- 蓝光透照器和橙色滤镜（Safe Imager 2.0; Invitrogen, cat. no. G6600）。
- 凝胶定量软件［Bio-Rad, Image Lab 或 ImageJ, National Institutes of Health (NIH), USA］。
- 紫外分光光度计（如 NanoDrop 2000c, Thermo Scientific）。
- 平板分光光度计（如 Synergy H4 Hybrid Multi-Mode Microplate Reader, BioTek）。
- Qubit 分析管（Thermo Fisher, cat. no. Q32856）。
- 量子位荧光计（Thermo Fisher, cat. no. Q33216）。
- MiSeq 系统（Illumina, cat. no. SY-410-1003）。
- NextSeq 500/550 系统（Illumina, cat. no. SY-415-1001 和 SY-415-1002）。

• 细胞计数器（如 Cellometer Image Cytometer, Nexcelom Bioscience）。

• Sorvall Legend XTR 离心机（Thermo Fisher, cat. no. 75004520）。

• Python 2.7（https://www.python.org/downloads/）。

• Twobitreader（https://pypi.python.org/pypi/twobitreader）。

• Biopython（http://biopython.org/DIST/docs/install/Installation.html）。

9.3.3 试剂制备

① TBE 电泳溶液　将 TBE 缓冲液在蒸馏水中稀释至 1 倍工作浓度，在室温（18 ～ 22℃）下最多保存 6 个月。

② 80% 乙醇　使用前在超纯水中准备 80% 乙醇。

③ D10 培养基　用于培养 HEK 293FT 细胞，在 DMEM 中加入谷氨酰胺和体积分数 10% FBS 制备 D10 培养基。为了常规的细胞系培养和维护，D10 可进一步补充 1× 青霉素 - 链霉素。培养液在 4℃下可保存 1 个月。

④ mTeSR1 培养基　用于培养人类胚胎干细胞（hESCs），通过向 mTeSR1 培养基中补充培养基和 100μg/mL 诺莫霉素来制备。配好的培养基可以在 4℃下保存 2 个月。

⑤ 蛋白酶 K，300U/mL　将 25mg 蛋白酶 K 重悬于 2.5mL 的 10mmol/L Tris, pH 8.0 中，使 10mg/mL（300U/mL）的蛋白酶 K 重悬。在 4℃下最多保存 1 年。

⑥ 50kU/mL 的脱氧核糖核酸酶 I　将 50kU 的脱氧核糖核酸酶 I 重悬在含有体积分数 50% 甘油，10mmol/L $CaCl_2$ 和 50mmol/L Tris-HCl（pH 7.5）的溶液中，用于 50kU/mL 脱氧核糖核酸酶。在 -20℃下存储最多 2 年。

⑦ RNA 裂解缓冲液　用 9.6mmol/L Tris-HCl（pH7.8）、0.5mmol/L $MgCl_2$、0.44mmol/L $CaCl_2$、10μmol/L DTT，质量浓度 1g/L Triton X-114 和 3U/mL 蛋白酶 K 在超纯水中制备溶液。溶液的最终 pH 应约为 7.8（表 9.1）。在 4℃下最多保存 1 年。注意：在无 RNase 的条件下准备溶液。

⑧ EGTA，0.5mol/L，pH8.3　将 EGTA 重悬在超纯水中，并用 10mol/L NaOH 将溶液的 pH 调节至 8.3。注意：EGTA 对光敏感，可以在 4℃的无光照条件下保存长达 2 年。在无 RNA 酶的条件下制备溶液（表 9.2）。取等分试样以测量 pH 值，以防止原液被 pH 探针污染。

表 9.1　RNA 裂解缓冲液

成分	体积 /mL	终浓度
Tris, pH8.0, 1mol/L	1.2	4.8mmol/L
Tris, pH7.5, 1mol/L	1.2	4.8 mmol/L
$MgCl_2$, 1 mol/L	0.125	0.5 mmol/L
$CaCl_2$, 1mol/L	0.110	0.44 mmol/L
DTT, 0.1mol/L	0.025	10μmol/L
蛋白酶 K, 300U/mL	2.5	3U/mL
Triton X-114, 100g/L	2.5	1g/L
超纯水	242	
总计	250	

表 9.2　EGTA 液

成分	质量或体积	终浓度
EGTA	9.5g	0.5mol/L
Tris, pH8.0, 1mol/L	3.125mL	0.0625mol/L
NaOH, 10mol/L	6.1mL	1.22mol/L
超纯水	加至 50mL	
总计	50mL	

⑨ RNA 裂解终止液　将 10mg 蛋白酶 K 抑制剂重悬于 150μL DMSO 中，终浓度为 100mmol/L。与 0.5mol/L，pH8.3 的 EGTA 混合在超纯水中，形成 1mmol/L 蛋白酶 K 抑制剂，90mmol/L EGTA 和 113μmol/L DTT 的终极溶液（表 9.3）。分装到 8 个 PCR 试管中，以避免反复冻融，并且便于用移液器进行样品处理。在 −20℃最多储存 1 年。关键：在无 RNAse 的条件下制备溶液。

表 9.3　RNA 裂解终止液

成分	体积 /mL	终浓度
蛋白酶 K 抑制剂，100mmol/L	0.150	1mmol/L
EGTA, 0.5mol/L, pH8.3	2.694	90mmol/L
DTT, 0.1mol/L	0.017	113μmol/L
超纯水	12.14	
总计	15	

⑩ Oligo dT，100μmol/L　在超纯水中重悬 Oligo dT 至 100μmol/L。分装并存储在 −20℃下可长达 2 年。

9.3.4 材料准备

① 大 LB 琼脂平板（245mm² 的生物检测皿，氨苄青霉素）

将 LB 肉汤与琼脂以 35g/L 的浓度溶解于去离子水中，混合搅拌。高压灭菌器灭菌。将 LB 琼脂冷却至 55℃，然后再添加氨苄青霉素至终浓度 100μg/mL，涡旋混合。在无菌工作台上，每个 245mm² 的生物测定皿倒入约 300mL 的 LB 琼脂。将盖子放在平板上，让其冷却 30 ~ 60min，直到凝固。把平板倒过来，静置几个小时或一整夜。琼脂板可储存在塑料袋中，或在 4℃ 下用封口膜密封，最长可保存 3 个月。

② 标准 LB 琼脂板（100mm 培养皿，氨苄青霉素）

标准 LB 琼脂平板与大型 LB 琼脂平板相似，但每 100mm 培养皿中倒入约 20mL LB 琼脂。在 4℃ 下保存最多 3 个月。

9.3.5 步骤

9.3.5.1 设计自定义的 sgRNA 文库

时间 3 ~ 5 周，1 周实际操作。

① 通过设计和克隆一个自定义的 sgRNA 库（步骤①~⑰）或从 Addgene 扩增一个现成的库（跳至步骤⑱）来构建一个混合 sgRNA 库。用 python 脚本设计针对基因组坐标集或现有库的子集的文库。

A. 生成针对自定义基因组坐标的文库

a. 文库一代 python 脚本的安装要求。python 脚本 design_library.py 会生成一组靶向指定基因组坐标的 sgRNA。安装 python 2.7，twobitreader，biopython 和 seqmap。对于 seqmap，安装适用于所有平台的版本 1.0.13 源代码，并使用 g++ - O3 -m64 -o seqmap match.cpp 进行编译。将 seqmap 放在与 python 脚本 design_library.py 相同的文件夹中。

b. 输入靶标基因组坐标进行文库设计。一旦确定了自定义 sgRNA 库的一组基因和坐标，从左到右在每一列中准备一个包含基因名称、染色体、目标区域开始和结束的靶标基因 csv 文件。靶标基因 csv 文件应该包含标题名称、chrom、开始和结束。提供的 python 脚本将识别靶向基因组区域内每个基因的潜在 sgRNA，如靶标基因 csv 文件中所述。参考表 9.4 中的示例输入文件。

表 9.4　靶标基因 csv 文件

名称	chrom	开始	结束
EGFR	chr7	55086525	55086725
LPAR5	chr12	6745297	6745497
GPR35	chr2	241544625	241544825

c. 设计自定义文库。从 UCSC genome Browser（http://hgdownload.cse.ucsc.edu/）下载靶标基因坐标对应的基因组 2bit 文件。基因组 2bit 文件将用于构建一个基于每个间隔序列和基因组中相似序列之间的不匹配位置和分布的脱靶分数数据库。对于靶标基因 csv 文件中的每个区域，python 脚本将识别潜在的 sgRNA，并使用此数据库作为自定义库，选择指定数量的 sgRNA 和更少的潜在脱靶位点。要设计自定义库，运行 python design_library.py，并使用以下可选参数（表 9.5）。

表 9.5　参数

标示	描述	默认文件
-o	输出 csv 文件，其名称为：目标基因，间隔子序列，间隔子方向，染色体位置，切割位点位置，脱靶得分和寡核苷酸库序列的名称（从左到右）	final_guides.csv
-i	输入基因组 2bit 文件的前缀	hg19
-g	目标基因 csv 文件，包含基因名称、染色体、目标区域的起始点和目标区域的结束点，从左至右排列	genes.csv
-gc	sgRNA 间隔序列所需的最低 GC 含量	25
-s	针对同一基因组区域的 sgRNA 的切割位点之间需要的最小间距	20
-n	针对目标基因 csv 文件中每个基因选择的最大引导数	3
-db	使用从以前的自定义库设计构建的现有脱靶数据库来建立新库	False
-gecko 或 -sam	指定文库的类型，并将相应的侧翼序列添加到间隔子中，以合成寡核苷酸文库	Neither

在针对大型基因组区域（>50kb）设计 sgRNA 时，建议将靶标基因 csv 文件拆分成包含不同靶标基因子集的几个文件，以并行运行文库设计过程，节约运行时间。在 design_library 运行后，将目标指定基因组坐标的间隔序列写入输出 csv 文件。当设计一个新的自定义库，且目标是与以前的自定义库相同的基因组区域时，使用以前构建的脱靶数据库可以显著减少脚本执行时间。如果指定 -gecko 或 -sam，则包含用于合成的间隔和各自侧翼序列的整个 Oligo 库序列将位于最后一列。

B. 从现有库生成目标库

a. 输入靶标基因进行文库设计。python 脚本 design_targeted_library.py 从针对特定基因组的现有库中提取 sgRNA 间隔子。安装 python 2.7（https://www.python.org/downloads/）。确定了靶向筛选的一组基因后，准备一个 csv 文件，其中包含靶标基因的名称，每行对应一个基因。为带注释的基因组级的文库准备另一个 csv 文件，第一列是每个基因的名称，第二列是各自的间隔序列。每一行包含一个不同的间隔序列。靶标基因文件中的基因名称应该与注释库文件中的名称采用相同的格式。

b. 设计有针对性的自定义文库。使用以下可选参数（表 9.6）运行 python design_targeted_library.py，从基因组规模文库中分离与靶标基因相对应的间隔子集。

表9.6　参数

标示	描述	默认文件
-o	输出 csv 文件，其名称为目标基因，间隔子序列，间隔子方向，染色体位置，切割位点位置，脱靶得分和寡核苷酸库序列的名称（从左到右）	oligos.csv
-1	带注释的库 csv 文件，第一列中有名称，第二列中有相应的间隔序列	annotated_library.csv
-g	具有目标基因名称的目标基因 csv 文件	target_genes.csv
-gecko 或 -sam	指定文库的类型，并将相应的侧翼序列添加到间隔子中，以合成寡核苷酸文库	Neither

在 design_targeted_library 运行后，将靶基因的间隔子集写入输出 csv 文件。如果指定 -gecko 或 -sam，则包含用于合成间隔和各自侧翼序列的整个 Oligo 库序列将位于最后一列。

② 通过 DNA 合成平台（例如 Twist Bioscience 或 CustomArray）合成 Oligo 文库为阵列作为混合文库。合成通常需要 2～4 周，具体取决于 Oligo 文库的大小。用封口膜封口并在 −20℃下储存寡核苷酸。

9.3.5.2　克隆自定义 sgRNA 文库

时间 2 天。

③ PCR 扩增混合 Oligo 文库

在整个 sgRNA 文库克隆过程中，请参照表 9.7 或每个克隆步骤中推荐的反应数，得到含有 100000 个 sgRNA 的文库，并根据自定义 sgRNA 文库的大小调整反应数。

表 9.7　每个克隆步骤中推荐的反应数

步骤	克隆程序	反应数
3～7	聚合寡核苷酸文库的 PCR 扩增	12
8～10	质粒骨架的限制性内切	16
11～12	Gibson 组装	10 个含 sgRNA 插入物，5 个对照
13～17	异丙醇沉淀	10 个含 sgRNA 插入物，5 个对照

使用 Oligo 正向和 Oligo 反向引物扩增步骤 ② 中的 Oligo 库。根据表 9.8 列出的反应比制备主混合物。

表 9.8　制备主混合物反应比

成分	体积/μL	终浓度
NEBNext 高保真 PCR 预混液，2×	12.5	1×
步骤 ② 中的汇集的 Oligo 库模板	1	0.04ng/μL
Oligo-Fwd 引物（通用）	1.25	0.5μmol/L
Oligo-Knockout-Rev 或 Oligo-Activation-Rev 引物	1.25	0.5μmol/L
超纯水	9	
总计	25	

关键步骤：为了最大限度地减少 Oligo 扩增错误，使用高保真聚合酶非常重要。其他高保真聚合酶，例如 PfuUltra Ⅱ（Agilent）或 Kapa HiFi（Kapa Biosystems），也可以用作替代品。

④ 将 PCR 预混液分装成 25μL 反应液，并使用以下循环条件（表 9.9）。

表 9.9　反应条件

循环数	变性	退火	延伸
1	98℃，30s		
2～21	98℃，10s	63℃，10s	72℃，15s
22			72℃，2min

关键步骤：在扩增过程中，将 PCR 循环周期限制在 20 个循环，以减少扩增过程中的潜在偏差。

⑤ 反应完成后，用 QIAquick PCR 纯化试剂盒对 PCR 产物进行纯化。用 NanoDrop 对产品进行量化。

⑥ 取一半步骤 ⑤ 中纯化的 Oligo 文库在质量浓度 20g/L 的琼脂糖凝胶上电泳 45min。关键步骤：在琼脂糖凝胶上电泳足够长的时间，以使目标文库（140bp）与可能的约 120bp 引物二聚体分离。在以上建议的优化 PCR 条件下，引物二聚体的存在应降至最低。

⑦ 凝胶提取纯化后的 PCR 产物使用 QIAquick 凝胶提取试剂盒提取，并使用 NanoDrop 对最终产物进行定量。

⑧ 质粒主链的限制酶切。用在 sgRNA 目标区域周围切割的限制酶 *Esp*3Ⅰ（*Bsm*BⅠ）酶切所需的文库质粒主链。请参考表 9.10 设置的预混料反应比。

表 9.10　预混料反应比

成分	体积/μL	终浓度
FastDigest Buffer, 10×	2	1×
文库质粒主链	1	50ng/μL
FastDigest *Esp*3Ⅰ（*Bsm*BⅠ）	1	
FastAP 热敏碱性磷酸酶	1	
DTT, 100mmol/L	0.2	1mmol/L
超纯水	14.8	
总计	20	

⑨ 从预混物中分装 20μL 反应液，并将限制性酶切反应液在 37℃下孵育 1h。

⑩ 反应完成后，将第 ⑨ 步的限制酶切反应液汇集起来，用 SYBR 染料在 TBE 缓冲液中浇铸 2% 的琼脂糖凝胶，并在 15V/cm 的凝胶中进行 30min 电泳。使用 QIAquick 凝胶提取试剂盒提取文库质粒主链，并使用 NanoDrop 进行定量。请注意，Gecko 库的主链包含一个 1880bp 的填充序列，它应该作为分离条带可见。SAM 库的主链不包含填充序列，通常不容易看到预期的 20bp 的缺失。

⑪ Gibson 组装。根据表 9.11 所示的反应比率，在冰上加入 Gibson 预混液。确保包含无 sgRNA 库的反应作为对照。

⑫ 从预混液中分装 20μL 反应液，然后将 Gibson 反应液在 50℃下孵育 1h。完成的 Gibson 反应可在 −20℃下储存至少 1 周。

⑬ 异丙醇沉淀。分别进行克隆和对照反应。通过混合表 9.12 所示步骤纯化和浓缩 sgRNA 文库。

表 9.11　反应比率

成分	质量或体积	终浓度
Gibson Assembly 预混液，2×	10μL	1×
步骤 ⑩ 已消化的文库质粒骨架	330ng	50ng/μL
步骤 ⑦ 中的 sgRNA 文库插入或超纯水对照	50ng	—
超纯水	加至 20μL	
总计	20μL	

表 9.12　纯化和浓缩步骤

成分	体积/μL	终浓度
Gibson Assembly 反应	20	—
异丙醇	20	—
GlycoBlue Coprecipitant	0.2	0.075μg/μL
NaCl 溶液，5mol/L	0.4	50mmol/L
总计	~40	

关键步骤：除了浓缩反应库外，异丙醇沉淀法还可从 Gibson 反应中除去干扰电穿孔的盐。

⑭ 涡旋并在室温下孵育 15min，然后在 >15000×*g* 下离心 15min 以沉淀质粒 DNA。沉淀的质粒 DNA 在离心管底部应显示为浅蓝色的小沉淀。

⑮ 吸出上清液，并用 1mL 冰冷（−20℃）的体积分数 80% 的乙醇轻轻洗涤沉淀两次。

⑯ 小心除去残留的乙醇，风干 1min。

⑰ 通过在 55℃ 下孵育 10min，将质粒 DNA 沉淀重悬于 5μL TE 中，并通过 NanoDrop 定量自定义的 sgRNA 文库。异丙醇纯化的 sgRNA 文库可以在 −20℃ 下保存几个月。

9.3.5.3　混合的 sgRNA 库的扩增

时间 2 天。

⑱ 混合的 sgRNA 文库转化。使用 Endura ElectroCompetent 细胞，以 50～100ng/μL 文库进行电穿孔。如果从 Addgene 扩增一个现成的基因组规模的文库，需对该文库中的每 10000sgRNA 重复 1 次电穿孔。如果扩增自定义 sgRNA 文库，则在文库中每 5000 个 sgRNA 中重复 1 次电穿孔，并为对照 Gibson 反应添加一个额外的电穿孔。

⑲ sgRNA 文库的每个电穿孔反应都需要在 37℃ 预热 1 个大 LB 琼脂平板（245mm² 生物测定皿，氨苄青霉素）。每个大 LB 琼脂平板均可替换为 10 个标准 LB 琼脂平板。预热 1 个标准 LB 琼脂板（100mm 培养皿，氨苄青霉素），用于计算 37℃ 时的电穿孔效率。为了扩增自定义 sgRNA 文库，请加入另外一个用于对照 Gibson 反应的标准 LB 琼脂平板。

⑳ 复苏 1h 后，混合电穿孔细胞，并颠倒混合均匀。

㉑ 准备稀释液以计算转化效率。准备稀释混合物，将 10μL 混合的电穿孔细胞添加到 990μL LB 培养基中进行 100 倍稀释，并充分混合。然后将 100μL 的 100 倍稀释液添加到 900μL 的 LB 培养基中以进行 1000 倍的稀释并充分混合。

㉒ 将 100μL 的 1000 倍稀释液接种到预热的标准 LB 琼脂平板上（来自步骤 ⑲ 的 100mm 培养皿，氨苄青霉素）。这是完全转化的 10000 倍稀释度，将用于估算转化效率。

㉓ 如果扩增自定义的 sgRNA 文库，重复步骤 ㉑～㉒ 的对照 Gibson 反应。

㉔ 要铺板混合的电穿孔细胞，向步骤 ⑳ 中混合的电穿孔细胞中加入 1 体积的 LB 培养基，混合均匀，然后铺在较大的 LB 琼脂平板（选项 A）或标准 LB 琼脂平板（选项 B）上。

A. 在大 LB 琼脂板上铺板

使用细胞涂布器将 2mL 电穿孔的细胞铺板到步骤 ⑲ 中的每个预热的大 LB 琼脂平板上。涂布液体培养物，直到被琼脂充分吸收，并且当平板倒置时不滴落。同时，确保液体培养基没有完全变干，变干会导致生长不良。

B. 在标准 LB 琼脂板上铺板

或者，使用与步骤 ㉔ A 中所述相同的技术，在步骤 ⑲ 中每个预热标准 LB 琼脂平板上接种 200μL 电穿孔细胞。关键步骤：均匀涂布电穿孔细胞对于防止可能导致 sgRNA 文库分布不均而造成的菌落竞争很重要。

㉕ 将所有 LB 琼脂板在 37℃ 下孵育 12～14h。关键步骤：限制细菌生长时间为 12～14h，确保 sgRNA 文库扩增有足够的生长时间，而没有通过菌落间竞争或菌落生长速率的差异而潜在影响 sgRNA 文库的分布。

㉖ 计算电穿孔效率。数一数 10000 倍稀释板上的菌落数目。将菌落的数量乘以 10000 和电穿孔的数量，就得到了所有平板上的菌落总数。如果从 Addgene 扩增现成的 sgRNA 文库，则仅当该库中每个 sgRNA 的菌落总数大

于 100 个菌落时才继续操作。如果扩增自定义 sgRNA 库，只有当库中每个 sgRNA 超过 500 个菌落时才继续。关键步骤：每个 sgRNA 获得足够数量的菌落对于确保保留完整的文库代表且扩增过程中 sgRNA 不会脱落至关重要。

㉗ 此外，要扩增自定义 sgRNA 文库，需计算对照 Gibson 反应的电穿孔效率，并且仅在 sgRNA 文库中每个电穿孔的菌落数比对照 Gibson 反应多 20 倍以上时，才进行操作。

㉘ 从 LB 琼脂平板上收集菌落。移取 10mL LB 培养基到每个大 LB 琼脂平板上，或 1mL LB 培养基到每个标准 LB 琼脂平板上。用细胞涂布器轻轻刮取菌落，并将刮取菌落的液体转移到 50mL 离心管中。

㉙ 对于每个 LB 琼脂平板，重复步骤 ㉘，共洗涤 2 次 LB 培养基以收集所有残留细菌。

㉚ 通过测量收获的细菌悬浮液的 OD_{600} 来计算所需的最大准备量（maxiprep）：maxiprep= OD_{600}*（悬浮液总体积）/1200。使用 Macherey-Nagel NucleoBond Xtra Maxi EF 试剂盒，maxiprep 扩增的 sgRNA 文库。关键步骤：使用无内毒素的质粒纯化试剂盒对于避免病毒产生和哺乳动物细胞培养中的内毒素至关重要。为确保质粒制备不含内毒素，重要的是在分光光度计的线性范围内（通常为 0.1 ～ 0.5 左右）将细菌悬浮液稀释至 OD_{600}，并测量稀释液的 OD_{600}。然后将 OD_{600} 乘以稀释倍数以获得细菌悬液的 OD_{600}。2 块密集接种的大 LB 琼脂平板大约需要 1 个 maxiprep。

㉛ 混合所得质粒 DNA 并通过 NanoDrop 进行定量。可以将 Maxiprepped sgRNA 文库等分并保存在 −20℃下。

9.3.5.4　二代测序确定 sgRNA 文库的 sgRNA 分布

时间 3 ～ 5 天。

㉜ 文库 PCR 用于二代测序。可使用 Illumina 衔接子序列扩增 sgRNA 靶区域。要为二代测序准备 sgRNA 文库，需为 10 个二代测序 -Lib-Fwd 引物和 1 个二代测序 -Lib-KO-Rev 或二代测序 -Lib-SAM-Rev 条码引物分别设置一个反应，如表 9.13 所示。

关键步骤：为每个文库使用不同的下游引物和独一无二的条形码，可以在一次 NextSeq 或 HiSeq 运行中聚合和测序不同的文库。与在多重 Miseq 中运行相同数量的库相比，这更高效且更划算。

表9.13　反应混合物

成分	体积/μL	终浓度
NEBNext 高保真 PCR 预混液，2×	25	1×
来自步骤 ㉛ 的合并的 sgRNA 文库模板	1	0.4ng/μL
NGS-LIB-Fwd 引物（唯一）	1.25	0.25μmol/L
NGS-Lib-KO-Rev 或 NGS-Lib-SAM-Rev 引物（条码）	1.25	0.25μmol/L
超纯水	21.5	
总计	50	

关键步骤：为了使扩增 sgRNA 的错误最小化，使用高保真聚合酶非常重要。其他高保真聚合酶，例如 PfuUltra Ⅱ（Agilent）或 Kapa HiFi（Kapa Biosystems），也可以用作替代品。

㉝ 使用表 9.14 所示循环条件进行 PCR。

表9.14　反应循环条件

循环数	变性	退火	延伸
1	95℃，5min		
2～13	98℃，20s	60℃，15s	72℃，15s
14			72℃，1min

㉞ 反应完成后，根据生产厂家的说明，使用 QIAquick PCR 纯化试剂盒，将 PCR 反应进行混合，对 PCR 产物进行纯化。

㉟ 定量 PCR 产物，并在 20g/L 琼脂糖凝胶上电泳 2μg 产物。成功敲除文库应产生约 260～270bp 的产物，对于激活文库应产生约 270～280bp 的产物。使用 QIAquick 凝胶回收试剂盒回收凝胶。凝胶提取的样品可以在 −20℃ 保存数月。

㊱ 使用 Qubit dsDNA HS 分析试剂盒对凝胶提取样品进行定量。

㊲ 根据 Illumina 用户手册，对 Illumina MiSeq 或 NextSeq 上的样品进行 80 个 read 1（forward）循环和 8 个 index 1 循环的测序。推荐在 MiSeq 上使用 5% PhiX 对照或在 NextSeq 上使用 20%PhiX 进行测序，以改善文库多样性，并争取覆盖文库中每个 sgRNA 大于 100 个读长。

㊳ 使用 count_spacers.py 分析测序数据。安装 python 2.7（https://www.python.org/downloads/）和 biopython（http://biopython.org/dist/docs/install/install.html）。准备一个包含引导间隔序列的 csv 文件，每行对应一个序列。

㊴ 要确定间隔分布，请使用表 9.15 所示可选参数运行 python count_spacers.py。

表 9.15　运行参数

标示	描述	默认文件
-f	包含 NGS 数据的 fastq 文件用于分析	NGS.fastq
-o	在第一栏中输出带有引导间隔序列的 csv 文件，在第二栏中输出相应的读取计数	library_count.csv
-i	输入带有引导间隔序列的 csv 文件	library_sequences.csv
-no-g	指示在引导间隔区序列之前没有鸟嘌呤	guanine is present

count_spacers 运行后，间隔子读取结果将写入输出的 csv 文件。相关的统计信息包括完全向导匹配的数量、非完全向导匹配的数量、无键的测序读取数量、处理的读取数量、完全匹配的向导百分比、未检测到的向导的百分比和倾斜比，将被写入 statistics.txt。理想的 sgRNA 文库应具有超过 70% 的完全匹配的引物，少于 0.5% 的未检测到的引物以及倾斜比小于 10。关键步骤：人类 SAM 文库在引导间隔区序列之前没有鸟嘌呤，因此在分析这些库时，请确保使用参数 -no-g 运行脚本。

9.3.5.5　慢病毒产生和滴度

时间 1 ～ 2 周。

㊵ 建立抗生素杀伤曲线。在生产慢病毒和滴度之前，建议绘制用于选择 sgRNA 文库的抗生素和相关细胞系中用于筛选的其他必要成分的杀伤曲线。为了做到这一点，种子细胞以 10% 的汇合度在含有一系列抗生素浓度的培养基中进行筛选。

㊶ 每 3 天更换一次含抗生素的培养基。4 ～ 7 天后，选择足以杀死所有细胞的最低浓度的抗生素。关键步骤：使用最低浓度的抗生素是很重要的，以避免选择过于严格而偏向于转导多个 sgRNA 的细胞。

㊷ HEK 293FT 培养。在 D10 培养基中于 37℃，5% 的 CO_2 的培养箱中培养细胞。

㊸ 传代时，将培养液吸出，在 T225 瓶的侧面轻轻加入 5mL 的 TrypLE，以免细胞脱落。去除 TrypLE，在 37℃ 下培养 4 ～ 5min，直到细胞开始分离。向烧瓶中加入 10mL D10 培养基，轻轻吹打以分离细胞，然后将细胞转移到

一个 50mL 的离心管中。关键步骤：通常每隔 1～2 天以 1∶2 或 1∶4 的比例传代细胞，绝不允许细胞达到 70% 以上的融合度。对于生产慢病毒，建议使用传代数小于 10 的 HEK 293FT 细胞。

㊹ 准备转染细胞。转染前 20～24 小时，将分离良好的细胞接种于 T225 瓶中，每个瓶有 $1.8×10^7$ 个细胞，共 45mL D10 培养基。每个质粒构建推荐使用的 T225 瓶数量见表 9.16。

表 9.16　T225 瓶数量

质粒构建	T225 瓶数
sgRNA 文库	4
其他 Cas9 核酸酶或激活剂组件	每个组件 2 个
GFP 转染对照	1

关键步骤：加入的细胞不要超过推荐密度，因为这样做可能会降低转染效率。

㊺ 慢病毒质粒转染。步骤㊹ 的 T225 瓶中的细胞在 80%～90% 融合度时转染效果最佳。使用 Lipofectamine 2000/PLUS 和聚乙烯亚胺（PEI）等转染慢病毒。对于每个慢病毒靶标，请将以下慢病毒靶标放入 15mL 或 50mL 离心管中，并相应按比例扩大（表 9.17）。

表 9.17　慢病毒靶标

质粒构建	每个 T225 瓶中的量
Opti-MEM	2250μL
pMD2.G（慢病毒辅助质粒）	15.3μg
psPAX（慢病毒辅助质粒）	23.4μg
慢病毒的目标质粒	30.6μg

关键步骤：在推荐的细胞密度下进行转染对取得最大转染效率至关重要。低密度可导致 Lipofectamine 2000 对细胞产生毒性，而高密度可降低转染效率。

㊻ 按照表 9.18 制备 PLUS 试剂混合物并颠倒混合。

表 9.18　PLUS 试剂混合物

质粒构建	每个 T225 瓶中的量
Opti-MEM	2250μL
PLUS 试剂	297μL

㊼ 将 PLUS 试剂混合物加入慢病毒靶标混合物中，颠倒混匀，室温孵育 5min。

㊽ 按表 9.19 所示制备 Lipofectamine 试剂混合，颠倒混合。

表 9.19　Lipofectamine 试剂混合物

质粒构建	每个 T225 瓶中的量
Opti-MEM	4500μL
Lipofectamine 2000	270μL

㊾ 将慢病毒靶标和 PLUS 试剂混合物加入 Lipofectamine 试剂混合物中，颠倒混匀，室温孵育 5min。

㊿ 吸取 9mL 来自步骤 ㊾ 的慢病毒转染混合物加入来自步骤 ㊹ 的每个 T225 瓶中，并轻轻摇动以进行混合。将 T225 瓶放回培养箱。

(51) 4 小时后，用 45mL 预热的 D10 培养基替换原培养基。组成型 GFP 表达质粒转染对照可以指示转染效率。

(52) 收集并储存慢病毒。慢病毒转染开始后 2 天，汇集用相同质粒构建体转染的 T225 瓶中的慢病毒上清液，并使用 Millipore 的 0.45μm Stericup 过滤器滤出细胞碎片。滤过后的慢病毒上清液可以分装并保存在 −80℃。避免反复冻融慢病毒上清液。

(53) 通过转导测定慢病毒滴度。CRISPR-Cas9 系统已被用于许多哺乳动物细胞系。每个细胞系的条件可能有所不同。应使用筛选过的相关细胞系来确定慢病毒滴度。下面详细介绍 HEK 293FT 细胞（A）和 hESC HUES66 细胞（B）的转导条件和病毒滴度的计算。

A. HEK 293FT 细胞转染后的慢病毒转导和滴度。

a. HEK 293FT 培养和传代，请参阅步骤 ㊷ ㊸。

b. 制备用于转染的细胞。对于每种慢病毒，以 3×10^6 的细胞密度接种 12 孔板的 6 孔，每孔 2mL D10 培养基，其中含有 8μg/mL 的聚凝胺。在每个孔中，分别添加 400μL、200μL、100μL、50μL、25μL 或 0μL 步骤 (52) 中的慢病毒上清液。上下吹打将各孔充分混合均匀。

c. 在 33℃条件下，1000×*g* 离心 12 孔板 2 小时对细胞进行转染，转染后孔板送回培养箱。

d. 转染细胞重新铺板以计算病毒滴度。转染结束后 24 小时，离心，除去培养基，每孔用 400μL TrypLE 轻轻冲洗，添加 100μL TrypLE，并在 37℃孵育 5min 以解离细胞。每孔加入 2mL D10 培养基，通过上下吹打以重悬细胞。

e. 使用 Cellometer 图像细胞仪针对 0μL 慢病毒上清液条件确定细胞浓度。

f. 对于每种病毒条件，基于 100mL D10 培养基在步骤 ㊿ Ae 中确定的细胞计数，以 $4×10^3$ 个细胞的密度（来自步骤 ㊿ Ad）接种 96 孔透明底部黑色组织培养板中的 4 孔。再添加 100μL D10 培养基和相应的选择抗生素。将病毒以适当的终浓度加入 2 孔中，并将 100μL 常规 D10 培养基加入其他 2 孔中。

g. 接种 72 ～ 96 小时后，当无病毒、无活细胞和无抗生素选择条件下细胞达到 80% ～ 90% 融合度时，使用 CellTiter Glo 方法量化每个条件下的细胞活力。关键步骤：Cell Titer Glo 可以在 PBS 中以 1∶4 稀释，降低成本的同时仍能达到最佳效果。

h. 对于每种病毒状况，将感染复数（MOI）计算为在抗生素选择条件下 2 孔的平均发光强度，或活性除以无抗生素选择的条件下 2 孔的平均发光强度。慢病毒上清液体积和 MOI 之间的线性关系在较低体积下有望实现，而在较高体积下则会达到饱和。

B. 通过混合检测 hESC HUES66 细胞的慢病毒转导和滴度。

a. HUES66 细胞培养。HUES66 细胞（hESC 细胞系）常规在无培养层的情况下培养，并在 GelTrex 涂层的组织培养板上使用 mTeSR1 培养基。要覆盖 100mm 的组织培养皿，在 5mL 的冷 DMEM 中以 1∶100 稀释冷的 GelTrex，覆盖住整个培养皿表面，然后将其置于 37℃的培养箱中至少 30min。铺板前，吸出 GelTrex 混合物。在传代和铺板过程中，在 mTeSR1 培养基中进一步补充 10μmol/L ROCK 抑制剂。每天更换 mTeSR1 培养基。

b. HUES 66 传代。吸出培养基并在 100mm 组织培养皿的侧面轻轻加入 10mL DPBS 冲洗一次，避免细胞脱落。加入 2mL 的细胞消化液解离细胞，并在 37℃下孵育 3 ～ 5min，直至细胞解离。加入 10mL DMEM 重悬解离的细胞，并以 $200×g$，5min 沉淀细胞。除去上清液，将细胞重悬于含 10μmol/L ROCK 抑制剂的 mTeSR1 培养基中，然后将细胞重铺在 GelTrex 包被的板上。接种后 24 小时更换普通的 mTeSR1 培养基。关键步骤：通常以 1∶5 或 1∶10 的比例，每 4 ～ 5 天传代一次细胞，绝不允许细胞达到 70% 以上的融合度。

c. 制备用于慢病毒转导的细胞。对于每种慢病毒，以 $5×10^5$ 个细胞的密度加入 Geltrex 包被的 6 孔板进行培养，每孔 2mL mTeSR1 培养基。在每个孔中，加入 400μL、200μL、100μL、50μL、25μL 或 0μL 慢病毒上清液，用 DPBS 补充至 3mL 的总体积，并补充 10μmol/L ROCK 抑制剂。在没有病毒的情况下，以相同的接种密度在另一个无抗生素选择的对照平板上接种。通过上下吹打将各孔充分混匀。

d. 慢病毒转导 24 小时后，用含有相关选择性抗生素的 mTeSR1 培养基更换培养基。对于无抗生素选择的对照孔，用正常 mTeSR1 培养基更换。每天使用含或不含选择抗生素的 mTeSR1 培养基更换，直到培养皿准备充分可以进行下一步。

e. 病毒滴度的计算。开始使用选择抗生素后 72 ～ 96 小时，当无病毒条件下没有活细胞和无抗生素选择的控制条件下达到 80% ～ 90% 融合时，用 2mL DPBS 冲洗细胞，加入 500μL 细胞消化液，然后在 37℃下 3 ～ 5min 孵育以解离细胞。加入 2mL DMEM 并充分混合。

f. 使用 Cellometer 图像细胞仪计数并记录每个孔中的细胞数量。

g. 对于每种病毒条件，将 MOI 计算为抗生素选择条件下的细胞数除以无抗生素选择对照下的细胞数。慢病毒上清液体积和 MOI 之间的线性关系在较低体积下有望实现，而在较高体积下则会达到饱和。

9.3.5.6　慢病毒转导和筛选

时间为 3 ～ 6 周，注意：如果使用 1 载体格式进行筛选，跳至步骤 (56)。

(54) 具有稳定表达的 Cas9 组分的细胞系的产生。在转导 sgRNA 文库之前，以 MOI<0.7 的比率转导 sgRNA 文库骨架中不存在的附加 Cas9 组分至相关细胞系。如果需要另外两个 Cas9 组分，例如 dCas9-VP64 和 MS2-p65-HSF1，则可以同时转导两个组分。在 sgRNA 文库转导和选择后，根据需要扩大规模以生成足够的细胞来维持 sgRNA 的表达。克隆产生的 Cas9 或 SAM 组分对筛选成功不是必要的。因此，这些细胞可以在所需的规模上作为一个群体被转导和选择。下面介绍 HEK 293FT 细胞（A）和 hESC HUES66 细胞（B）的慢病毒转导和细胞系生成方法。

A. HEK 293FT 细胞系的生成。

a. 在 12 孔板中每孔加入 2mL D10 培养基及 8μg/mL 的聚凝胺，接种细胞且细胞密度为 3×10^6。将来自步骤 (52) 的适量的慢病毒上清液添加到每个孔中，包含无病毒的对照。通过上下吹打将各孔充分混合。

b. 将 12 孔板在 33℃下 1000×g 旋转 2 小时，对细胞进行感染。之后将 12 孔板放回培养箱。

c. 离心转染结束后 24 小时，除去培养基，每孔用 400μL TrypLE 轻轻洗涤，添加 100μL TrypLE，并在 37℃孵育 5min 以解离细胞。向每个孔中加入 2mL D10 培养基以及用于慢病毒的选择抗生素，然后通过上下吹打混合均匀。

d. 将重悬的细胞从慢病毒处理的孔中取出，接种到 T225 瓶中，细胞密度为 9×10^6 个 / 瓶，加入 45mL 含选择抗生素的 D10 培养基。

e. 将无病毒对照组的重悬细胞转移到 T75 中，加入 13mL D10 培养基和选择性抗生素。

f. 每 3 天更换一次选择抗生素，并根据需要在 4 ～ 7 天内传代，直到无病毒对照中没有活细胞为止。

B. HUES66 细胞系的生成。

a. 在 Geltrex 包被的 6 孔板中，每孔加入 2mL mTeSR1 培养基，接种细胞且细胞密度为 5×10^5。将来自步骤 (52) 的适量慢病毒上清液添加到每个孔中，包含无病毒的对照。用 DPBS 补充每孔总体积至 3mL。通过上下吹打将各孔充分混合。

b. 慢病毒转导 24 小时后，用含有相应选择抗生素的 mTeSR1 更换培养基。每天都要用含有相应选择抗生素的 mTeSR1 更换培养基，根据需要在 4 ～ 7 天内传代，直到无病毒的对照组中没有活细胞为止。关键步骤：生成用于筛选的细胞系的慢病毒转导方法应与病毒滴度测定的方法一致，以确保细胞在适当的 MOI 转导。

(55) 在选择了成功转导的细胞后，在 sgRNA 文库转导之前通过将细胞在正常培养基中培养 2 ～ 7 天，使细胞恢复活力。如果在选择后或细胞冷冻后培养细胞超过 7 天，请使用适当的选择性抗生素重新选择 Cas9 组分细胞系，以确保 Cas9 组分的表达并且保证细胞在 sgRNA 文库转导前恢复。细胞可以冻存。

(56) sgRNA 文库转导细胞。重复步骤 (54) ～ (55)，以在适当的 MOI 下进行慢病毒 sgRNA 库转导并选择转导的细胞系。为了确保大多数细胞仅接受一种基因干扰，以 MOI <0.3 转导 sgRNA 文库。扩大转导规模，使 sgRNA 文库在 >500 个细胞中表达每个 sgRNA。例如，对于包含 100000 个独特 sgRNA 的文库，以 0.3 的 MOI 转导 1.67×10^8 个细胞。经过 4 ～ 7 天的适当选择后，即可进行细胞筛选。对于敲除筛选，在 sgRNA 转导后 7 天达到最大的敲除效率，因此建议在七天后开始筛选。相反，最大的 SAM 激活最早在 sgRNA 转导后 4 天就出现。如果在无病毒控制的基础上完成选择，则可以在转导后 5 天开始功能增益筛选。通常建议进行 4 次独立的筛选生物学重复（biorep）（即 4 次单独的 sgRNA 文库感染，然后进行单独的筛选选择）。多重筛选 biorep 是以高验证率确定筛选结果的关键。关键步骤：每个 sgRNA 的覆盖范围应大于 500 个细胞，以确保在最终的筛选读长中可以充分体现每种干扰。如果筛选选择压力不太强或执行否定选择筛选，则根据需要增加覆盖范围。在 MOI<0.3 的情况下转导 sgRNA 文库可确保大多数细胞最多接受一种基因干扰。以更高的 MOI 进行转导可能会混淆筛选结果。

9.3.5.7　收集基因组 DNA 用于筛选分析

时间 5 ～ 7 天。

(57) 收获基因组 DNA。在筛选结束时，从足够数量的细胞中收获基因组 DNA（gDNA），以保持 >500 个细胞的覆盖率。对于包含 100000 个独特 sgRNA 的文库，请根据制造商的方法，使用 Zymo Research Quick-gDNA MidiPrep 从至少 5×10^7 个细胞中收获 gDNA 用于下游 sgRNA 分析。应以 150 ～ 200μL 进行两次洗脱，以最大限度地回收 gDNA。关键步骤：确保拧紧收集管和色谱柱之间的连接并以足够的速度和时间进行离心分离，以除去所有残留的缓冲液。建议最后再进行干燥离心以去除残留的洗涤缓冲液。冻存的细胞沉淀或分离的 gDNA 可以在 −20℃下保存几个月。

(58) 制备 gDNA 以进行二代测序分析。请参阅步骤㉜㉝，了解如何扩增 sgRNA 以进行二代测序。扩大反应数量，以便扩增所有从筛选中收集的 gDNA。每个 50μL 反应最多可容纳 2.5μg gDNA。条形码 NGS-Lib-Rev 引物可在混合测序程序中对不同筛选条件和 bioreps（即实验条件 biorep 1 和对照条件 biorep 1）进行测序。

(59) 扩增筛选 NGS 文库的纯化。对于大规模 PCR 纯化，建议将 Zymo-Spin V 与收集管一起使用。将 5 倍体积的 DNA 结合缓冲液添加到 PCR 反应中，充分混合，然后转移至 Zymo-SpinV 与收集管。每个 Zymo-SpinV 色谱柱最多可容纳 12mL。关键步骤：确保收集管和 Zymo-Spin V 色谱柱之间的连接紧密。

㉠ 在室温下以 500×g 离心 5min。去除流出液。

㉡ 加入 2mL DNA 的洗涤缓冲液，在室温下以 500×g 离心 5min。去除流出液，并重复进行一次洗涤。

㉢ 从 Zymo-Spin V 色谱柱上取下收集管，然后将色谱柱转移到新的 2mL 收集管中。在微量离心机中，在室温下以最大速度（>12000×g）旋转 1min，以去除残留的洗涤缓冲液。

㉣ 将 Zymo-Spin V 色谱柱转移到 1.5mL 离心管中。加入 150μL 洗脱缓冲液，等待 1min，然后在室温下以最大速度（>12000×g）旋转 1.5min，以洗脱纯化的 PCR 反应。

㉤ 混合纯化的 PCR 反应产物并进行定量。有关 sgRNA 分布的二代测序分析，请参阅步骤 ㊲ ～ ㊴。为了筛选 NGS 分析，建议库中每个 sgRNA 的覆盖范围 >500 个读长。

㉥ 利用 RNAi 基因富集排名（RIGER）分析筛选结果。在进行 RIGER 分析之前，确定由于筛选选择而引起的 sgRNA 倍数变化。对于筛选实验或对照条件的每个 biorep，在每个 sgRNA 的二代测序的读取计数中增加一个假计数 1，并根据该条件下的二代测序读取计数总数进行归一化。若要获得 sgRNA 倍数变化，将实验归一化 sgRNA 计数除以对照，并取以 2 为底的对数。

㉦ 从左到右准备一个带有列标题 WELL_ID、GENE_ID 和 biorep 1、biorep 2 等的 RIGER 输入 csv 文件。WELL_ID 是 sgRNA 识别号的列表，GENE_ID 是 sgRNA 靶向的基因，biorep 列是 sgRNA 的倍数变化。每行在库中包含一个不同的 sgRNA。

㉧ RIGER 是通过博德研究所的 GENE-E（http://www.broadinstitute.org/cancer/software/GENE-E/download.html）启动的。启动 GENE-E 并通过导航到 "File" > "Import" > "Ranked Lists" 来导入输入的 csv 文件。按照说明单击包含第一个数据行和列的表单元格。通过转到 Tools> RIGER 启动 RIGER。将 RIGER 设置调整为以下值：

排列数：1000000。将发夹转化为基因的方法：Kolmogorov-Smirnov。基因排列顺序：从阳性到阴性用于阳性选择筛选；从阴性到阳性用于阴性选择筛选。选择调整基因得分以适应发夹集大小的变化。选择发夹预评分。发夹 Id：WELL_ID。将发夹转换为：GENE_ID。

⑱ RIGER 分析完成后，导出基因排名数据集。根据重叠或筛选 bioreps 之间的平均排名值确定最佳候选基因。

9.3.5.8　验证候选基因以筛查表型

时间 4 ～ 5 周。

⑲ 将验证 sgRNA 克隆到 sgRNA 文库的质粒主链中。设计上链和下链引物，用于将每个候选基因的前 3 个 sgRNA 分别克隆到 sgRNA 文库的质粒主链中。克隆 2 个非靶向 sgRNA（NT1 和 NT2）进行引物对照。

⑳ 重悬上链和下链引物至终浓度为 100μmol/L。准备以下混合物（表 9.20 所示），以使每种验证 sgRNA 的上游和下游引物磷酸化和退火。

表 9.20　反应混合物组成

成分	体积 /μL	终浓度
sgRNA-top, 100μmol/L	1	10μmol/L
sgRNA-bottom, 100μmol/L	1	10μmol/L
T4 连接缓冲液 , 10×	1	1×
T4 PNK	0.5	
超纯水	6.5	
总计	10	

㉑ 使用以下条件在热循环仪中对引物进行磷酸化和退火：37℃持续 30min；95℃，5min；以 5℃ /min 梯度降至 25℃。

㉒ 退火反应完成后，通过添加 90μL 超纯水以 1：10 的比例稀释磷酸化和退火的 Oligos。退火的 Oligos 可以在 −20℃下保存至少 1 周。

㉓ 通过为每个 sgRNA 设置 Golden Gate 组装反应，克隆退火的 sgRNA 插入到 sgRNA 库主链中。当克隆许多 sgRNA 时，Golden Gate 组装是有效的，并且克隆成功率很高。按表 9.21 所示混合各组分。

关键步骤：推荐使用 FastDigest *Esp*3 Ⅰ（Fermentas），因为其他供应商提供的 *Esp*3 Ⅰ 的 Golden Gate 组装效率并不高。不必进行阴性对照（无插入）的 Golden Gate 组装反应，因为它始终包含菌落，因此不是克隆成功的好指标。

㉔ 使用以下循环条件（表 9.22）进行 Golden Gate 组装反应。

完成的 Golden Gate 组装反应可在 −20℃的温度下保存至少 1 周。

表 9.21　反应混合物组成

成分	体积/μL	终浓度
快速连接酶缓冲液，2×	12.5	1×
FastDigest *Esp*3 I（*Bsm*B I）	1	
DTT	0.25	1mmol/L
BSA，20mg/mL	0.125	0.1mg/mL
T7 连接酶	0.125	
从步骤 ⑫ 稀释的寡核苷酸双链体	1	0.04μmol/L
sgRNA 文库主链	1	1ng/μL
超纯水	9	
总计	25	

表 9.22　反应条件

循环数	条件
1～15	37℃，5min；20℃，5min

⑮ 转化和质粒提取。将 Golden Gate 组装反应物转化至感受态大肠埃希菌菌株。推荐使用 Stbl3 菌株进行快速转化。在冰上融化化学法感受态 Stbl3 细胞，将 2μL 来自步骤 ⑭ 的产物加到用冰预冷的 Stbl3 细胞中，并将混合物在冰上孵育 5min。将混合物在 42℃加热振荡 30s，立即放回冰中 2min。加入 100μL SOC 培养基，并将其铺在标准 LB 琼脂平板上（100 mm 培养皿，氨苄青霉素）。将其在 37℃下孵育过夜。

⑯ 第二天检查平板中菌落的生长。通常每个平板上应有数十至数百个菌落。

⑰ 从每个平板中，选择 1～2 个菌落进行质粒提取，以检查 sgRNA 是否正确插入以用于下游慢病毒的产生。要制备质粒提取的起始培养物，使用无菌移液器吸头将单个菌落接种到含有 100μg/mL 氨苄青霉素的 3mL LB 培养基中。孵育起始培养物，并在 37℃以 >250r/min 摇动 4～6 小时。

⑱ 通过将起始培养物转移到 2 个分别含有 25mL LB 培养物（含 100μg/mL 氨苄青霉素）的 50mL 离心管中来扩增每个起始培养物。取下盖子，并用 AirPore 胶带密封管的顶部。孵育培养物，并于 37℃在 >250r/min 下摇动过夜。

⑲ 将起始培养物接种 12～16 小时后，使用无内毒素的试剂盒（例如 Macherey-Nagel NucleoBond Xtra Midi EF 试剂盒）提取质粒。关键步骤：使用

无内毒素的质粒纯化试剂盒对于避免病毒制备和哺乳动物细胞培养中的内毒素至关重要。根据经验，用无内毒素的试剂盒制备的质粒具有更高的纯度，并能产生更高的慢病毒滴度。验证的 sgRNA 构建体可以在 −20℃下保存至少 1 年。

(80) sgRNA 克隆的测序验证。通过使用 U6-fwd 引物从 U6 启动子进行测序，验证 sgRNA 是否正确插入。将测序结果与 sgRNA 文库质粒序列进行比对，以检查 20nt sgRNA 目标序列是否正确插入 U6 启动子和 sgRNA 支架的其余部分之间。

(81) 验证细胞系的生成。通过降低步骤㊹～(51) 中的慢病毒产量准备慢病毒，加入 T225 瓶或 6 孔板的 2 孔，以进行验证。使用 5mL 注射器和 0.45μm 注射器过滤器过滤慢病毒上清液。

(82) 根据步骤 (53) 确定慢病毒滴度。如果同时在同一质粒主链中制备多个验证的 sgRNA 慢病毒，则滴定 2 ～ 3 种不同的 sgRNA 慢病毒，并将平均滴度扩展至其余慢病毒。

(83) 与筛选过程中相似，按照步骤 (54) ～ (55)，用 MOI <0.5 的验证 sgRNA 慢病毒转导初始细胞或表达 Cas9 成分的细胞。对于敲除验证，则选择第 7 天，以便有足够的时间形成充分的插入缺失。

(84) 验证候选基因以筛选表型。一旦用于验证细胞系的抗生素选择完成之后，就可以通过筛选经验证的细胞系，并通过分析阳性、阴性和标记基因来评估细胞增殖、死亡或荧光反应，以验证筛选表型。另外，还可以确定敲除筛选的插入缺失率（步骤 (85) ～ (99)）或激活筛选的倍数（步骤 (100)～(110)）。

(85) 用于验证敲除筛选的插入缺失率分析。可以用一个两步的 PCR 方法，其中第一步使用自定义引物扩增感兴趣的基因组区域，第二步使用通用条形码引物对同一时期多达 96 个不同样本进行多重二代测序。对于每一个验证的 sgRNA，设计自定义第 1 轮 NGS 引物（NGS-indel-R1），可扩增以 sgRNA 切割位点为中心的 100 ～ 300bp 区域。设计距离靶标切割位点至少 50bp 的引物很重要，以允许检测更长的插入 / 缺失。目标退火温度为 60℃，使用 Primer-BLAST 检查潜在的脱靶位点。如有必要，包含 1 ～ 10bp 的交错区域以增加文库的多样性。

(86) 从验证细胞系中收集 gDNA。将验证细胞以 60% 的密度接种到 3 个 bioreps 中，置于底部黑色透明的 96 孔组织培养板中。

(87) 接种 1d 后，当细胞达到融合时，吸出培养基并加入 50μL QuickExtract

DNA 提取液。在室温下孵育 2 ～ 3min。

⑧ 用移液器吸头刮下细胞，通过上下吹打彻底混匀，然后将混合物转移至 96 孔 PCR 板中。

⑧ 通过运行以下循环条件提取基因组 DNA（表 9.23）。

表 9.23　反应条件

循环数	条件
1	65℃ 15min
2	68℃ 15min
3	98℃ 10min

提取的基因组 DNA 可以在 −20℃下保存长达几个月。

⑨ 二代测序分析插入缺失的第一轮 PCR。在以下反应中（表 9.24）使用自定义的 NGS-indel-R1 引物，扩增每个验证和对照细胞系各自的靶区域。

表 9.24　反应混合物

成分	体积/μL	终浓度
KAPA HiFi HotStart ReadyMix，2×	10	1×
来自步骤 ⑨ 的第一轮 PCR	1	
NGS-indel-R2-Fwd	1	0.5μmol/L
NGS-indel-R2-Rev	1	0.5μmol/L
超纯水	7	
总计	20	

关键步骤：为了使扩增 sgRNA 中的错误最小化，使用高保真聚合酶非常重要。其他高保真聚合酶，例如 PfuUltra Ⅱ（Agilent）或 NEBNext（New England BioLabs），也可以用作替代品。

⑨ 使用表 9.25 所示条件进行 PCR 循环。

表 9.25　反应条件

循环数	变性	退火	延伸
1	98℃ 3min		
2 ～ 23	98℃ 10s	63℃ 10s	37℃，25s
14			72℃，2min

⑨ NGS 分析插入缺失的第二轮 PCR。在以下反应中（表 9.26 所示），使用不同的 NGS-indel-R2 引物扩增产物，对二代测序的第一轮 PCR 产物条形码化。

表 9.26　反应混合物

成分	体积/μL	终浓度
KAPA HiFi HotStart ReadyMix, 2×	10	1×
来自步骤 ⑧⑨ 的 QuickExtract	1	
NGS-indel-R2-Fwd	1	0.5μmol/L
NGS-indel-R2-Rev	1	0.5μmol/L
超纯水	7	
总计	20	

⑨③ 使用与步骤 ⑨① 相同的循环条件进行 PCR。

⑨④ 反应完成后，在凝胶中加入 5μL 每个扩增的靶标进行电泳，以验证单个产物是否以合适的大小成功扩增。在含有 SYBR 染料的 TBE 缓冲液中浇铸 20g/L 琼脂糖凝胶，并在 15V/cm 的条件下运行 30min。

⑨⑤ 混合 PCR 产物，并使用 QIAquick PCR 纯化试剂盒纯化合并的产物。关键步骤：由于 PCR 效率和产物长度不同，没有标准化的混合可能会导致二代测序表达的变化。如果不进行归一化而混合，则在测序过程中每个 sgRNA 的目标是 20000 ～ 40000 个读长。或者，如果测序读长有限，请考虑分别纯化每种带条形码的 PCR 产物，通过 NanoDrop 进行定量，然后在混合之前将 PCR 产物归一化至相同浓度。

⑨⑥ 如步骤 ⑨④ 所述，在 20g/L 琼脂糖凝胶上电泳混合的 PCR 产物，并使用 QIAquick 凝胶提取试剂盒来提取凝胶中适当大小的条带。凝胶提取的产品可以在 −20℃下保存几个月。

⑨⑦ 根据 Illumina 用户手册，在 Illumina MiSeq 上对凝胶提取的样品进行测序，read 1 运行 260 个循环，index 1 运行 8 个循环，index 2 运行 8 个循环。推荐每个 sgRNA>10000 读长。

⑨⑧ 使用 calculate_indel.py 验证 sgRNA 的插入 / 缺失。一个 python 脚本可以用于分析二代测序结果的插入率。安装 python 2.7（https://www.python.org/downloads/），biopython（http:// biopython.org/DIST /docs/install/Installation.html）和 SciPy（https://www.scipy.org/install.html）。构造一个样本表，每行对应一个单独的样本。每行应在左至右各列中包含样品名称，fasta 格式或 fastq 格式文件名，引导序列，PCR 靶扩增子以及实验或对照。仅当执行最大似然估计（MLE）校正时才需要最后一列。进行 MLE 时，反映背景插入缺失率的

对照样品应标记为"对照",而实验样品应标记为"实验"。请参考表 9.27 以获取样本表的示例。

表 9.27　样本表示例

example 1	example 1.fastq	GCCCGATCGCTATATCCACG	TGTATATACCTCGCGCCTAACTG CCAGCTGACCACGCCGTACCGTAC
example 2	example 2.fastq	CGAGATAAGTCAGCAGGGGC	CTCTTCTGCTCAAGCGAGTTCCC AGAGGTCCTTGCCGAGGG
example 3	example 3.fastq	CACCCACACCAACCGCAGAA	CTGGGTTTAACCGAGCTAGTCCT GAAGATCTTGAGTAACTG

⑨⑨ 如果使用一个命令处理所有文件,请使用表 9.28 所示可选参数运行 python compute_indel.py。

表 9.28　运行参数

Flag	Description	Default
-f	指示输入文件为 fasta 格式	fastq 文件格式
-a	使用替代的哈希算法进行计算	Ratcliff-Obershelp 基础算法
-o	具有计算的插入缺失率和统计数据的输出文件	calc_indel_out.csv
-i	从左至右输入包含样本名称、fasta 或 fastq 文件名、引导序列、PCR 靶标扩增子和实验或对照的文件	sample_sheet.csv
-v 或 -q	脚本运行时增加或减少报告	Standard reporting
-no-m	不执行 MLE 校正	进行 MLE 校正

为了处理单个样本,例如在并行化的情况下,请运行 pythoncalculate_indel.py-sample <sample name> 以生成文件 <sample name>_out.csv。通过调用 python compute_indel.py --combine 来组合各个示例文件。运行 calculate_indel.py 后,计算出的插入/删除将位于输出文件中,该文件还包含了完全匹配、未能对齐,或由于质量原因而不合格或碱基替换的读长。还有三列对应于经 MLE 校正的插入缺失率,以及插入缺失 95% 置信区间的上限和下限。

⑩⑩ 确定激活倍数以用于验证激活筛选。在 96 孔多聚赖氨酸包被的组织培养板中以 60% 的融合度接种 4 个生物学重复的验证细胞,以制备细胞。

⑩⑪ 反转录为 cDNA。接种约 1 天后,当细胞融合时,制备表 9.29 和表 9.30 所示混合物。

除 Oligo dT 外,所有组分均可在 Thermo RevertAid RT 逆转录试剂盒中找到。关键步骤:确保使用 RNA 时所有试剂均不含 RNA 酶,并采取适当的预防措施。

表 9.29　RNA 完全裂解缓冲液

成分	体积/μL	终浓度
RNA 裂解缓冲液	100	
蛋白酶 K，300U/mL	1	3U/mL
脱氧核糖核酸酶 I	0.6	300U/mL
总计	101.6	

表 9.30　反应混合物

成分	体积/μL	终浓度
反应缓冲液，5×	5	1×
dNTP Mix，10mmol/L	1.25	0.5mmol/L
随即引物，100μmol/L	1.09	4.4μmol/L
Oligo dT，100μmol/L	0.88	3.5μmol/L
RiboLock RNA 酶抑制剂，40U/μL	0.125	0.2U/μL
RevertAid 逆转录酶，200U/μL	1.25	10U/μL
超纯水	15.405	
总计	25	

⑩② 将 20μL 的逆转录混合物等分到 96 孔 PCR 板的每个孔中。解冻 RNA 裂解终止溶液，准备冷的 DPBS，并将所有试剂（除了 RNA 完全裂解缓冲液外）保存在冰上。

⑩③ 从步骤⑩的 96 孔多聚赖氨酸组织培养板的每个孔中吸出的培养基，用 100μL 冷 DPBS 洗涤，并加入 100μL 步骤⑩的室温 RNA 完全裂解缓冲液中。在室温下孵育，同时充分混合 6 ~ 12min 以裂解细胞。关键步骤：将裂解时间限制在 12min 以内，以防止 RNA 降解。

⑩④ 将 30μL 细胞裂解液转移至新的 96 孔 PCR 板中。加入 3μL RNA 裂解终止液以终止裂解并充分混合。带有 RNA 裂解终止液的细胞裂解液可以保存在 −20℃以进行其他逆转录反应。

⑩⑤ 然后，将 5μL 含有 RNA 裂解终止液的细胞裂解液添加到步骤⑩的逆转录混合物中，使其总体积为 25μL 并充分混合。

⑩⑥ 在表 9.31 所示循环条件下将收集的 RNA 反转录为 cDNA。

cDNA 可以在 −20℃下稳定储存 1 年。

⑩⑦ 使用 TaqMan qPCR 进行激活倍数分析。Thermo Fisher Scientific 已经为候选基因以及内源性对照基因（如 GAPDH 或 ACTB）提供了设计好的

表 9.31 反应条件

循环数	条件
1	25℃，10min
2	37℃，60min
3	95℃，5min

TaqMan 基因表达检测方法。确保实验和对照基因表达测定使用不同的探针染料（VIC 和 FAM 染料），允许在同一反应中运行分析。为每个逆转录反应准备以下 qPCR 预混液（表 9.32）。建议先将 TaqMan Fast Advanced Mastermix 预混合，并对所有具有相同靶基因的样本进行基因表达检测。

表 9.32 反应混合物

成分	体积/μL	终浓度
TaqMan Fast Advanced 预混液，2×	12	1×
候选基因 TaqMan 基因表达检测，20×	1.2	1×
对照基因 TaqMan 基因表达测定，20×	1.2	1×
cDNA	9.6	
总计	24	

⑧ 将 4×5μL qPCR 预混液等分到 384 孔光学板中以进行技术重复。

⑨ 在表 9.33 所示循环条件下进行 qPCR。

表 9.33 反应条件

循环数	保持	变性	退火/延伸
1	50℃，2min		
2	95℃，20s		
3～42		95℃，3s	60℃，30s

⑩ 一旦完成 qPCR，使用 ddCt 方法计算候选基因相对于对照的表达倍数变化。

⑪ 使用死 sgRNA（dRNAs）来组合敲除和激活筛选候选基因的其他步骤。dRNAs 是具有 14 个或 15 个核苷酸间隔序列的 sgRNA，是标准 sgRNA（具有 20 个核苷酸间隔序列）的截短版本，它仍然能够结合 DNA。dRNA 被认为是功能的"死亡"，因为它们可以引导野生型 Cas9 但不会引起双链断裂。将 MS2 结合环添加到 dRNA 主链上，可使野生型 Cas9 激活转录而无需切割。要实现同时敲除和激活，可以重复步骤 ㊹～㊺ 以生成稳定表达野生型 Cas9

和 MS2-p65-HSF1 的细胞系。

⑫ 按照步骤 ⑲ ～ ⑬，将用于敲除候选基因的标准 sgRNA 和用于激活第二个候选基因的具有 MS2 结合环的 14nt dRNA 来转导 Cas9 和 MS2-p65-HSF1 的细胞系。

⑬ 根据步骤 ㊹ ～⑩验证筛选表型、插入缺失百分比和激活倍数。

9.3.5.9 时间

步骤 ① ～ ⑰，设计和克隆目标筛选：3 ～ 5 周，1 周动手操作。

步骤 ⑱ ～ ㉛，混合的 sgRNA 文库的扩增：2 天。

步骤 ㉜ ～ ㊴，扩增的 sgRNA 文库的二代测序：3 ～ 5 天。

步骤 ㊵ ～ ㊸，慢病毒的产生和滴度：1 ～ 2 周。

步骤 ㊹ ～ ㊻，慢病毒转导和选择：3 ～ 6 周。

步骤 ㊼ ～ ㊽，收集基因组 DNA 用于筛选分析：5 ～ 7 天。

步骤 ㊾ ～⑩，验证候选基因：4 ～ 5 周。

9.4 结语

作为筛选结果的参考，有研究报道了 BRAF 抑制剂 vemurafenib（PLX）耐药基因 BRAFV600E（A375）细胞系中基因组敲除和转录激活筛选的数据 [18]。应用 vemurafenib 选择后，在实验条件下，由二代测序测量的 sgRNA 文库分布较基线和媒介对照条件下发生改变，其中一些 sgRNA 富集而其他 sgRNA 几乎耗尽。针对 vemurafenib 耐药相关基因的 sgRNA 被富集，因为它们在 vemurafenib 治疗时具有增殖优势。RIGER 分析 vemurafenib 条件下富集的 sgRNA，发现了几个与耐药性相关的候选基因。每个候选基因都有多个显著富集的 sgRNA 以及显著低于其余基因的 p 值。

参考文献

[1] Shalem O, Sanjana N E, Zhang F. High-throughput functional genomics using CRISPR-Cas9. Nat Rev Genet, 2015, 16(5): 299-311.

[2] Elbashir S M, et al. Duplexes of 21-nucleotide RNAs mediate RNA interference in cultured mammalian cells. Nature, 2001, 411(6836): 494-498.

[3] Jackson A L, et al. Expression profiling reveals off-target gene regulation by RNAi. Nat

Biotechnol, 2003, 21(6): 635-637.

[4] Jackson A L, Linsley P S. Recognizing and avoiding siRNA off-target effects for target identification and therapeutic application. Nat Rev Drug Discov, 2010, 9(1): 57-67.

[5] Wright A V, Nunez J K, Doudna J A. Biology and Applications of CRISPR Systems: Harnessing Nature's Toolbox for Genome Engineering. Cell, 2016, 164(1-2): 29-44.

[6] Rouet P, Smih F, Jasin M. Introduction of double-strand breaks into the genome of mouse cells by expression of a rare-cutting endonuclease. Mol Cell Biol, 1994, 14(12): 8096-8106.

[7] Mali P, et al. RNA-guided human genome engineering via Cas9. Science, 2013, 339(6121): 823-826.

[8] Gilbert L A, et al. Genome-Scale CRISPR-Mediated Control of Gene Repression and Activation. Cell, 2014, 159(3): 647-661.

[9] Konermann S, et al. Genome-scale transcriptional activation by an engineered CRISPR-Cas9 complex. Nature, 2015, 517(7536): 583-588.

[10] Konermann S, et al. Optical control of mammalian endogenous transcription and epigenetic states. Nature, 2013, 500(7463): 472-476.

[11] Shalem O, et al. Genome-scale CRISPR-Cas9 knockout screening in human cells. Science, 2014, 343(6166): 84-87.

[12] Chen S, et al. Genome-wide CRISPR screen in a mouse model of tumor growth and metastasis. Cell, 2015, 160(6): 1246-1260.

[13] Parnas O, et al. A Genome-wide CRISPR Screen in Primary Immune Cells to Dissect Regulatory Networks. Cell, 2015, 162(3): 675-686.

[14] Canver M C, et al. BCL11A enhancer dissection by Cas9-mediated in situ saturating mutagenesis. Nature, 2015, 527(7577): 192-197.

[15] Korkmaz G, et al. Functional genetic screens for enhancer elements in the human genome using CRISPR-Cas9. Nat Biotechnol, 2016, 34(2): 192-198.

[16] Diao Y, et al. A new class of temporarily phenotypic enhancers identified by CRISPR/Cas9-mediated genetic screening. Genome Res, 2016, 26(3): 397-405.

[17] Sanjana N E, et al. High-resolution interrogation of functional elements in the noncoding genome. Science, 2016, 353(6307): 1545-1549.

[18] Joung J, Konermann S, Gootenberg J S, et al. Genome-scale CRISPR-Cas9 knockout and transcriptional activation screening [published correction appears in Nat Protoc. 2019 Jul; 14(7): 2259]. Nat Protoc, 2017, 12(4): 828-863.

第10章

细菌中的CRISPR-Cas系统及其功能

林旭瑷

10.1　引言

　　微生物进化出一系列的防御机制，如限制 - 修饰系统、流产感染、表面排斥系统等来区分自我和非我核酸，从而抵御外源 DNA 的入侵、维持自身基因结构的稳定 [1]。簇状规则间隔短回文重复序列（CRISPR）及 CRISPR 相关蛋白（CRISPR-associated protein, Cas）构成的 CRISPR-Cas 系统可通过基因水平转移获得并在不同细菌间传播，是目前原核生物中唯一发现的"适应性"免疫系统 [2]。典型的 CRISPR-Cas 系统主要包含 4 个基本元件：前导序列（leader）、重复序列（repeat）、间隔序列（spacer）及 Cas 串联。前导序列位于 CRISPR 位点的第一个重复序列上游，发挥启动子的功能；重复序列由一些短的回文序列组成，是 CRISPR 结构中的核心组成部分，长度为 24 ～ 47bp，在 3′末端存在 GAAA（C/G）I 保守序列；间隔序列属于外来基因元素，可与一个或多个 Cas 蛋白形成复合物；Cas 蛋白具有核酸酶、解旋酶、聚合酶以及多核酸结合蛋白的功能。最初，根据 Cas 核心元件序列的不同，将 CRISPR-Cas 系统划分为Ⅰ、Ⅱ和Ⅲ型 [3]：Ⅰ型 CRISPR-Cas 系统核心是 Cas3，具有解旋酶及 DNA 酶活性，干扰阶段在 Cascade 复合体帮助下发挥剪切作用；Ⅱ型 CRISPR-Cas 系统核心是 Cas9，具有靶向编辑 DNA 功能；Ⅲ型 CRISPR-Cas 系统的核心是 Cas10，具有靶向免疫外源噬菌体或质粒的功能。2015 年，Makarova 等又根据 CRISPR 核酸酶复合体蛋白成分的不同提出将 CRISPR-Cas 系统分为 2 个大类、6 个型、19 个亚类的分类系统 [4]：属于第 1 类的核酸酶复合体由多个 Cas 蛋白组成，包括Ⅰ、Ⅲ和Ⅳ型；属于第 2 类的核酸酶复合体具有单个 Cas 蛋白，包括Ⅱ、Ⅴ和Ⅵ型。

　　一些 CRISPR 间隔序列与病毒或质粒的序列之间具有同源性，表明可使细菌获得对外源 DNA（如质粒和噬菌体）的免疫 [5]；而细菌之间间隔序列的同源性则表明 CRISPR-Cas 系统可能在其自身免疫及调控方面发挥作用，以及对病原菌的致病性产生影响 [6]；由于其结构的多态性，也被用来进行细菌的分型和进化研究 [7,8]。

10.2　细菌中CRISPR的分布

1987 年，最先在大肠杆菌 K12 株碱性磷酸酶编码基因 *iap* 的下游发现了一段包含 14 个 29bp 的重复序列及 32 ～ 33 bp 的非重复间隔序列的特殊序列，然后在痢疾杆菌和伤寒沙门菌中亦发现类似结构序列，随后十年间越来越多的古菌和细菌中均发现了该结构 [9]。Jansen 等于 2002 年将该重复序列命名为 CRISPR，并且定义了 4 种 *cas*（CRISPR associated）基因，指出这 4 种基因与重复序列存在功能上的联系 [10]。在大肠杆菌中主要存在 II-E 型或 IV-F 型 CRISPR-Cas 系统，在分析的 100 株大肠杆菌代表株中只有 1 株同时含有上述两型的 CRISPR-Cas。在已知序列中，P2 型、λ 型或相关的嵌合噬菌体是最常见的 CRISPR 靶点。与其他物种类似，间隔序列主要位于功能阵列的前导序列近端，间隔序列的维持与相邻重复序列的退化有关。与大肠杆菌的多样性相一致，CRISPR-Cas 的含量和间隔物的特性具有很大的异质性 [11]。对 4 个血清型的 600 株伤寒沙门菌进行分析发现其中存在 CRISPR1 和 CRISPR2 型的 CRISPR-Cas 系统，各个型在种内非常保守并具有血清型特异性，但在不同的种间则具有显著差异性；只有大约 12% 的间隔序列与噬菌体或质粒序列匹配，而自定位间隔物与直接重复变异相关；在同一血清型的菌株之间，Cas 操纵子存在高度核苷酸同一性（99.9%），表明这些位点已经退化 [12]。对 4 个种群的 237 株志贺菌分析发现志贺菌中存在 3 个确定的 I 型 CRISPR，CRISPR1、CRISPR2 和 CRISPR3，CRISPR1 与 CRISPR2 之间为 cas2-cas1-cas6e-cas5-cas7-cse2-cse1-cas3 基因簇，二者分别与其形成 CRISPR-Cas 系统，而 CRISPR3 与 *cas* 基因簇间隔较远，为孤立的 CRISPR，但其上游侧翼序列具有很高的序列一致性。在志贺菌的 CRISPR-Cas 系统中，存在大量的插入序列，这些插入序列可能会影响 CRISPR-Cas 系统的活性。另外，志贺菌中还存在 5 个疑似的 CRISPR，分布不均一，有很少的唯一 Spacer，不存在 *cas* 基因 [13,14]。通过对 41 株钩体（钩端螺旋体）基因组分析发现，在腐生性钩体中未发现 CRISPR-Cas 系统相关的编码序列，致病性问号钩体基因组中则仅存在 I 型 CRISPR-Cas 系统，分别属于 B、C 和 E 亚型，其中 I-B 型在同一血清型菌株中非常保守，大约 23.5% 的间隔序列与移动遗传元件匹配 [15]。目前已经从越来越多的古菌或细菌中发现了 CRISPR-Cas 系统，但对于其功能作用还需要进行进一步的研究。

10.3 CRISPR-Cas系统在细菌研究中的应用

CRISPR-Cas9/Cas12a 是研究最为深入广泛的 CRISPR-Cas 系统，除了在细菌中发挥适应性免疫作用，还具有其他的一些功能，比如在代谢工程与合成生物学方面，为了提高细胞工厂的性能，以 CRISPR-Cas9/Cas12a 为基础的基因编辑技术可对细菌进行高效、特异的基因编辑，已成功应用于大肠杆菌、链霉菌、梭菌、空肠弯曲菌、芽孢杆菌及病原菌的基因改造。随着对 CRISPR-Cas 系统的了解越来越深入，发现该系统还对比如基因调控和异染色质形成、生物膜形成、基因组进化、细菌毒力等方面有影响。CRISPR 系统如大肠杆菌 I-E 型 CRISPR-Cas 系统中，cas 基因正常情况下是被 HNS（heat-stable nucleoid structuring protein）抑制蛋白沉默的[16]，只有缺失 HNS 基因或者过表达 CRISPR-Cas 系统，才具有抵抗外源 DNA 入侵的能力[17]。进化分析发现 I-E 型 CRISPR-Cas 系统相对于其他型进化缓慢，CRISPR 序列在 $10^3 \sim 10^5$ 年间基本恒定不变[18]。

10.3.1 对细菌基因组进行编辑

大部分细菌中不存在非同源末端连接（nonhomologous end joining, NHEJ）修复机制，同源重组（homologous recombination, HR）修复为其主要的切口修复方式。因此在细菌中将 CRISPR-Cas 系统与 HR 联合可应用于细菌的基因组编辑，发生同源重组的细菌因 Cas9 不能继续切割靶基因得以存活，而未发生同源重组的细菌则被持续切割而死亡[19]。谷氨酸棒杆菌作为各种氨基酸工业生产的微生物细胞工厂，通过 CRISPR-Cas9 介导的单链 DNA（single-stranded DNA, ssDNA）重组技术，提高了谷氨酸棒杆菌的生产力[20]；通过重组技术和 CRISPR-Cas9 介导的反选择条件系统，实现了金黄色葡萄球菌基因组的有效和精准点突变及大的单基因缺失[21]；利用 λ 噬菌体的 red 同源重组系统结合 CRISPR-Cas 系统，实现了大肠杆菌基因组的高效精准编辑[22]。上述利用 HR 结合 CRISPR-Cas 系统进行的基因组编辑，需要经过一个相对复杂的 DNA 编辑模板构建过程，不太适合进行大规模的基因组编辑。因此，有学者引入 NHEJ 相关蛋白来实现简单高效的基因组编辑，例如将 Cas9 以及来自结核分枝杆菌的保守型原核 NHEJ 相关蛋白转入大肠杆菌，然后将 sgRNA 表达质粒通过电转方式引入宿主菌，含有导入的 NHEJ 相关蛋白的宿主菌能够修复 DSB，使其在靶位点产生突变并存活，而野生型宿主菌则由于 Cas9 的切割而死亡[23]。在大肠杆菌中引入 Cas9 及耻垢分枝杆菌的 NHEJ 系统，实现了快速的基因组编辑并可进行连续的基因失活或 DNA 片段删除[24]。利用 Cas9 切口酶（nCas9）和胞苷脱氨酶（APOBEC1）的融合体，通过过早产生终止密码子使基因失活，从而在金黄色葡萄球菌中进行快速有效的遗传操作[25]。该技术避免了利用 HR 修复或 NHEJ 修复时由于靶基因座处引入 DSB 而导致的非靶突变，并可进行多位点突变。

10.3.2　参与细菌基因的表达调控

CRISPR-Cas9 系统不仅可以进行基因组编辑，而且还可以通过在转录和翻译水平上调控基因的表达来研究某些高度保守且难以敲除或置换的靶基因。将 Cas9 的 RuvC 和 HNH 剪切结构域点突变（D10A 和 H840A）得到失活的 dCas9，导致 Cas9 不具有核酸酶活性，但在 sgRNA 指导下可与特定的 DNA 序列结合，从而对特定基因表达进行调控[26]。根据是抑制还是激活基因表达而分为 CRISPR 干扰（CRISPR interference, CRISPRi）或 CRISPR 激活（CRISPR activation, CRISPRa）[27]。

dCas9 通过限制 RNA 聚合酶与启动子结合而抑制转录起始或者通过阻止 RNA 聚合酶在 DNA 双链上的滑动而抑制转录延伸达到抑制基因表达的目的[28]，当 dCas9 与靶基因的启动子结合，可竞争 RNAP 在其上的结合位置，从而抑制转录的起始，其抑制活性可达千倍以上[29]。不同的研究发现 dCas9 可下调肺炎链球菌 β- 半乳糖苷酶的表达量，可抑制分枝杆菌中某些功能基因的表达[30,31]。此外，截短的 sgRNA 结合到靶位点但不激发 Cas9 蛋白的核酸酶切割活性，但可抑制基因表达[32]。

除了抑制作用，dCas9 还可通过与转录激活因子融合，如末端融合（N 端和 C 端）、改变靶基因编码区和转录起始位点之间的长度、锚定于模板或非模板链以及使用可变转录强度的启动子等，而提高靶基因的转录水平。将 RNA 聚合酶的亚基分别与 dCas9 的 C 端和 N 端融合，转化 ω 亚基基因 *rpoZ*⁻ 缺失的大肠杆菌突变体，当 dCas9-ω 融合蛋白靶向 LacZ 启动子 −35 区 59nt 的位置时，可以获得显著的诱导表达[31]。截短的 sgRNA 和转录激活域嵌合体同 Cas9 蛋白共同转化，同样可以增强基因表达效率[26]。

在新凶手弗朗西斯菌（*Francisella novicida*）感染过程中，脂蛋白可以启动宿主的免疫应答以清除细菌感染，而该菌编码的 Cas9 蛋白可通过特异的 CRISPR-Cas 相关 RNA（scaRNA）抑制内源性的脂蛋白转录，从而降低宿主对病原菌感染的免疫反应[33]。可见，CRISPR-Cas 系统可能通过调控内源性基因的表达而在病原菌与宿主的相互作用过程中发挥重要作用。

10.3.3 与细菌生物膜、毒力和细菌耐药的关系

细菌通过不断进化以适应外界的生存环境，包括生物膜的形成、外源基因插入等以抵御生存环境的压力。溶原了 DMS3 噬菌体的铜绿假单胞菌 UCBPP-PA14 1-F 型 CRISPR-Cas 系统通过部分互补机制抑制生物膜形成和群体运动，由于 CRISPR 菌株无法下调噬菌体相关基因的表达，导致细菌死亡，而这些噬菌体相关基因在浮游条件下对生长和生存能力的影响最小，噬菌体相关基因的缺失在维持 CRISPR-Cas 系统功能的同时，恢复了生物膜的形成和群聚运动[34]。在大肠杆菌中通过 CRISPR 抑制 *luxS* 基因的表达可抑制生物膜形成[35]。空肠弯曲菌编码 II 型 CRISPR-Cas 系统，在缺失 CRISPR 位点的菌株中表达 Cas9 蛋白可增强细菌毒力；其 Cas9 突变株在感染人源细胞时运动能力增强，而细胞毒性减弱[36]。肺炎链球菌 CRISPR 系统能够阻止含有荚膜基因的质粒进入到无毒的菌株中，从而抑制毒力株的产生[37]。

抗生素耐药细菌每年导致上百万的感染病例及数万的死亡病例。虽然并不是所有的细菌都具有 CRISPR-Cas 系统，但越来越多的证据表明 CRISPR-Cas 系统能够阻碍细菌获得产生抗生素的基因组元件。Aydin 等人研究发现 I-F 型 CRISPR 系统干扰大肠杆菌对耐药性质粒的摄取[38]；金黄色葡萄球菌 CRISPR 系统能限制耐药基因在菌株之间的水平转移[39]；Cas9 敲除的粪肠球菌比野生株更容易通过结合获得抗生素抗性[40]。嗜热链球菌 CRISPR-Cas 核酸酶可通过噬菌体合成的序列特异性抗菌化合物而选择性地杀灭耐甲氧西林金黄色葡萄球菌（MRSA）[41]。

10.3.4 参与细菌与宿主的相互作用

了解细菌诱发人类疾病的机制对于有效的临床治疗及疫苗开发是必要的。对 CRISPR-Cas 的深入研究为探究宿主和微生物的相互作用、疾病的正确诊断及预防治疗提供了方向。CRISPR-Cas9 系统被广泛应用于研究病原微生物基

因或蛋白的致病机制[42]。Winter 等利用 CRISPR-Cas9 sgRNA 文库研究金黄色葡萄球菌 α- 溶血素诱导细胞毒性[43]，发现三个含有解离素和金属蛋白酶结构域的蛋白通过降低其在细胞表面的含量而下调 α- 溶血素与细胞的结合和毒性。Nødvig 等通过在化脓性链球菌的 Cas9 基因引入 3′ simian virus 40 的核酸定位序列及修饰 sgRNA 启动子而提高了 CRISPR-Cas 系统在丝状真菌中的编辑效率[44]。

10.3.5　与细菌分型的关系

传统的细菌分型方法一般依据生化及血清学特点等表型特征进行，重复性差、费时费力；分子分型虽然克服了传统方法的缺点，但需要特定的仪器设备并对操作人员的技术水平有较高要求，尤其不适合对不同菌株之间微小的 DNA 位点差异进行鉴别；多位点序列分析、多位点可变重复序列分析虽然可以区分微小差别，但需要在数据库中进行比对。细菌长期进化过程中 CRISPR 序列中间隔序列的插入和剔除使得 CRISPR 位点具有极高的多态性，通过 CRISPR 位点的 PCR 扩增和测序即可分析间隔序列的组成和排序，以此对细菌进行分型。因此，CRISPR 也可作为细菌分型的理想位点，且目前已有研究者利用这一原理对结核分枝杆菌、沙门菌、大肠杆菌、空肠弯曲杆菌、鼠疫耶尔森菌、化脓性链球菌等进行了分型研究。

结核分枝杆菌利用识别 DR 序列的引物 PCR 扩增 CRISPR 序列，然后与膜上的间隔序列 DNA 探针杂交，通过不同的杂交条带即可对不同的菌株进行分型[45]。通过对 130 个血清型的 783 株沙门菌检测发现其基因序列中 2 个 CRISPR 位点的多态性与沙门菌的血清型和亚型都有重要联系，间隔子可用来进行流行血清型中亚型区分，从而可以一步完成分型和分亚型[46]。对来自 43 个血清型的 194 株大肠杆菌进行 CRISPR 分型，发现大约 54% 的间隔序列是特异地存在于不同血清型的菌株中，CRISPR 分型与 STEC 血清型非常符合[47]；产志贺毒素（Stx）大肠杆菌 CRISPR 中间隔序列的数量与细菌的血清型之间具有一定的相关性，一般含有 stx 基因的菌株中仅含有少量的间隔序列[48]。用 CRISPR 位点对 184 株空肠弯曲杆菌分型，发现 74% 的样本中存在典型的 CRISPR 位点，其分型结果与扩增片段长度多态性分析（AFLP）和多位点序列分型（MLST）相似[49]。鼠疫耶尔森菌基因组中存在 3 个 CRISPR 序列，通过 CRISPR 位点可区分 MLVA 分型中相同型别菌株的变异，该差异与原始菌株的地理来源有关[50]。通过对分离的 14 株 A 型链球菌分析发现 PCR 扩增的间隔序列大小与两个插入序列（IS1548 和 IS1562）的 RFLP 接近，进一步对这 14 株及另外的 30 株序列进行分析发现不同的分离株中间隔序列数量的变化引起变异[51]。CRISPR 间隔序列在同一血清型钩端螺旋体中高度保守，但不同的血清型中则高度变异，23.5% 的间隔序列属于移动的遗传元件，可根据间隔序列对钩端螺旋体进行分型[15]。需要注意的是，上述细菌基因多态性较低，CRISPR 分型方法具有较高的分辨力。但如果某些细菌中的 CRISPR 位点出现频率低或间隔区种类较多，则会导致单纯 CRISPR 位点的分辨效果降低，故而有人将 CRISPR 与其他检测方法结合，例如 CRISPR 结合 MVLST（multi-virulence-locus sequence typing）用于沙门菌[52] 的检测等，该法具有分辨率高、快速、易操作的特点。

10.3.6 基于 CRISPR 系统的细菌进化分析

细菌在与噬菌体等外源 DNA 的斗争过程中，不断发生新间隔序列的插入和旧间隔序列的剔除，而且这种新间隔序列的插入和旧间隔序列的剔除是有极性和同时发生的，从而可在一定程度上记录细菌在不同时期、不同环境中遭遇外源 DNA 攻击的历史。因此，CRISPR 位点间隔序列的特点不仅使细菌获得对噬菌体的免疫性，还可以反映细菌的进化历程，有助于研究不同细菌之间的亲缘关系[53]。

嗜热链球菌不同菌株中相同的间隔序列一般出现在 CRISPR 位点的 3′端，而不同的间隔序列更多出现在靠近前导序列末端的 5′端，另外，位于 CRISPR 位点尾随序列的间隔序列在一些菌株间相同，预示着这些细菌可能来源于相同的祖先[54]。对鼠疫耶尔森菌中 CRISPR 位点的序列情况研究发现有相同间隔序列的菌株通常分布在特定区域，从而根据其序列特点推断出该菌的进化传播方式[50]。

10.3.7 与核酸检测的关系

快速准确地检测病原体有利于提高传染性疾病的临床治愈率及减少疾病的传播，理想的检测方法必须是敏感的、特异的且易于操作。由于 Cas 蛋白具有 RNA 引导的切割特定核酸序列的作用，原核生物的 CRISPR-Cas 系统为基因编辑提供了高效的工具。最近一些新的发现则为该系统应用于细菌的检测提供了可能。一些Ⅱ类 Cas 蛋白，如 Cas9、Cas13a 和 Cas12a，不仅能够对标靶 RNA 进行切割，还具有切割非标靶 RNA 的活性，即"附属切割"特性[55-57]，可被用来快速、低成本且高灵敏地检测核酸，在核酸分子诊断领域具有很大的应用潜力。

Pardee 等最早把 CRISPR-Cas 技术引入核酸分子诊断，他们将基于核酸序列的扩增（nucleic acid sequence-based amplification, NASBA）技术与 CRISPR-Cas9 系统结合用于低成本区分寨卡病毒亚型[58]。该检测技术在 NASBA 扩增的病毒 RNA 上添加了一个合成的启动序列，并通过 sgRNA-Cas9 复合物来切割产生的 dsDNA。病毒特异性的 PAM 存在或缺失导致 Cas9 裂解时产生片段或全长 DNA，全长 DNA 能够激活启动开关，导致检测纸盘的颜色变化，从而达到检测的目的。利用该技术可在现场准确地进行毒株特异性的诊断，对于病毒流行病学和制订遏制策略与治疗计划具有非凡意义。

Müller 等将 CRISPR-Cas9 与光学 DNA 映射（optical DNA mapping）相结合以鉴定细菌的抗生素抗性基因[59]，该技术中 gRNA-Cas9 复合体特异性的结合、切割含有抗性基因质粒的核苷酸序列，并通过荧光染料 yoyo-1 和 netropsin 有选择地结合 AT 富含区序列，从而产生每个 DNA 片段特有的发射强度，类似条形码。通过该方法可以区分不同的产 β- 内酰胺酶（ESBLs）质粒，如头孢噻肟 CTX-M-15 和 CTX-M-14、碳青霉烯酶 KPC 和新德里 -β- 内酰胺酶 NDM-1 等。尤其是该方法可利用多个 crRNA 在同一个反应中检测多个抗性基因。Guk 等通过 CRISPR-Cas9 结合 DNA 荧光原位杂交技术检测耐甲氧西林金黄色葡萄球菌[60]。该方法中所用 Cas9 为失活状态，sgRNA-dCas9 复合体能够识别靶序列但不能切割 DNA，可通过荧光强度的改变检测 *mecA* 基因。

2017 年，Gootenberg 等将来自于一种纤毛菌的 Cas13a 与重组酶聚合酶等温扩增技术（recombinase polymerase amplification, RPA）或逆转录等温扩增技术（RTPA）结合，开发了一种基于高特异性和灵敏性的酶解锁报告探针（specific high-sensitivity enzymatic reporter unlocking, SHERLOCK）的核酸检测系统[56]。一个 crRNA-Cas13a 复合物以高度特异性结合和切割靶核酸，当 crRNA-Cas13a 复合物特异性识别靶核酸并切割后，与荧光报告基因偶合的非靶 RNA 也会被切割而发出荧光信号。使用该方法，Gootenberg 等区分了密切相关的寨卡病毒株和登革热病毒株，鉴定出了大肠杆菌和绿脓杆菌并区分了不同抗性基因（KPC 和 NDM）的肺炎克雷伯菌分离株。该系统对靶标的检出

限低至 2×10^3 拷贝 /mL（3.2amol/L），实现了单个核酸分子的检测。

2015 年，张锋团队又开发了一种基于 DNA 内切酶靶向 CRISPR 非特异性的报告探针（DNA endonuclease targeted CRISPR trans reporter, DETECTR）的核酸检测技术[61]。该方法中 crRNA-Cas12a 复合体与靶 DNA 序列结合导致与荧光报告基因结合的 ssDNA 无差异切割。使用该方法能够 1 h 内从感染多种不同人乳头瘤病毒亚型的样本粗提物中准确检测出高风险的 HPVl6 和 HPVl8。加之该系统中靶标及底物均为稳定的 DNA，故而该方法特别适合于现场的快速检测。Gootenberg 等通过将多个预先筛选的 Cas13 和 Cas12 核酸酶与提供不同波长信号检测的核酸荧光报告基因复合体相结合，实现了多达 4 个目标的检测；通过优化 RPA 引物浓度使得样品输入和信号强度在大范围的样品浓度中紧密相关而实现了对样品的定量检测；通过加入 Csm6 提高了与荧光报告基因结合的非靶 ssRNA 的切割效率而增强了检测的灵敏度；通过在后期检测中用生物素标记代替荧光读数提高了检测的便携性[62]。Myhrvold 等将 SHERLOCK 与加热去除核酸酶的未提取样本（heating unextracted diagnostic samples to obliterate nucleases, HUDSON）联合，使得不必提取核酸而直接从体液中检测病原体成为可能[63]。该方法通过加热使体液中大量的核酸酶失活并释放核酸进入溶液中，已成功地在 2h 内检测了全血、血清、唾液中的登革病毒并对其进行了分型，一周时间内鉴别了 6 个 HIV 逆转录酶突变体。

10.4 CRISPR-Cas系统的应用可能带来的伦理问题及有害影响

CRISPR-Cas 系统在基因编辑方面获得广泛应用，也被用来改造具有广泛应用的微生物，来生产生物燃料、化学品或药品，以及用于污染修复和疾病诊断或治疗等。然而，在广泛应用 CRISPR-Cas 系统的同时，也不能忽略其可能带来的风险。CRISPR-Cas 系统在操作过程中可能产生偏离目标的影响，甚至是有害的[64]。例如在真核生物基因编辑过程中由于前导 RNA 的靶 DNA 只有 20 bp 左右以及非 Watson-Crick 碱基配对，CRISPR-Cas 系统非常容易产生脱靶，高效率的脱靶效应导致了各种各样的非目的性插入、删除或点突变[65,66]；另外，大型基因组中可能包含多个与靶 DNA 序列相同或高度同源的 DNA 序列，CRISPR-Cas 可能识别并切割这些序列而造成细胞死亡或转化。

10.5　结语

　　细菌可生活在各种不同的环境中，无论环境如何变化，细菌都能通过发展新的生存策略来适应新的微环境。外源 DNA 可通过转化、转导、接合等方式进入微生物基因组并产生有害的影响，而微生物则进化出一系列的防御机制，如限制 - 修饰系统、流产感染、表面排斥系统等来区分自我和非我核酸，从而抵御外源 DNA 的入侵、维持自身基因结构的稳定。CRISPR-Cas 系统是近年发现的广泛分布于几乎所有的古菌和大多数细菌中的特殊结构，可通过基因的水平转移获得并在不同细菌间传播，是目前原核生物中唯一发现的"适应性"免疫系统。虽然目前 CRISPR-Cas 系统在微生物应用中的脱靶效应鲜有报道，但是非常有可能在改变一种微生物时意外地产生有害的目标突变而产生变异，甚至是有害的微生物。此外，这些基因工程微生物还可能对环境平衡产生严重影响，并最终构成严重威胁。最令人担心的是，CRISPR-Cas 可能被滥用，例如合成和操纵病原体，使危险的病原体变得更加强大，从而造成人类的劫难。

参考文献

[1] Samson J E, Magadán A H, Sabri M, et al. Revenge of the phages: defeating bacterial defences [J]. Nat Rev Microbiol, 2013, 11(10): 675-687.

[2] Koonin E V, Makarova K S, Wolf Y I. Evolutionary genomics of defense systems in archaea and bacteria [J]. Annu Rev Microbiol, 2017, 71: 233-261.

[3] Makarova K S, Haft D H, Barrangou R, et al. Evolution and classification of the CRISPR-Cas systems [J]. Nat Rev Microbiol, 2011, 9(6): 467-77.

[4] Makarova K S, Wolf Y I, Alkhnbashi O S, et al. An updated evolutionary classification of CRISPR-Cas systems [J]. Nat Rev Microbiol, 2015, 13(11): 722-36.

[5] Makarova K S, Grishin N V, Shabalina S A, et al. A putative RNA-interference-based immune system in prokaryotes: computational analysis of the predicted enzymatic machinery, functional analogies with eukaryotic RNAi, and hypothetical mechanisms of action [J]. Biol Direct, 2006, 1: 7.

[6] Stern A, Keren L, Wurtzel O, et al. Self-targeting by CRISPR: gene regulation or autoimmunity? [J]. Trends Genet, 2010, 26(8): 335-340.

[7] Westra E R, Buckling A, Fineran P C. CRISPR-Cas systems: beyond adaptive immunity [J]. Nat Rev Microbiol, 2014, 12(5): 317-326.

[8] Mojica F J, Rodriguez-Valera F. The discovery of CRISPR in archaea and bacteria [J]. FEBS J, 2016, 283(17): 3162-3169.

[9] Mojica F J, Díez-Villaseñor C, Soria E, et al. Biological significance of a family of regularly spaced repeats in the genomes of archaea, bacteria and mitochondria [J]. Mol Microbiol, 2000, 36(1): 244-246.

[10] Jansen R, Embden J D, Gaastra W, et al. Identification of genes that are associated with DNA repeats in prokaryotes [J]. Mol Microbiol, 2002, 43(6): 1565-1575.

[11] Díez-Villaseñor C, Almendros C, García-Martínez J, et al. Diversity of CRISPR loci in *Escherichia coli* [J]. Microbiology, 2010, 156(5): 1351-1361.

[12] Shariat N, Timme R E, Pettengill J B, et al. Characterization and evolution of *Salmonella* CRISPR-Cas systems [J]. Microbiology, 2015, 161(2): 374-386.

[13] Yang C, Li P, Su W, et al. Polymorphism of CRISPR shows separated natural groupings of *Shigella* subtypes and evidence of horizontal transfer of CRISPR [J]. RNA Biol, 2015, 12(10): 1109-1120.

[14] Wang P, Zhang B, Duan G, et al. Bioinformatics analyses of *Shigella* CRISPR structure and spacer classification [J]. World J Microbiol Biotechnol, 2016, 32(3): 38.

[15] Xiao G, Yi Y, Che R, et al. Characterization of CRISPR-Cas systems in *Leptospira* reveals potential application of CRISPR in genotyping of *Leptospira interrogans* [J]. APMIS, 2019, 127(4): 202-216.

[16] Deltcheva E, Chylinski K, Sharma C M, et al. CRISPR RNA maturation by trans-encoded small RNA and host factor RNase Ⅲ [J]. Nature, 2011, 471(7340): 602-607.

[17] Pougach K, Semenova E, Bogdanova E, et al. Transcription, processing and function of CRISPR cassettes in *Escherichia coli* [J]. Mol Microbiol, 2010, 77(6): 1367-1379.

[18] Touchon M, Charpentier S, Clermont O, et al. CRISPR distribution within the *Escherichia coli* species is not suggestive of immunity-associated diversifying selection [J]. J Bacteriol, 2011, 193(10): 2460-2467.

[19] Jiang W, Bikard D, Cox D, et al. RNA-guided editing of bacterial genomes using CRISPR-Cas systems [J]. Nat Biotechnol, 2013, 31(3): 233-239.

[20] Liu J, Wang Y, Lu Y, et al. Development of a CRISPR/Cas9 genome editing toolbox for *Corynebacterium glutamicum* [J]. Microb Cell Fact, 2017, 16(1): 205.

[21] Penewit K, Holmes E A, McLean K, et al. Efficient and scalable precision genome editing in *Staphylococcus aureus* through conditional recombineering and CRISPR/Cas9-mediated counterselection [J]. MBio, 2018, 9(1). pii: e00067-18.

[22] Bassalo M C, Garst A D, Halweg-Edwards A L, et al. Rapid and efficient one-step metabolic pathway integration in *E. coli* [J]. ACS Synth Biol, 2016, 5(7): 561-568.

[23] Su T, Liu F, Gu P, et al. A CRISPR-Cas9 assisted non-homologous end-joining strategy for one-step engineering of bacterial genome [J]. Sci Rep, 2016, 6: 37895.

[24] Zheng X, Li S Y, Zhao G P, et al. An efficient system for deletion of large DNA fragments in *Escherichia coli* via introduction of both Cas9 and the non-homologous end joining system from *Mycobacterium smegmatis* [J]. Biochem Biophys Res Commun, 2017, 85(4): 768-774.

[25] Gu T, Zhao S, Pi Y, et al. Highly efficient base editing in *Staphylococcus aureus* using an engineered CRISPR RNA-guided cytidine deaminase [J]. Chem Sci, 2018, 9(12): 3248-3253.

[26] Cheng A W, Wang H, Yang H, et al. Multiplexed activation of endogenous genes by CRISPR-on, an RNA-guided transcriptional activator system [J]. Cell Res, 2013, 23(10): 1163-1171.

[27] Larson M H, Gilbert L A, Wang X, et al. CRISPR interference(CRISPRi)for sequence-specific control of gene expression [J]. Nat Protoc, 2013, 8(11): 2180-2196.

[28] Yoon J, Woo H M. CRISPR interference-mediated metabolic engineering of *Corynebacterium glutamicum* for homo-butyrate production [J]. Biotechnol Bioeng, 2018, 115(8): 2067-2074.

[29] Qi L S, Larson M H, Gilbert L A, et al. Repurposing CRISPR as an RNA-guided platform for sequence-specific control of gene expression [J]. Cell, 2013, 152(5): 1173-1183.

[30] Bikard D, Jiang W, Samai P, et al. Programmable repression and activation of bacterial gene expression using an engineered CRISPR-Cas system [J]. Nucleic Acids Res, 2013, 41(15): 7429-7437.

[31] Singh A K, Carette X, Potluri L P, et al. Investigating essential gene function in *Mycobacterium tuberculosis* using an efficient CRISPR interference system [J]. Nucleic Acids Res, 2016, 44(18): e143

[32] Kiani S, Chavez A, Tuttle M, et al. Cas9 gRNA engineering for genome editing, activation and repression [J]. Nat Methods, 2015, 12(11): 1051-1054.

[33] Sampson T R, Saroj S D, Llewellyn A C, et al. A CRISPR-Cas system mediates, bacterial innate immune evasion and virulence [J]. Nature, 2013, 497(7448): 254-257.

[34] Heussler G E, Cady K C, Koeppen K, et al. Clustered regularly interspaced short palindromic repeat-dependent, biofilm-specific death of *Pseudomonas aeruginosa* mediated by increased expression of phage-related genes [J]. MBio, 2015, 6(3): e00129-15.

[35] Zuberi A, Misba L, Khan A U. CRISPR interference(CRISPRi)inhibition of *luxS* gene expression in *E. coli*: an approach to inhibit biofilm [J]. Front Cell Infect Microbiol, 2017, 7: 214.

[36] Louwen R, Horst-Kreft D, de Boer A G, et al. A novel link between *Campylobacter jejuni* bacteriophage defence, virulence and Guillain-Barré syndrome [J]. Eur J Clin Microbiol Infect Dis, 2013, 32(2): 207-226.

[37] Bikard D, Hatoum-Aslan A, Mucida D, et al. CRISPR interference can prevent natural transformation and virulence acquisition during in vivo bacterial infection [J]. Cell Host Microbe, 2012, 12(2): 177-186.

[38] Aydin S, Personne Y, Newire E, et al. Presence of Type I-F CRISPR-Cas systems is associated with antimicrobial susceptibility in *Escherichia coli* [J]. J Antimicrob Chemother, 2017, 72: 2213-2218.

[39] Lindsay J A. Staphylococcus aureus genomics and the impact of horizontal gene transfer [J]. Int J Med Microbiol, 2014, 304(2): 103-109.

[40] Price V J, Huo W, Sharifi A 1, et al. CRISPR-Cas and restriction-modification act additively against conjugative antibiotic resistance plasmid transfer in *Enterococcus faecalis* [J]. mSphere, 2016, 1(3). pii: e00064-16.

[41] Garneau J E, Dupuis M E, Villion M, et al. The CRISPR-Cas bacterial immune system cleaves bacteriophage and plasmid DNA [J]. Nature, 2010, 468(7320): 67-71.

[42] Doerflinger M, Forsyth W, Ebert G, et al. CRISPR-Cas9-The 544 ultimate weapon to battle infectious diseases? [J]. Cell Microbiol, 2017, 19(2).

[43] Winter S V, Zychlinsky A, Bardoel B W. Genome-wide CRISPR screen reveals novel host factors required for *Staphylococcus aureus* α-hemolysin-mediated toxicity [J]. Sci Rep, 2016, 6: 24242.

[44] Nødvig C S, Nielsen J B, Kogle M E, et al. A CRISPR-Cas9 system for genetic engineering of filamentous fungi [J]. PLoS One, 2015, 10(7): e0133085.

[45] Streicher E M, Victor T C, van der Spuy G, et al. Spoligotype signatures in the *Mycobacterium tuberculosis* complex [J]. J. Clin. Microbiol, 2007, 45: 237-240.

[46] Fabre L, Zhang J, Guigon G, et al. CRISPR typing and subtyping for improved laboratory surveillance of *Salmonella* infections [J]. PLoS One, 2012, 7(5): e36995.

[47] Toro M, Cao G, Ju W, et al. Association of clustered regularly interspaced short palindromic repeat(CRISPR)elements with specific serotypes and virulence potential of shiga toxin-producing *Escherichia coli* [J]. Appl Environ Microbiol, 2014, 80(4): 1411-1420.

[48] Yin S, Jensen M A, Bai J, et al. The evolutionary divergence of shiga toxin-producing *Escherichia coli* is reflected in clustered regularly interspaced short palindromic repeat (CRISPR) spacer composition [J]. Appl Environ Microbiol, 2013, 79(18): 5710-5720.

[49] Schouls L M, Reulen S, Duim B, et al. Comparative genotyping of *Campylobacter jejuni* by amplified fragment length polymorphism, multilocus sequence typing, and short repeat sequencing: strain diversity, host range, and recombination [J]. J. Clin. Microbiol, 2003, 41: 15-26.

[50] Cui Y, Li Y, Gorgé O, et al. Insight into microevolution of *Yersinia pestis* by clustered regularly interspaced short palindromic repeats [J]. PLoS One, 2008, 3(7): e2652.

[51] Hoe N, Nakashima K, Grigsby D, et al. Rapid molecular genetic subtyping of serotype M1 group A *Streptococcus* strains [J]. Emerg. Infect. Dis, 1999, 5: 254-263.

[52] Liu F, Barrangou R, Gerner-Smidt P, et al. Novel virulence gene and clustered regularly interspaced short palindromic repeat(CRISPR)multilocus sequence typing scheme for subtyping of the major serovars of *Salmonella enterica* subsp. *enterica* [J]. Appl. Environ. Microbiol, 2011, 77: 1946-1956.

[53] Koonin E V, Makarova K S, Zhang F. Diversity, classification and evolution of CRISPR-Cas

systems [J]. Curr Opin Microbiol, 2017, 37: 67-78.

[54] Horvath P, Romero D A, Coûté-Monvoisin A C, et al. Diversity, activity, and evolution of CRISPR loci in *Streptococcus thermophilus* [J]. J Bacteriol, 2008, 190(4): 1401-1412.

[55] East-Seletsky A, O'Connell M R, Knight S C, et al. Two distinct RNase activities of CRISPR-C2c2 enable guide-RNA processing and RNA detection [J]. Nature, 2016, 538(7624): 270-273.

[56] Gootenberg J S, Abudayyeh O O, Lee J W, et al. Nucleic acid detection with CRISPR-Cas13a/C2c2 [J]. Science, 2017, 356(6336): 438-442.

[57] Chen J S, Ma E, Harrington L B, et al. CRISPR-Cas12a target binding unleashes indiscriminate single-stranded DNase activity [J]. Science, 2018, 360(6387): 436-439.

[58] Pardee K, Green A A, Takahashi M K, et al. Rapid, low-cost detection of Zika virus using programmable biomolecular components [J]. Cell, 2016, 165(5): 1255-1266.

[59] Müller V, Rajer F, Frykholm K, et al. Direct identification of antibiotic resistance genes on single plasmid molecules using CRISPR-Cas9 in combination with optical DNA mapping [J]. Sci Rep, 2016, 6: 37938.

[60] Guk K, Keem J O, Hwang S G, et al. A facile, rapid and sensitive detection of MRSA using a CRISPR-mediated DNA FISH method, antibody-like dCas9/sgRNA complex [J]. Biosens Bioelectron, 2017, 95: 67-71.

[61] Zetsche B, Gootenberg J S, Abudayyeh O O, et al. Cpf1 is a single RNA-guided endonuclease of a class 2 CRISPR-Cas system [J]. Cell，2015，163(3)：759-771.

[62] Gootenberg J S, Abudayyeh O O, Kellner M J, et al. Multiplexed and portable nucleic acid detection platform with Cas13, Cas12a, and Csm6 [J]. Science, 2018, 360(6387): 439-444.

[63] Myhrvold C, Freije C A, Gootenberg J S, et al. Field-deployable viral diagnostics using CRISPR-Cas13 [J]. Science, 2018, 360(6387): 444-448.

[64] Rodriguez E. Ethical issues in genome editing using CRISPR-Cas9 System [J]. J Clin Res Bioeth, 2016, 7: 266.

[65] Cradick T J, Fine E J, Antico C J, et al. CRISPR-Cas9 systems targeting β-globin and CCR5 genes have substantial off-target activity [J]. Nucleic Acids Res, 2013, 41(20): 9584-9592.

[66] Zhang X H, Tee L Y, Wang X G, et al. Off-target effects in CRISPR-Cas9-mediated genome engineering [J]. Mol Ther Nucleic Acids, 2015, 4: e264.

第11章

CRISPR-Cas技术在抵抗病原微生物感染中的应用

黄红兰

11.1　引言

CRISPR-Cas 基因编辑技术是由细菌或古菌 CRISPR 介导的获得性免疫系统衍生而来的。近年来，基因编辑技术已经广泛应用于各个方面，例如细胞系、实验动物、植物等。本章主要介绍 CRISPR-Cas9 基因编辑技术在微生物学方面的应用。

11.2　CRISPR-Cas9基因编辑系统在病毒相关疾病治疗中的应用

病毒是专性的细胞内病原体，其通过特异性受体感染细胞并依赖宿主的细胞组分进行复制。进入细胞后，病毒基因组复制、转录和翻译以完成其生命周期。当病毒感染人类时，可能导致严重的疾病，具有高死亡率或发病率。人乳头瘤病毒（HPV）属球型 DNA 病毒，能引起皮肤黏膜的鳞状上皮细胞增殖。HPV16 表达病毒癌蛋白 E6 和 E7 的变体，它们与导致宫颈癌的恶性表型的发展紧密相关，这是全球女性癌症发生的第二大常见原因。CRISPR-Cas9 单独使用或与其他治疗方式联合用于体外和体内研究，以对抗 HPV16 和 HPV18 所引发的宫颈癌。CRISPR-Cas9 靶向宫颈癌细胞系中 HPV16 和 HPV18 癌基因 E6 和 E7，包括 HeLa 和 SiHa 细胞，导致细胞周期停滞并最终导致恶性细胞死亡。HPV16 E6 和 E7 病毒癌基因的突变抑制了体内肿瘤生长，表明用 CRISPR-Cas9 技术可作为一种治疗手段 [1-3]。

乙型肝炎病毒（HBV）是引起乙型肝炎的病原体。HBV 共价闭合环状 DNA（cccDNA）的持续存在是慢性乙型肝炎抗病毒治疗的主要障碍。cccDNA 是 HBV 生命周期的关键组成部分，可作为所有病毒 mRNA 转录的模板，包括前基因组 RNA（pgRNA）。CRISPR-Cas9 核酸酶可以将双链 DNA 断裂引入 HBV cccDNA，造成的损伤主要是非同源末端连接（NHEJ）错误修复 cccDNA 导致的。这说明 NHEJ 增强 CRISPR-Cas9 的抗 HBV 活性并增加 cccDNA 突变。并且通过 DNA-PKcs 抑制剂 NU7026 抑制 NHEJ 途径可防止 CRISPR-Cas9 切割的 HBV cccDNA 降解。CRISPR-Cas9 系统能够在体外和体内破坏 HBV 的基因组，此系统去除病毒感染方面的潜力是巨大的。在多项研究中，针对 HBV 的特异性 gRNA，CRISPR-Cas9 系统显著降低了 Huh-7、HepG2、HepG2.2.15 和 HepG2-H1 中 HBV 核心和表面蛋白的产生。此外，在小鼠模型中，该系统切割含有 HBV 基因组的肝内质粒并在体内促进其清除，导致血清表面抗原水平降低 [4-7]。

在 HIV 病毒中，趋化因子 CCR5 作为 G 蛋白偶联因子超家族成员的包膜蛋白是 HIV-1 入侵细胞主要的辅助受体之一。以 CCR5 为靶点的 HIV-1 的受体拮抗剂受到很多关注。CRISPR-Cas9 已经被用于编辑 CD4+ 细胞和人 iPSC（hiPSC）细胞中的 CCR5 基因。Youdiil Ophinni 等构建了靶向 HIV-1 调节基因 *tat* 和 *rev* 的 gRNA，CRISPR-Cas9 转导到稳定表达 Tat 和 Rev 蛋白的 293T 和 HeLa 细胞中成功地消除了相对于未转导和缺失 gRNA 的载体转导细胞中每种蛋白质的表达。Tat-CRISPR 转染至细胞后，HIV-1 的复制明显受到抑制。Rev-CRISPR 转染至细胞后消除了 gp120 的表达。使用 CRISPR-Cas9 系统靶向 HIV-1 的调节基因可以有效抑制感染的 T 细胞培养物中的病毒复制 [8]。丙型肝炎病毒（HCV）可导致慢性肝炎、肝硬化和肝癌，EB 病毒与伯基特淋巴瘤、鼻咽癌和传染性单核细胞增多症有关，最近几年 CRISPR-Cas9 基因编辑技术也被应用于鉴定丙型肝炎病毒（HCV）感染的关键因子和 EBV 的体外抑制试验中 [9-11]。

11.3　CRISPR-Cas9基因编辑系统在细菌和真菌中的应用

2013 年，CRISPR-Cas9 基因组编辑工具第一次运用到细菌的基因编辑中，它基于来自化脓链球菌（*Streptococcus pyogenes*）Ⅱ-A 型 CRISPR-Cas 系统（SpCas9）的 Cas9 核酸内切酶。同时，SpCas9 也被广泛地用于真核生物的基因组编辑。Jiang 等对肺炎链球菌和大肠杆菌中多个基因进行了编辑，突变效率较高，在肺炎链球菌高达 100%，在大肠杆菌中达到 65%。还有科学家将 CRISPR-Cas9 系统和 Red 重组系统进行融合然后运用于大肠杆菌的单链寡聚核苷酸进行基因重组，同时对染色体上多基因进行置换 [12]。

2013 年，CRISPR-Cas9 基因编辑系统首次被应用于真菌酿酒酵母（*Saccharomyces cerevisiae*），成功敲除了细胞膜精氨酸透性酶 *CAN1* 基因，该系统目前广泛应用于多种真菌基因功能的研究 [13]。

2015 年，Liu 等将 CRISPR-Cas9 基因编辑系统应用于里氏木霉（*Trichoderma reesei*），构建优化密码子的 Cas9 蛋白表达载体，利用根癌农杆菌（*Agrobacterium tumefaciens*）AGL-1 介导转化里氏木霉菌丝体，在形成里氏木霉 Cas9 表达平台（Cas9-expressing chassis）的基础上，构建 sgRNA 载体，敲除乳酸核糖转移酶 *ura5* 基因，敲除率几乎达到 100%[14]。Schuster 等在玉米黑粉菌（*Ustilago maydis*）中构建了 CRISPR-Cas9 基因编辑系统，并利用该系统敲除了成丝和致病相关基因 *bE1* 和 *bW2*，敲除率达 70% ～ 100%[15]。

11.4　结语

近年来，CRISPR-Cas9 基因编辑技术已经被广泛应用到各个领域。CRISPR-Cas9 系统已应用于细胞和动物模型，以研究和搜索不同神经系统疾病的治疗方法，如阿尔茨海默病。在真菌（如酿酒酵母等）、细菌（如枯草芽孢杆菌、梭菌等）、动物（如斑马鱼、小鼠等）、植物（如拟南芥、水稻等）等生物体内均有广泛应用。最近，有报道称 CRISPR-Cas9 技术不仅可对 DNA 进行编辑，还可对 RNA 进行编辑。2015 年张锋等报道了新型 CRISPR 系统 CRISPR-Cpf1，该系统相比于 CRISPR-Cas9 系统更加简单，已经被应用于多个领域的基因编辑。随着科学技术的发展，CRISPR 基因编辑技术将会更多地造福人类，推动科学技术的快速发展 [16,17]。

参考文献

[1] Zhen S, Lu J J, Wang L J, et al. In vitro and in vivo synergistic therapeutic effect of cisplatin with human papillomavirus16 E6/E7 CRISPR/Cas9 on cervical cancer cell line. [J] Transl Onco, 2016, 9(6): 498-504.

[2] Zhen S, Hua L, Takahashi Y, et al. In vitro and in vivo growth suppression of human papillomavirus 16-positive cervical cancer cells by CRISPR/Cas9[J]. Biochemical & Biophysical Research Communications, 2014, 450(4): 1422-1426.

[3] Kennedy E M, Kornepati A V R, Goldstein M, et al. Inactivation of the human papillomavirus E6 or E7 gene in cervical carcinoma cells by using a bacterial CRISPR/Cas RNA-guided endonuclease.[J]. Journal of Virology, 2014, 88(20): 11965-11972.

[4] Sakuma T, Masaki K, Abe-Chayama H, et al. Highly multiplexed CRISPR‐Cas9‐nuclease and Cas9‐nickase vectors for inactivation of hepatitis B virus[J]. Genes to Cells Devoted to Molecular & Cellular Mechanisms, 2016, 21(11): 1253-1262.

[5] Zhen S, Hua L, Liu Y H, et al. Harnessing the clustered regularly interspaced short palindromic repeat (CRISPR)/CRISPR-associated Cas9 system to disrupt the hepatitis B virus[J]. Gene Therapy, 2015, 22(5): 404-412.

[6] Karimova M, Beschorner N, Dammermann W, et al: CRISPR/Cas9 nickase-mediated disruption of hepatitis B virus open reading frame S and X. [J] Sci Rep, 2015, 5: 13734.

[7] Ramanan V, Shlomai A, Cox D B T, et al. CRISPR/Cas9 cleavage of viral DNA efficiently suppresses hepatitis B virus[J]. entific Reports, 2015, 5: 10833.

[8] Ophinni Y, Inoue M, Kotaki T, et al. CRISPR/Cas9 system targeting regulatory genes of HIV-1 inhibits viral replication in infected T-cell cultures[J]. entific Reports, 2018, 8(1): 7784.

[9] Ren Q, Li C, Yuan P, et al. A Dual-Reporter System for Real-Time Monitoring and High-throughput CRISPR/Cas9 Library Screening of the Hepatitis C Virus[J]. entific Reports, 2015, 5: 8865.

[10] Yuen K S, Chan C P, Wong N H M, et al. CRISPR/Cas9-mediated genome editing of Epstein-Barr virus in human cells[J]. Journal of General Virology, 2015, 96(3): 626-636.

[11] Wang J, Quake S R. RNA-guided endonuclease provides a therapeutic strategy to cure latent herpesviridae infection[J]. Proceedings of the National Academy of ences of the United States of America, 2014, 111(36): 13157.

[12] Jiang W, Bikard D, Cox D, et al. RNA-guided editing of bacterial genomes using CRISPR-Cas systems[J]. Nature Biotechnology, 2013, 31(3): 233-239.

[13] DiCarlo J E, Norville J E, Mali P, et al. Genome engineering in *Saccharomyces cerevisiae* using CRISPR/Cas systems[J]. Nucleic Acids Research, 2013, 41(7): 4336-43.

[14] Liu R, Chen L, Jiang YP, et al. Efficient genome editing infilamentous fungus *Trichoderma reesei* using the CRISPR/Cas9 system[J]. Cell Discovery, 2015, 1: 15007

[15] Schuster M, Schweizer G, Reissmann S, et al. Genome editing in *Ustilago maydis* using the CRISPR-Cas system[J]. Fungal Genetics & Biology, 2016, 89: 3-9.

[16] Zhang Y, Wang J, Wang Z, et al. A gRNA-tRNA array for CRISPR-Cas9 based rapid multiplexed genome editing in *Saccharomyces cerevisiae*[J]. Nature Communications, 2019, 10(1).

[17] Jinek M, East A, Cheng A, et al. RNA-programmed genomeediting in human cells[J] Elife, 2013, 2: e00471.

CRISPR

第12章

CRISPR-Cas9在免疫学研究中的应用

王红仁

12.1 引言

1987 年，日本大阪大学研究人员发现在大肠杆菌碱性磷酸酶编码基因附近存在一段串联间隔重复序列[1]，2002 年，Jansen 等[2] 将其正式命名为簇状规则间隔短回文重复序列（CRISPR）。后来发现 CRISPR 存在于 40% 的细菌和 90% 的古菌中，是细菌抵抗外源性遗传物质入侵的重要机制。2013 年，麻省理工学院张锋实验室首次通过设计 CRISPR-Cas 系统对哺乳动物细胞完成基因编辑[3]。自此以后，由于其设计简单、作用高效、可同时对多位点进行编辑等特点，CRISPR-Cas 系统迅速取代锌指核酸酶（zinc finger nucleases, ZFN）和类转录激活因子效应物核酸酶（transcription activator-like effector nucleases, TALEN）技术成为基因编辑领域的新热点，广泛应用于生物医学各学科的研究，本章主要介绍 CRISPR-Cas9 在免疫学相关领域研究中的应用。

12.2 CRISPR-Cas9在免疫相关疾病发病机制研究中的应用

12.2.1 造血系统恶性肿瘤疾病机制及动物模型研究

造血干细胞（hematopoietic stem cells, HSCs）易于分离，具有自我更新、分化的能力。通过 CRISPR-Cas9 对 HSCs 进行基因编辑，对其相关疾病机制的研究以及用于疾病治疗方面具有重要意义。

造血系统恶性肿瘤涉及多个基因突变，导致克隆多样性及对治疗反应各异。建立合适的动物模型，对研究造血系统恶性肿瘤发病机制、筛选药物具有重要价值，但小鼠与人造血干细胞在肿瘤发生过程中涉及的机制相差甚大，因此理想的模型应该是用人的细胞移植到小鼠体内。基因编辑技术的发展大大简化了这一过程。Tothova 等[4] 采用 CRISPR-Cas9 系统对成人外周血中及脐带血 CD34+ 造血干细胞 / 祖细胞（hematopoietic stem and progenitor cells, HSPCs）进行基因编辑，不仅可有效地进行单个位点编辑，而且可同时编辑多个基因，如骨髓增生异常综合征（MDS）涉及 *TET2*、*ASXL1*、*DNMT3A*、*RUNX1*、*TP53*、*NF1*、*EZH2*、*STAG2* 和 *SMC3* 这 9 个基因的突变。编辑之后的细胞移植到免疫缺陷小鼠体内可建立起相应的造血系统恶性肿瘤疾病模型。

进一步实验证实，CRISPR-Cas9 系统可有效地在小鼠体内对这些造血细胞进行基因编辑。另外，动物模型中的这些遗传修饰的细胞具有长期多谱系分化的能力，并可用于连续移植。与之前的模型相比，该模型可更精确地筛选药物以及预测对药物敏感的基因型。

急性髓性白血病（acute myeloid leukemia, AML）的发病机制与染色体易位有关，多数在染色体 11q23 发生 MLL1/KMT2A 基因重排。Reimer 等 [5] 利用慢病毒载体递送 CRISPR-Cas9 系统，有效诱导人 CD34+ HSPCs 完成 t（11;19）/MLL-ENL 易位，成功构建疾病模型，带有 t（11;19）/MLL-ENL 易位的人 CD34+ HSPCs 可在免疫缺陷小鼠体内长期存活。

12.2.2　CRISPR-Cas9 全基因组筛选用于研究复杂生命过程

功能性全基因组筛选（functional whole genome screening）可用于鉴定在某些生物学过程中涉及的基因表达。在 CRISPR-Cas9 技术出现之前，功能性全基因组筛选主要是采用 RNAi 技术和过表达 cDNA 文库来完成 [6,7]。RNAi 通过降解 mRNA 抑制基因翻译，但不能完全抑制基因表达，且有脱靶效应。过表达 cDNA 文库可提高基因蛋白质翻译水平，但真核生物基因转录后存在可变剪切，因此 cDNA 文库难以覆盖所有转录本。构建 gRNA 全基因组文库，可有效替代 RNAi 和过表达 cDNA 文库完成全基因组筛选，更重要的是，该技术可用于原代免疫细胞基因编辑。

树突状细胞（dendritic cells, DCs）在细菌脂多糖（LPS）的刺激下，可通过 Tlr4 信号通路产生肿瘤坏死因子（TNF）。Parnas 等 [8] 利用慢病毒载体构建 sgRNAs 文库，一共包括 125793 条 sgRNA，主要针对小鼠基因组的 21786 个蛋白编码基因及 miRNA 基因。然后收集 Cas9 转基因小鼠的骨髓来源的树突状细胞（bone marrow derived dendritic cells, BMDC），在细菌脂多糖刺激下，用胞内细胞因子染色法测定 TNF 的生成，通过流式细胞仪对细胞进行分选并进行二代测序，发现了树突状细胞在 LPS 诱导下生成肿瘤坏死因子过程中涉及的众多基因，并发现了许多新基因。

B 细胞成熟分化成浆细胞是一个极为复杂的生命过程，涉及多个基因的时空顺序表达。Chu 等 [9] 分离 Cas9 转基因小鼠的原代 B 细胞，利用 CrispRGold 设计高保真 sgRNA 靶向浆细胞分化过程中上调的 83 个基因，发现其中 22 个基因与浆细胞存活及增殖有重要关系，另外有 8 个基因对浆细胞分化至关重要。该研究还对原代 T 细胞和 BMDC 进行了有效的基因编辑。

Jaitin 等[10]将基于 CRISPR-Cas9 技术的全基因组筛选与单细胞 RNA 测序结合起来（CRISPR-seq），在体外和体内进行实验，用于研究极为复杂的免疫信号网络。实验中，研究者采用慢病毒递送 gRNAs，导入骨髓细胞，靶向影响髓系细胞分化的转录调节基因，通过表型分析和 RNAseq，鉴定了在髓样分化过程中重要的转录调节基因及新的信号级联反应。

12.3 CRISPR-Cas9在免疫相关疾病治疗中的应用

12.3.1 肿瘤免疫治疗

近年来，恶性肿瘤的过继性 T 细胞免疫治疗（adoptive T cell immunotherapy）研究飞速发展，随着 CRISPR-Cas9 在哺乳动物细胞基因编辑的广泛应用，更是促进了肿瘤免疫治疗的极大进步，尤其是极大促进了嵌合抗原受体 T 细胞（chimeric antigen receptor T cells, CART）和表达肿瘤抗原特异性 T 细胞受体（T cell receptor, TCR）T 细胞的制备和应用[11]。

CART 利用细胞外单链可变片段（ScFv）识别并结合特定肿瘤相关抗原，激活胞内区的 T 细胞活化信号传导结构域，通过非 HLA 依赖的方式特异性地杀伤肿瘤细胞。尽管目前 CART 细胞疗法对实体瘤的治疗仍存在许多问题，但是对血液系统恶性肿瘤的效果较好。传统的 CART 主要来自病人本身，经体外处理后回输，这种个体化治疗难度高、耗时长、花费贵，更重要的是要求患者自身 T 细胞要有一定质量和数量，与理想的"通用"疗法相比具有极大的限制性。同种异体 CART 会引起移植物抗宿主病（GVHD），是制备"通用"CART 的主要障碍。研究人员采用 CRISPR-Cas9 技术去除 CART 的 TCR β 链、β2- 微球蛋白（B2M）、PD1 和 CTLA-4，制备"通用"CART，有效消除 GVHD，而且由于消除了 PD1 等免疫检查点，编辑后的 CART 在体内的抗肿瘤活性大大增强，极大地方便了 CART 的应用[11]。利用 CRISPR-Cas9 技术将 CD19 特异性的 CAR 导入到 T 细胞受体 α 恒定区（TRAC）基因座，不仅可在人外周血 T 细胞中均一表达 CAR，而且还能增强 T 细胞的效力。这些经基因编辑的 CART 在小鼠模型中治疗急性淋巴细胞白血病效果远远优于传统 CART。

CART 对肿瘤细胞杀伤作用显著，但是只能识别肿瘤细胞表面的抗原分子。为克服这一缺点，通过对 T 细胞进行基因编辑，使其表达肿瘤特异性 T 细胞受体（TCR），识别肿瘤细胞 HLA-Ⅰ类分子递呈的抗原肽，因此可以识别肿瘤细胞内的特异性分子，并通过 HLA 依赖的方式杀伤肿瘤细胞。一般来说，天然 TCRs 与肿瘤相关抗原的亲和力较低。在一项黑色素瘤免疫治疗临床试验中 [12]，采用天然低亲和力 TCR（DMF4）靶向黑色素瘤分化抗原 Mart1，病人耐受度好，但抗肿瘤活性较差。如采用高亲和力天然 TCR（DMF5），在提高抗肿瘤活性的同时，毒性作用大大增加。因此，新的策略是采用 CRISPR-Cas9 技术用更安全的 TCRs（比如只表达在男性生殖细胞的 NY-ESO-1、MAGE-A1 和 MAGE-3 抗原）去替换天然 TCRs，以此来提高亲和力并降低毒性作用。

肿瘤细胞可通过免疫检查点介导的免疫抑制信号来逃逸免疫细胞的杀伤。研究证实，使用阻断免疫检查点的单克隆抗体，可有效回复 T 细胞功能并杀伤肿瘤细胞。采用 CRISPR-Cas9 技术，对 T 细胞 *PD-1*、*CTLA-4*、*LAG-3* 和 *TIM-3* 等免疫检查点基因进行敲除，可成为肿瘤免疫治疗的策略之一。2016 年，四川大学华西医院卢铀教授团队进行了全球首例 CRISPR 编辑 T 细胞用于人体治疗肺癌的实验 [13]。他们首先分离病人外周血 T 细胞，然后采用 CRISPR 技术去除细胞表面的 PD-1，体外培养之后再回输到病人体内用以治疗转移性非小细胞肺癌。目前，基于 CRISPR 进行疾病治疗的临床试验已广泛开展 [14]，包括地中海贫血、SCD、EBV 相关的恶性肿瘤、HPV 相关的恶性肿瘤、非小细胞肺癌、卵巢癌、T 细胞恶性肿瘤、B 细胞恶性肿瘤等多种疾病。

12.3.2　治疗 HIV 感染

HIV 基因组约 9.8kb，两端为长末端重复（LTR），中间为编码区。HIV 感染时通过 gp120 识别 CD4 受体，同时还需辅助受体 CCR5 或 CXCR4。HIV 的靶细胞主要有 T 细胞、单核细胞、树突状细胞，以及中枢神经系统中的小胶质细胞、星形细胞和血管周巨噬细胞（perivascular macrophages）。目前全球约有将近 3700 万 HIV 感染者，其中只有 59% 接受了 HAART 治疗。但是 HAART 无法清除潜伏病毒库，因此也无法彻底治愈 HIV 感染。随着基因编辑技术尤其是 CRISPR-Cas9 的发展，研究者们开始考虑采用基因编辑技术来治疗 HIV 感染。目前的策略主要有：①剪切 HIV 基因组序列；②删除靶细胞 CCR5 或 CXCR4 辅助受体；③利用失活的 Cas9（deficient Cas9, dCas9）结合一个转录激活结构域，来激活 HIV 潜伏病毒库中病毒基因表达，以达到"激活再杀死（shock and kill）"的目的；④激活宿主细胞限制因子[15]。

12.3.2.1　CRISPR-Cas9 用于剪切 HIV 病毒基因组序列

早在 ZFN 和 TALEN 时代，人们就已开始使用基因编辑技术来对 HIV 前病毒进行剪切，以达到治疗的目的，更加简单、高效的 CRISPR 技术更是加快了这一领域的步伐。基于 CRISPR-Cas9 技术治疗 HIV 感染始于 2013 年，Ebina 等采用 CRISPR-Cas9 靶向 Jurkat 细胞系中 HIV-1 LTR（U3 区 NF-κB 结合位点以及 R 区的 TAR 序列），以抑制病毒基因的表达[16]。结果显示该技术能有效消除宿主细胞内整合的病毒基因，提示 CRISPR-Cas9 可用于 HIV 感染的治疗。自此以后，该领域进行了大量研究，靶向区域主要有 LTR、Rev、Gag/Pol/Rev/Env 和 gag 等，细胞类型主要有 293T、Hela、Jurkat、CHME5、TZM-BL、U937、293T-CD4-CCR5、293 Primary T cells、hPSC、JLat10.6、SupT1、J.Lat FL 和 C11 等，编辑效率在 20% ～ 98%。除了前病毒，CRISPR-Cas9 系统对非整合的 HIV 病毒也能进行有效剪切，可将 HIV 的整合降低至 1/3 ～ 1/4。2017 年，Yin 等[17]采用 CRISPR-Cas9 技术对小鼠进行了 HIV 前病毒剪切，可在脑、结肠、脾、心和肺组织中均实现前病毒剪切，这项小鼠体内试验为该技术用于人体奠定了重要基础。

HIV 可感染中枢神经系统，血脑屏障（BBB）的存在使得给药难度加大。Kaushik 等[18]采用磁性纳米材料递送 CRISPR-Cas9/gRNA，在体外实验中可有效穿过 BBB，抑制小胶质细胞 hμglia/HIV（HC69）中的潜伏 HIV。

12.3.2.2　CRISPR-Cas9 用于删除靶细胞 CCR5 或 CXCR4 辅助受体

除了直接剪切 HIV 基因组，另一种策略是通过基因编辑技术删除宿主细胞 HIV 受体。由于 CD4 在免疫系统正常功能中极为重要，无法删除，因此主要采用删除 CCR5 和 CXCR4 的策略。2007 年，"柏林病人"蒂莫西·雷·布朗在同时患有艾滋病和急性髓性白血病（AML）的情况下，接受 *CCR5Δ32* HSPCs 移植后被神奇治愈了[15]。由于 *CCR5Δ32* 天然存在于极小部分人群中，这部分人对 HIV 天然耐受且未发现有其他缺陷，这无疑为 HIV 治疗打开了一扇希望的大门。利用基因编辑技术可以人为制造 *CCR5Δ32* 基因型 HSPCs，用于治疗 HIV 感染。2014 年，采用 ZFN 技术编辑 CCR5 用于治疗 HIV 感染已经进入了临床试验（NCT00842634）[15]。相比 ZFN 技术，CRISPR-Cas9 系统可更加简单、高效地进行基因编辑，已广泛用于破坏细胞 CCR5 和 CXCR4。目前已对 HEK 293T 细胞、TZM-BL 细胞、CHO 细胞、人 T 细胞系和人 CD4+ T 细胞等完成了 CCR5 的基因编辑。2017 年，Xu 等 [19] 采用 CRISPR-Cas9 系统靶向人 CD34+ HPSCs 的 CCR5，在体内可实现长期破坏 CCR5，有效抑制 HIV。除了 CCR5，针对 CXCR4 的基因编辑也取得了一定进展。对人和恒河猴 CD4+ T 细胞 CXCR4 进行破坏可有效抑制 HIV。但是 CXCR4 及其配体 CXC12（SDF-1）在造血干细胞 / 祖细胞发育及胸腺分化过程中起重要作用，因此，对 HSPCs 的 CXCR4 进行基因编辑可能会带来潜在的较大副作用。Liu 等 [20] 利用 CRISPR-Cas9 和 piggyBac 重组技术制造 CXCR4 P191A 突变，可保留 CXCR4 正常功能，同时抑制 HIV 感染，可作为治疗 HIV 感染的候选策略之一。

12.3.2.3　CRISPR-Cas9 用于 HIV "激活再杀死" 的治疗策略

为了根除 HIV 潜伏病毒库，可采用一定的方式激活静止状态下的 HIV，然后用 HAART 消灭病毒，这就是 "激活再杀死（shock and kill）" 的治疗策略 [15]。利用 dCas9 结合一个转录激活结构域，设计 sgRNAs 靶向 HIV LTR-U3 区域，在 TZM-BL 上皮细胞、CHME5 小神经胶质细胞以及 Jurkat T 淋巴细胞中激活了 HIV-1。

12.3.2.4　CRISPR-Cas9 用于激活宿主细胞内抗病毒基因的表达

在病毒感染时，宿主细胞内一些蛋白质可作为限制因子起抗病毒作用，但表达较弱。采用 Cas9 结合一个转录激活结构域，激活宿主限制因子，如 APOBEC3G（A3G）、APOBFC3B（A3B）、SERINC5、HUSH 和 NONO 等，可有效抑制 HIV[15]。

12.4　结语

CRISPR-Cas9 作为新一代的高效、简单、可同时针对多个基因进行操作的基因编辑技术，极大地推动了生命科学领域各个学科的发展。随着该技术一些问题比如脱靶效应等的不断解决，其应用前景无限光明。

<h1 style="text-align:center">参考文献</h1>

[1] Ishino Y, et al. Nucleotide sequence of the iap gene, responsible for alkaline phosphatase isozyme conversion in Escherichia coli, and identification of the gene product[J]. J Bacteriol, 1987, 169(12): 5429-5433.

[2] Jansen R, et al. Identification of genes that are associated with DNA repeats in prokaryotes[J]. Mol Microbiol, 2002, 43(6): 1565-1575.

[3] Cong L, et al. Multiplex genome engineering using CRISPR/Cas systems[J]. Science, 2013,339(6121): 819-823.

[4] Tothova Z, et al. Multiplex CRISPR/Cas9-based genome editing in human hematopoietic stem cells models clonal hematopoiesis and myeloid neoplasia[J]. Cell Stem Cell, 2017, 21(4): 547-555.

[5] Reimer J, et al. CRISPR-Cas9-induced t(11;19)/MLL-ENL translocations initiate leukemia in human hematopoietic progenitor cells in vivo[J]. Haematologica, 2017, 102(9):1558-1566.

[6] 荆耀彬, 等. CRISPR/Cas9 全基因组筛选在生命科学中的应用 [J]. 生命科学, 2018, 30(9): 994-1002.

[7] Hochheiser K, et al. CRISPR/Cas9: A tool for immunological research[J]. Eur J Immunol, 2018, 48: 576-583.

[8] Parnas O, et al. A genome-wide CRISPR screen in primary immune cells to dissect regulatory networks[J]. Cell, 2015, 162(3): 675-686.

[9] Chu V T, et al. Efficient CRISPR-mediated mutagenesis in primary immune cells using CrispRGold and a C57BL/6 Cas9 transgenic mouse line[J]. Proc Natl Acad Sci U S A, 2016, 113(44): 12514-12519.

[10] Jaitin D A, et al. Dissecting immune circuits by linking CRISPR-pooled screens with single-cell RNA-seq[J]. Cell, 2016, 167: 1883-1896.

[11] Liu X, et al. CRISPR/Cas9 genome editing: Fueling the revolution in cancer immunotherapy[J]. Curr Res Transl Med, 2018, 66: 39-42.

[12] Morgan R A, et al. Cancer regression in patients after transfer of genetically engineered lymphocytes[J]. Science, 2006, 314(5796): 126-129.

[13] Cyranoski D. CRISPR gene-editing tested in a person for the first time[J]. Nature, 2016, 539:479.

[14] You L, et al. Advancements and obstacles of CRISPR-Cas9 technology in translational research[J]. Mol Ther Methods Clin Dev, 2019, 13: 359-370.

[15] Xiao Q, et al. Application of CRISPR/Cas9-based gene editing in HIV-1/AIDS therapy[J]. Front Cell Infect Microbiol, 2019, 9: 69.

[16] Ebina H, et al. Harnessing the CRISPR/Cas9 system to disrupt latent HIV-1 provirus[J]. Sci Rep, 2013, 3: 2510.

[17] Yin C, et al. In vivo excision of HIV-1 provirus by SaCas9 and multiplex single-guide RNAs in animal models[J]. Mol Ther, 2017, 25(5): 1168-1186.

[18] Kaushik A, et al. Magnetically guided non-invasive CRISPR-Cas9/gRNA delivery across blood-brain barrier to eradicate latent HIV-1 infection[J]. Sci Rep, 2019, 9: 3928.

[19] Xu L, et al. CRISPR/Cas9-mediated CCR5 ablation in human hematopoietic stem/progenitor cells confers HIV-1 resistance in vivo[J]. Mol Ther, 2017, 25(8): 1782-1789.

[20] Liu S, et al. HIV-1 inhibition in cells with CXCR4 mutant genome created by CRISPR-Cas9 and piggyBac recombinant technologies[J]. Sci Rep, 2018, 8: 8573.

第13章

CRISPR-Cas系统在核酸检测中的应用

张 岩

13.1 引言

CRISPR-Cas 系统被发现以来,体细胞基因编辑技术变得更加方便、高效和廉价。这些技术都依赖于用特定的短 RNA 来导向 Cas 蛋白对序列进行特异性切割,这样的工作系统使得细菌和古菌能抵御外源核酸的入侵并及时将其消除。其中 II 型 Cas 酶系统仅需要两种成分就可发挥作用而备受科学家青睐,研究最多的则是 Cas9 蛋白。Cas9 通过原型间隔区 - 邻近基序(PAM)序列和单个导向 RNA(sgRNA)的定位,靶向结合到核酸上,对序列进行切割(图 13.1)。

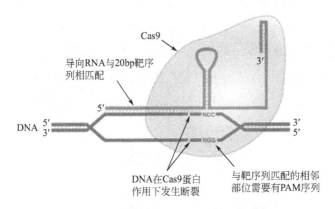

图 13.1 CRISPR-Cas9 原理示意图

随着研究的不断深入,CRISPR-Cas 系统被广泛应用到各个领域中,Cas9 对核酸的特异性靶向作用使得它成为核酸检测的理想工具,其检测原理基于 Cas9 蛋白对序列的特异性识别,结合核酸扩增法,再通过特定的检测方法,例如荧光法等,完成对核酸的特异性检测。近期新发现的 1 类 II 型 Cas 蛋白具有一些特殊的活性,为核酸检测领域提供了更多的可能性。当这类 Cas 蛋白在 guide RNA 的导向下与靶序列结合后,形成的三元复合物会激发其非特异性切割活性,可以降解体系中存在的任何单链 DNA 或者 RNA。当把带有荧光和淬灭基团的短链 DNA 或 RNA 加入体系中时,Cas 蛋白对靶序列进行识别并结合,切割探针使得荧光基团远离淬灭基团并产生荧光。

13.2 基于CRISPR-Cas系统的核酸检测分类

基于 CRISPR-Cas 系统的核酸检测目前主要有三大类，分别是 Cas9、Cas12/Cas14，以及 Cas13。下面分别对这三大类进行介绍。

13.2.1 基于 Cas9 系统的核酸检测

通过将 NASBA（核酸依赖性扩增检测技术）这一恒温扩增技术与 Cas9 系统相结合，可以完成对寨卡病毒的分型检测 [1]，见图 13.2。首先在 NASBA 扩增后，将一段特定的触发序列添加到扩增产物中。然后，加入含有菌株特异性的 PAM 序列的 sgRNA，这段序列具有仅存在于美国寨卡病毒而非非洲寨卡病毒的基因组中的 SNP。由于 sgRNA 的存在，Cas9 只能切割来自美国寨卡菌株的扩增产物，使得触发序列丢失，丢失后不能激活 *LacZ* 基因的表达，进而不能产生颜色反应。将反应产物润湿在含有可检测触发序列并能产生颜色变化的纸片上，即可完成对寨卡病毒的快速检测。

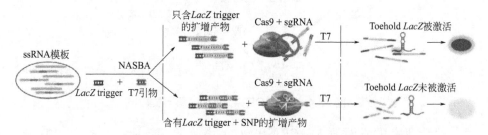

图 13.2 Cas9 系统与 NASBA 技术联用检测核酸机理图

也有研究通过酶切活性丧生的 Cas9（dCas9）对核酸进行检测 [2]，酶切活性丧失的 Cas9 蛋白仅有对序列的识别活性而不能切割核酸，于是设计两个 sgRNA，可以使 Cas9 蛋白靶向结合在 PCR 产物的上下游两个区域，同时分别在上游和下游的 Cas9 蛋白上偶联荧光素酶的 N 端和 C 端，当两个 Cas9 蛋白相互靠近时，荧光素酶便会产生容易检测的荧光信号（图 13.3）。

相似的，有研究利用滚环扩增（rolling circle amplification, RCA）来产生大量的长链重复 DNA 片段 [3]，将酶切活性丧失的 Cas9 蛋白偶联上分割开的 HRP 蛋白，当 Cas9 蛋白识别 DNA 序列并结合后，相互靠近的 Cas9 蛋白使得 HRP 催化化学底物四甲基联苯胺产生信号，以此来判别目标核酸是否存在（图 13.4）。

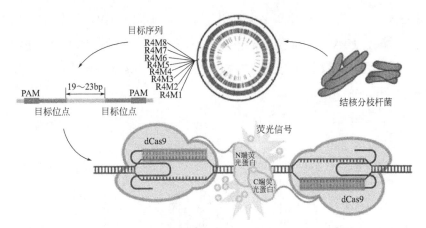

图 13.3　Cas9 系统与 PCR 技术联用检测核酸机理图

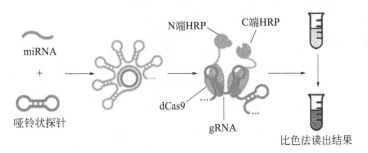

图 13.4　Cas9 系统与 RCA 技术联用检测核酸机理图

13.2.2　基于 CRISPR-Cas12 和 Cas14 系统的 DNA 检测

与 Cas9 蛋白类似，Cas12a 能够通过识别富含 T 碱基的 PAM 序列并催化自身 guide RNA 的成熟来靶向双链 DNA 并产生缺口的特性被应用于基因编辑工程。然而科学家发现 Cas12a 除了具有这种靶向双链 DNA 的切割活性（cis activity）外，也能够对单链 DNA 进行切割，令人惊讶的是，Cas12a 还能够对附近任何单链 DNA 进行切割，尽管这些单链 DNA 并没有与 guide RNA 有任何互补序列[4]，学者将这种活性命名为附属切割活性（collateral activity）或反式切割活性。进一步研究发现 Cas12a 在识别靶向双链 DNA 后，复合物能够释放位于酶活中心的 PAM 末端切割产物，使得单链 DNA 能够进入酶活中心并被降解。基于这样的原理，研究人员将其与一种称为 RPA（重组酶聚合酶扩增）的恒温扩增方法结合，发明了一种名为 DETECTR（DNA endonuclease-targeted CRISPR trans reporter）的核酸检测平台[4]。Cas12 系统检测核酸机制如图 13.5 所示。该核酸检测平台可以用于检测不同的 HPV 分型。HPV 的准确检测对区分 HPV 相关癌症和评价风险十分重要，研究者选择了 HPV16 和 HPV18 的一段含有 TTTA 序列（PAM）的存在 6 个碱基差异的基因片段作为靶序列，测试平台的可靠性。

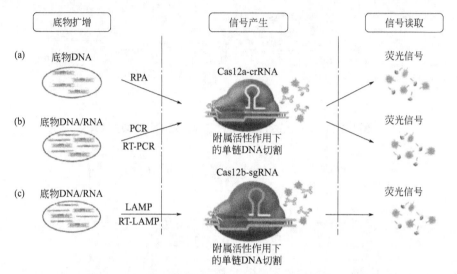

图 13.5　Cas12 系统检测核酸机制图

首先，将含有 HPV16 和 HPV18 基因片段的质粒与靶向这两个基因序列的 LbCas12a-crRNA 复合物孵育，同时加入单链 DNA 报告基因，此报告基因两端含有荧光基团和淬灭基团。如果 lbcas12a 不能靶向这两个基因，那么单链报告基因由于荧光基团和淬灭基团距离很近，无荧光信号产生；但 lbcas12a 识别到 HPV16 或 HPV18 基因序列后，则会激活其附属切割活性，切割单链报告基因使得荧光基团和淬灭基团分离，产生可检测的荧光信号。

其次，Cas12a 的检测活性与 RPA 结合能够大幅提高检测灵敏度，并且不需要复杂的仪器设备，37℃下即可完成核酸的快速扩增，从而在一个试管中完成核酸扩增 - 检测的全过程。科学家对 HPV16 和 HPV18 感染的人类细胞进行了试验，结果发现如果不进行核酸的扩增，而直接使用 Cas12a 对细胞提取的核酸进行检测，是不能观测到荧光的，而对核酸进行 RPA 扩增后，则能检测到荧光的产生。

最后，科学家使用此系统来检测真实的 25 例病人临床样本以验证系统的有效性。先使用常规的 PCR 方法检测了 25 例病人的咽拭子采集的样本，结果作为阳性对照，同时用 DETECTR 系统检测，结果显示，在 1 小时之内能够完成 25 例病人的检测，并且检测结果与 PCR 检测结果完全一致，说明这个系统是十分准确、快速的。

利用 Cas12a 进行核酸检测的另一个平台是 HOLMES（one-hour low-cost multipurpose highly efficient system）[5]，其检测原理基本与 DETECTR 相同，不再赘述。后来，CRISPR-Cas12b 也同样被证明具有附属切割活性，其检测平台被称为 HOLMESv2，Cas12b 具有灵活的反式切割反应温度，可以与各种等温扩增方法结合，例如环介导的等温扩增（loop-mediated isothermal amplification, LAMP）。在 HOLMESv2 平台中，研究者巧妙地使用了含有 5′ 至 3′ 的 DNA 聚合酶活性的 Bst 3.0 DNA 聚合酶，此聚合酶可以对 DNA 或 RNA 模板直接扩增，省去了检测 RNA 时的逆转录步骤，这是目前最简单的利用 CRISPR-Cas 系统检测 RNA 的平台。

与 Cas12a 类似，一个名为 Cas14a 的蛋白又被发现也具有附属切割活性[6]。Doudna 领导的研究团队挖掘了来自美国能源部的微生物基因组和宏基因组数据库，发现了 CRISPR-Cas 系统的一个新基因 Cas14。Cas14 蛋白家族编码由 400 ～ 700 个氨基酸组成的蛋白，而以往科学家都认为发挥特异性切割活性的蛋白至少需要 950 ～ 1400 个氨基酸，但事实证明 Cas14 同样具有核酸切割活性。

Cas14 基因有 24 个变异，可分为三个亚组（Cas14a ～ c）。所有这些变异都存在预测的 RuvC 核酸酶结构域，这是 CRISPR-Cas 酶的特征。与其他 Cas 酶不同，Cas14 不存在于细菌基因组中，只存在于古菌基因组中。因此，研究人员预测与更大更复杂的 Cas9 和 Cas12 蛋白相比，Cas14 可能是更原始的版本，这提示着这些分子已经过更长时间的进化而更具特异性。所有已知的 Cas 蛋白都会整合一些 RNA 用于靶向识别和结合，与 Cas9 不同，Cas14 不需要特定的 PAM 序列便可以对单链 DNA 进行顺式切割，此外，Cas14 的靶识别触发了对 ssDNA 分子的非特异性切割。但与 Cas12a 不同的是，Cas14 在识别单链 DNA 方面比 Cas12 更具特异性，需要 gRNA 中间有一定的序列特异性才能激活。

13.2.3　基于 CRISPR-Cas13 系统的 RNA 检测

CRISPR-Cas 系统也能够被用来检测 RNA，Cas13a 首先被证明能够切割细菌细胞中的特定 RNA 序列（图 13.6），并且在切割之后能发挥其附带切割活性，继续切割其他非靶标 RNA，crRNA- 靶 RNA 双链结合到 LbuCas13a 中的核酸酶叶（nuclease lobe, NUC）的一种带正电荷的中心通道内，而且一旦结合靶 RNA，LbuCas13a 和 crRNA 发生显著的构象变化。这种 crRNA- 靶 RNA 双链形成促进 LbuCas13a 的 HEPN1 结构域移向 HEPN2 结构域，从而激活 LbuCas13a 的 HEPN 催化位点，随后 LbuCas13a 就以一种非特异性的方式切割单链靶 RNA 和其他的 RNA。第一个被用来检测 RNA 的是一个名为 SHERLOCK（specific high sensitivity enzymatic reporter unlocking）的检测平台[7]，这个平台将 RPA 或 RT-RPA 扩增与 Cas13 酶的切割系统结合起来，用于快速、高灵敏地检测 RNA。起初，SHERLOCK 的检测平台仅能检测一种靶核酸，但随着 SHERLOCK 第二个版本，即 SHERLOCK v2 检测平台的推出，对核酸的检测更加灵敏并且能同时检测四个核酸靶标[8]。

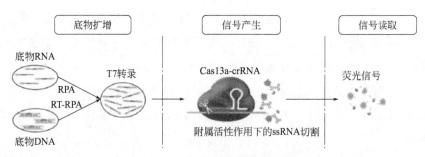

图 13.6　Cas13 系统检测核酸机制图

布罗德研究所 Paridis Sabeti 主导的关于 CRISPR-Cas13a 的核酸检测研究成果在《科学》杂志发表[9]。他们将 "SHERLOCK" 与一种新的技术 "HUDSON"（heating unextracted diagnostic samples to obliterate nucleases）联合，通过对临床样本的两步快速热处理和化学处理，实现灭活核酸酶和病毒同时释放病毒核酸，再通过 SHERLOCK 系统检测，实现了登革病毒和寨卡病毒的即时检测，满足了脱离实验室的临场快速检测需求（图 13.7）。

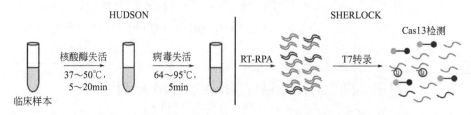

图 13.7　HUDSON 联合 SHERLOCK 快速检测核酸机制图

13.3　CRISPR-Cas核酸检测系统的优势及局限性

与恒温扩增法结合，CRISPR-Cas 检测系统的附带切割活性能够直接对信号进行放大，降低了对仪器的要求。使得对病人核酸的床旁检测（point-of-care testing）的超特异性检测和超快速检测成为现实。与常规诊断实践（例如 PCR 或杂交）相比，CRISPR-Cas 系统非常适合开发具有相同或更高性能的临场快速测试设备，并且造价更加低廉，这在资源有限的地区会有更大的优势。

CRISPR-Cas 核酸检测系统也有很多明显的缺点，例如单独使用 Cas 蛋白对核酸进行检测的灵敏度很低。其中一个解决方案就是将其与核酸扩增方法相结合，将核酸浓度进行放大后利用 CRISPR-Cas 进行检测，这也是目前各个核酸检测平台最常用的手段。但这无疑将系统变得更加复杂并且增加了操作过程中的不确定性，例如样本前处理、核酸污染等。另一个缺点就是同一个反应中检测的指标数较少，虽然 SHERLOCKv2 可以同时检测四个靶标，但其他检测平台还都仅限于在一个反应中检测一个靶标分子。此外，CRISPR-Cas 在核酸的定量检测方面有明显的缺陷，虽然一些方法例如 SHERLOCKv2 具有潜在的定量可能性，HOLMESv2 与实时定量 PCR 结合也可完成定量检测，但其他方法则很难对核酸进行精准的定量。很多 Cas 蛋白需要 PAM 序列的识别才能对特定序列进行切割，在多数情况，依据 PAM 序列的识别来检测核酸不成问题，因为 PAM 序列出现的频率很高，但是当涉及对 SNP 或者短核酸序列的检测时，可供选择的位点会变得相对较少。最后，CRISPR-Cas 对核酸的检测也局限于已知的序列，从这个角度来说，二代测序（NGS）则有着更加明显的优势。

13.4　结语

可以预料的是，CRISPR-Cas 核酸检测系统将来会被应用到很多领域中，例如疾病的防治和管理、病原体的检测、基因型的鉴定等。随着研究的深入，越来越多的 Cas 蛋白被发现，更加高效、敏感的技术平台会被建立起来。虽然它们是否真正代表革命性的下一代检测技术还有待观察，但无疑给核酸检测领域带来了新的灵感和机遇。

参考文献

[1] Pardee K, Green A A, Takahashi M K, et al. Rapid, low-cost detection of Zika virus using programmable biomolecular components [J]. Cell, 2016, 165(5): 1255-1266.

[2] Zhang Y, Qian L, Wei W, et al. Paired design of dCas9 as a systematic platform for the detection of featured nucleic acid sequences in pathogenic Strains [J]. ACS synthetic biology, 2017, 6(2): 211-216.

[3] Qiu X Y, Zhu L Y, Zhu C S, et al. Highly effective and low-cost microRNA detection with CRISPR-Cas9 [J]. ACS synthetic biology, 2018, 7(3): 807-813.

[4] Chen J S, Ma E, Harrington L B, et al. CRISPR-Cas12a target binding unleashes indiscriminate single-stranded DNase activity [J]. Science, 2018, 360(6387): 436-439.

[5] Li S Y, Cheng Q X, Liu J K, et al. CRISPR-Cas12a has both cis- and trans-cleavage activities on single-stranded DNA [J]. Cell research, 2018, 28(4): 491-493.

[6] Harrington L B, Burstein D, Chen J S, et al. Programmed DNA destruction by miniature CRISPR-Cas14 enzymes [J]. Science, 2018, 362(6416): 839-842.

[7] Gootenberg J S, Abudayyeh O O, Lee J W, et al. Nucleic acid detection with CRISPR-Cas13a/C2c2 [J]. Science, 2017, 356(6336): 438-442.

[8] Gootenberg J S, Abudayyeh O O, Kellner M J, et al. Multiplexed and portable nucleic acid detection platform with Cas13, Cas12a, and Csm6 [J]. Science, 2018, 360(6387): 439-444.

[9] Myhrvold C, Freije C A, Gootenberg J S, et al. Field-deployable viral diagnostics using CRISPR-Cas13 [J]. Science, 2018, 360(6387): 444-448.

第14章

CRISPR-Cas9在疾病治疗中的应用

董天一　韩明勇

14.1 引言

自 2013 年首次在哺乳动物细胞中用于基因组编辑工具以来，CRISPR-Cas9 的研究一直在不断扩展，现在已经不仅可以修饰生物的基因组序列，而且还可以引入表观遗传和转录修饰，使研究人员相对容易地改变各种生物的基因并具有改变癌症遗传学领域的潜力。CRISPR-Cas9 被认为是"对抗疾病黑暗帝国的绝地武士"，本章将介绍 CRISPR-Cas9 在疾病治疗中的作用。

14.2 CRISPR-Cas9系统在癌症生物学中的潜在应用

CRISPR-Cas9 筛选是一种功能强大的功能基因组学工具，可发现癌症治疗的新靶标。CRISPR-Cas9 系统的灵活性和模块化已被开发为众多基因组工程应用程序，其中大部分已在细胞培养系统中成功进行。这些中的许多还可以在体内使用。我们可以利用这项技术快速、精确地设计肿瘤抑制基因中的功能丧失（LOF）和功能获得（GOF）突变，以及癌基因和细胞转化或药物反应的其他调节剂。例如，有研究小组最近证明 CRISPR-Cas9 系统可用于系统工程化未转化的人类肠道类器官中的 LOF 和 GOF 突变，从而为人类大肠癌（CRC）建模。此外，利用 CRISPR-Cas9 系统的多重功能，还可以研究癌细胞中的组合漏洞，并系统地测试上位性关系和合成致死性相互作用。该技术还允许基于位点特异性重组酶生成内源条件性等位基因，标记内源性等位基因，并询问非编码 DNA 元素。CRISPR-Cas9 系统也可用于触发相同或不同染色体中的两个远距离 DSB，分别导致靶标的转化、缺失或易位。

癌细胞对化疗药物产生耐药性是化疗失败的主要原因。CRISPR-Cas9 系统在特定癌症中灭活耐药基因的应用是提高化疗功效的潜在治疗策略，例如 Tang 和 Shrager 提出了一种使用 CRISPR 介导的基因组编辑方法来治疗表皮生长因子受体（EGFR）突变型肺癌的方法，这是一种个性化外科治疗方法。在提出的技术中，由 Cas9 和 sgRNA 表达质粒以及供体 DNA 质粒组成的 CRISPR-Cas9 系统将被包装到病毒中并输送给患者。研究建议将 CRISPR-Cas9 的血管内递送用于转移性肺癌，气管内递送用于局部性肺癌。对于癌症，到目前为止，CRISPR-Cas9 的主要作用是在动物和细胞系中生成癌症模型。这些癌症模型在理解致癌途径、肿瘤进展的新标记和肿瘤新抑制基因方面具有非常有利的作用，必将为癌症治疗策略提供有效的改进方法。例如，使用 CRISPR-Cas9 进行的转录组研究揭示胰腺癌中的新型 TSG "FOXA2" 放射疗法也已应用于临床。研究证实在 *p53* 和 *p21* 基因突变的肿瘤中辐射敏感性差，肿瘤细胞中这些突变的纠正和细胞辐射损伤修复途径的中断可能是增强放射敏感性的潜在治疗方法。放射治疗和 CRISPR-Cas9 介导的基因治疗相结合，具有协同抗癌作用，可能成为癌症治疗的有前途的策略。

CRISPR-Cas9 在癌症治疗中的另一个方面是增强宿主细胞对癌症的免疫反应。它可以通过 CRISPR-Cas9 介导的 T 细胞修饰来实现。将基因修饰的 T 细胞重新注入肿瘤患者在临床试验中显示出让人满意的效果并可能是抗癌疗法前进中的重要基石。在癌症治疗中使用 CRISPR-Cas9 的另一种潜在方法可能是开发基因工程溶瘤病毒（OV）。这些 OV 具有抗肿瘤特性，可以杀死癌细胞而不会对正常细胞造成任何伤害。癌细胞的杀伤是通过病毒介导的细胞毒性或增加的抗癌免疫反应来进行的。CRISPR-Cas9 可以在溶瘤病毒治疗中发挥重要作用，方法是向病毒复制必不可少的基因中添加癌症特异性启动子，并诱导病毒基因组中的突变。在临床模型和临床试验中，均已证实在肿瘤治疗中使用 OV 能取得令人满意的结果。例如最近在四川大学华西医院临床试验中，取肺癌患者免疫细胞并敲除编码 PD-1 蛋白基因再回输到患者体内。这是使用 CRISPR-Cas9 进行人类临床试验的第一份报告 [1,2]。

14.3　CRISPR-Cas9在遗传性疾病中的作用

过去几年中的各种研究已经证实，CRISPR-Cas9 是通过在动物和人类细胞模型中进行实验来克服人类遗传疾病的一种有效方法。使用 CRISPR-Cas9 的靶向突变不仅可以通过删除和替换突变基因来操纵遗传物质，还可以诱导宿主突变，从而为宿主提供保护。在单遗传疾病中我们可以轻松地使用 CRISPR-Cas9 技术治疗单基因疾病，对基因进行源头纠正逆转遗传疾病。对于多基因疾病治疗并不是那么简单，因其在基因组中有多个突变，与单基因疾病治疗相比难度大得多。例如 Duchenee 型肌营养不良症（DMD）是 X 连锁隐性疾病，由肌营养不良蛋白基因的突变引起。实验中使用了 Duchenee

型肌营养不良症的 mdx（肌营养不良蛋白基因的点突变）小鼠模型。种系中的 CRISPR 编辑导致后代中的肌营养不良蛋白基因突变的校正，后代携带了 2% ～ 100% 的校正基因。CRISPR-Cas9 也可用于纠正小鼠种系中的另一种遗传性疾病——白内障。白内障表型是由 Crygc 外显子 3（晶体 γc）中一个碱基对缺失的移码突变引起的。β 地中海贫血是世界上最常见的遗传疾病之一，人类血红蛋白 β 亚基（HBB）基因的突变会导致这种遗传缺陷。研究中利用 CRISPR-Cas9 系统结合转座子搭载技术，编辑了人类 β 地中海贫血患者的诱导多能干细胞（iPSC），对 HBB 基因突变可以有效校正。

14.4　CRISPR-Cas9在病毒性疾病中的作用

病毒性疾病与细菌性疾病相比，有其独特的性质和机制，治疗病毒性疾病是一项艰巨的任务。针对各种病毒蛋白的抗病毒治疗显示出令人鼓舞的结果，但抗病毒药物衰退正在变得越来越多。然而，科学家最近将 CRISPR-Cas9 用于对抗病原性病毒将会给治疗带来新希望。疱疹病毒包括人单纯疱疹病毒 1（HSV-1）、人巨细胞病毒和 EBV 病毒。人巨细胞病毒 1 引起唇疱疹和单纯疱疹性角膜炎。HSV-1 仅会导致免疫力低下的人患病，而 EBV 病毒会导致霍奇金病和 Burkitt's 淋巴瘤。CRISPR-Cas9 系统已被用于对抗 EBV 病毒。经 CRISPR-Cas9 处理后，患有潜伏性 EBV 感染的 Burkitt's 淋巴瘤患者的细胞（Raji 细胞）显示出明显的增殖减少和病毒载量下降以及细胞凋亡途径的恢复。另有研究显示，CRISPR-Cas9 介导的人类细胞中 EBV 的编辑是通过使用两个 gRNA 在 BART（限制性内切酶 *BamH*Ⅰ A 向右转录本）的启动子区域进行有针对性的 558bp 缺失来完成的。这导致 BART miRNA 表达和活性的丧失，表明 CRISPR-Cas9 介导的 EBV 基因组编辑的可行性。这是第一个遗传证据表明 BART 启动子驱动 BART 转录本的表达，并且也是一种针对人细胞中 EBV 基因组进行靶向编辑的高效新方法。

人乳头瘤病毒（HPV）会引起人类疣，它们本质上也是致癌的。大多数癌症是由 HPV16 和 HPV18 引起的，包括女性宫颈癌。病毒蛋白 E6 和 E7 是导致病毒致癌特性的主要因素。这些蛋白质由致癌基因 *E6* 和 *E7* 编码[3]。使用了 HPV 16 和 HPV 18 整合的 HELA 和 SiHa 宫颈癌细胞系进行 CRISPR 关联的 HPV *E6* 和 *E7* 基因编辑，能够诱导 *E6* 和 *E7* 基因突变，使其失活并增强

p53 和 Rbp 的抗肿瘤作用。将来的研究应强调使用 CRISPR-Cas9 不仅可以灭活潜在的癌症风险基因，而且可以增强抗肿瘤因子。

　　乙型肝炎病毒是与人类健康有关的主要病毒之一。它会导致肝硬化和肝细胞癌。使用 CRISPR-Cas9 对抗乙型肝炎病毒的结果令人鼓舞。一个研究团队设计了八种针对 HBV 的 gRNA，并表明 CRISPR-Cas9 系统显著降低被 HBV 表达载体转染的 Huh-7 肝细胞衍生癌细胞中 HBV 核心和 HBsAg 蛋白的产生。该系统可裂解肝细胞内含 HBV 基因组的质粒并促进其在小鼠模型中的体内清除，从而降低血清 HBsAg 水平。DNA 测序证实片段化病毒基因组也没有脱靶突变，全部融合在一个载体中代表同时靶向三个 HBV 域的一种适应性方法，可以用于 HBV 患者的治疗。在另一项实验中，进行了 Cas9 和 HBV 特异性 gRNA 的慢病毒转导到人类细胞系 HepAD 中，可以有效抑制 HBV DNA[4]。

　　人类免疫缺陷病毒（HIV）是历史上研究最多的病毒之一，是人类获得性免疫缺陷综合征（AIDS）的病原体。在过去的 30 年中，艾滋病仍然是人类面临的主要的健康问题。迄今为止没有获得有关该病毒的发病机理复制和临床表现的大量信息，尚未实现完整的治疗策略。目前，估计约有 3700 万人在全球范围内都感染了 HIV 病毒，而且每年被感染的人数大量增加。在过去的十年中，由于使用了抗逆转录病毒疗法（ART），降低了与艾滋病相关的死亡率。但是，仍然无法治愈该病。使用 CRISPR-Cas9 可以使 HIV 基因表达失活，有两种可能的机制：①在病毒整合到宿主基因组之前，CRISPR-Cas9 可以使病毒基因表达失活；②Cas9 可以破坏已经整合到宿主基因组中的原病毒元件。研究已证实在细胞中使用 CRISPR-Cas9 对抗 HIV 原病毒感染可以启动序列特异性切割。另外抗击 HIV 的另一个令人兴奋的前景是编辑宿主细胞因子，这些因子被认为是 HIV 在 T 细胞中复制和感染所必需的。这样的宿主细胞因子的实例包括 CXCR4（趋化因子受体 4 型）和 CCR5（趋化因子受体 5 型）。为了使病毒有效进入细胞，包膜（Env）必须与这两个受体结合。其他因素是病毒复制所需的 TNPO3（转运蛋白 3）和病毒基因组整合到宿主细胞所需的 LEDGF（透镜上皮衍生的生长因子）。在一项实验中，将 CRISPR-Cas9 核糖核蛋白（RNP）电穿孔到 CD4+ T 细胞中，产生了 CXCR4 或 CCR5 敲除细胞。这些细胞以嗜性依赖的方式表现出对 HIV 感染的抗性。在进一步研究 CRISPR-Cas9 对 HIV 的有效性时，使用 HIV 易感的人 T 细胞系，并完成了 gRNA 和 Cas9 的转导。在早期 HIV 感染中观察到明显的抑制作用 [5]。

CRISPR-Cas9 核糖核蛋白还可以同时编辑多个基因，从而能够研究多个宿主与病毒因子之间的相互作用 [6]。

CRISPR-Cas9 在原核生物中的抗病毒作用使其成为对抗人类病毒的候选物。CRISPR-Cas9 可用于靶向破坏病毒序列或可用于工程设计对病毒感染至关重要的宿主序列。此外，CRISPR-Cas9 可用于敲除可能对病毒存活、整合和复制至关重要的宿主因子。除了对抗病毒疗法的广泛研究以外，另一个方面是 CRISPR-Cas9 在病毒性疾病疫苗开发中的用途。CRISPR-Cas9 系统已经被报道应用于疫苗开发，研究者将 CRISPR-Cas9 和 Cre-Lox 系统结合起来，用于猪伪狂犬病疫苗的开发。随着时间的推移，CRISPR-Cas9 技术在疫苗生产领域的应用肯定值得进一步研究。

14.5　CRISPR-Cas9在神经系统疾病中的作用

神经系统疾病威胁着公共卫生，影响了全球数百万人。由于疾病的慢病性质和治疗无效，目前的神经疾病治疗可能是徒劳的。科研人员正在探讨 CRISPR-Cas9 对神经系统疾病的潜在作用。Huntington 病（HD）是一种以痴呆、舞蹈运动和行为障碍为特征的神经退行性疾病。一种基于 CRISPR-Cas9 的新型基因编辑方法可以对抗 HD，并导致与 HD 相关的突变型等位基因失活，而不会影响正常等位基因。另一种神经系统疾病精神分裂症也已可在小鼠模型中通过 CRISPR-Cas9 靶向精神分裂症危险基因 MIR137（编码 MIR137）而指导其 RNA 转录。

CRISPR-Cas9 在神经系统疾病的治疗中具有巨大的潜力，而科学家在将该技术用于神经系统疾病时必须克服一些限制。Cas9 核酸酶和 sgRNA 向大脑的有效传递是必不可少的，必须引入可以导致大脑细胞有丝分裂后细胞中有效的基因插入和校正的新方法。除了制订治疗策略外，CRISPR-Cas9 可以肯定地被用来获得关于大脑工作和功能的全面概念，并获得对神经系统疾病机制更清晰的理解 [7]。

14.6　CRISPR-Cas9在过敏和免疫疾病中的作用

CRISPR-Cas9 具有抵抗免疫系统过敏和遗传疾病的潜力。Janus Kinase

3（JAK 3）缺乏症的特征是 B 淋巴细胞功能差，以及缺乏自然杀伤细胞（NKs）和 T 淋巴细胞。为了纠正这种免疫疾病，将 CRISPR-Cas9 用于诱导性多能干细胞中纠正 JAK 3 突变，从而恢复正常 T 淋巴细胞的发育和数量。另一个免疫系统疾病是由于 *CYBB* 基因突变导致的 X 连锁慢性肉芽肿病（XCGD），导致吞噬细胞功能异常。患者吞噬细胞的 NADPH 氧化酶系统有缺陷，吞噬细胞无法产生超氧化物，使其无法杀死病原微生物。最新研究进展显示使用 CRISPR-Cas9 成功地纠正 X-CGD 患者的 HPSCs *CYBB* 基因的突变。

　　众所周知单核苷酸多态性（SNP）会导致过敏性疾病，例如哮喘和过敏性鼻炎。这些 SNP 可以使用 CRISPR-Cas9 进行修饰，在进行人体治疗之前，必须在实验系统中进行大量测试。另外，造血细胞仍然是过敏性和免疫性疾病的最常见靶标，可以使用 CRISPR-Cas9 进行纠正。CRISPR-Cas9 在变应性疾病方面的特点是可以对特定基因潜在作用进行研究。利用 CRISPR-Cas9 技术可以创建某些基因敲除模型，从而可以评估某些基因在变应性疾病和免疫疾病中的作用。此外，由于该技术的简便性、精确性和灵活性，CRISPR-Cas9 正迅速成为创建疾病（包括变态反应性和免疫性疾病）的小鼠突变模型的主要工具。使用 CRISPR-Cas9 可以将其作为抗菌实体。抗生素已经在细菌性疾病的治疗中使用了很长时间。它们抑制某些细菌代谢途径并以不同的方式杀死微生物，但不能针对微生物种群的特定菌属。抗生素耐药性一直是主要问题，是现在多药耐药（MDR）抗菌治疗中的巨大威胁。研究证实使用 CRISPR-Cas9 作为抗微生物工具，重新编程的 Cas9 靶向金黄色葡萄球菌的致病基因，可杀死有毒力的菌株，而不杀死无毒力的菌株。在小鼠皮肤模型中，CRISPR-Cas9 抗菌剂在杀死金黄色葡萄球菌方面显示出极大的潜力 [8]。

14.7　结语

　　从 CRISPR-Cas9 被引入基因组工程以来，已经取得了许多进步。尽管这种技术很容易采用，临床治疗中对其进行适当的翻译却很麻烦。CRISPR-Cas9 的许多可能性，不仅与了解各种疾病有关，还与设计使用 CRISPR-Cas9 进行有效治疗的方法有关。CRSIPR-Cas9 的未来令人着迷，但是，需要进行更多的研究来克服当前的缺点。

参考文献

[1] Eid A, Mahfouz M M. Genome editing: The road of CRISPR/Cas9 from bench to clinic[J]. Experimental and Molecular Medicine, 2016, 48(10): e265.

[2] Lu X J, Xue H Y, Ke Z P, et al. CRISPR-Cas9: a new and promising player in gene therapy[J]. Journal of Medical Genetics, 2015, 52(5): 289-296.

[3] White M K, Hu W, Khalili K. The CRISPR/Cas9 genome editing methodology as a weapon against human viruses[J]. Discovery medicine, 2015, 19(105): 255-262.

[4] Sakuma T, Masaki K, Abe-Chayama H, et al. Highly multiplexed CRISPR-Cas9-nuclease and Cas9-nickase vectors for inactivation of hepatitis B virus[J]. Genes to Cells, 2016, 21(11): 1253-1262.

[5] Ueda S, Ebina H, Kanemura Y, et al. Anti-HIV-1 potency of the CRISPR/Cas9 system insufficient to fully inhibit viral replication[J]. Microbiology and Immunology, 2016, 60(7): 483-496.

[6] Hultquist J F,Schumann K,Woo J M,et al. A Cas9 Ribonucleoprotein Platform for Functional Genetic Studies of HIV-Host Interactions in Primary Human T Cells[J]. Cell Reports, 2016,17(5): 1438-1452.

[7] Heidenreich M, Zhang F. Applications of CRISPR-Cas systems in neuroscience[J]. Nature Reviews Neuroscience, 2016, 17(1): 36-44.

[8] Bikard D, Euler C W, Jiang W, et al. Exploiting CRISPR-Cas nucleases to produce sequence-specific antimicrobials[J]. Nature Biotechnology, 2014, 32(11): 1146-1150.

CRISPR

第15章

CRISPR-Cas在传染病检测和治疗中的应用

刘世利　李彩霞

15.1 引言

2020 年年初，新型冠状病毒 COVID-19 引发的肺炎在世界范围内爆发。面对严峻的疫情形势，COVID-19 病毒感染的快速诊断和治疗显得尤为重要。2020 年 02 月 15 日，麻省理工学院（MIT）的张锋教授团队基于簇状规则间隔短回文重复序列（CRISPR）的技术，开发了一种检测新冠病毒 RNA 的方法。该方法仅需纯化的核酸分子样本，经过简单的三步，就能在 1 个小时的时间里完成检测。这个工具利用的是张锋教授团队在 2017 年于《科学》杂志上发表的 SHERLOCK 技术。这套系统具有高特异性和灵敏度。无论对 RNA 还是 DNA，灵敏度都达到了单分子级。本章将简要介绍 CRISPR-Cas 系统并重点讨论其在传染病检测和治疗中的应用。

15.2 CRISPR-Cas生物学

对 CRISPR 相关蛋白的结构和功能的深入认识引发了相关科学研究和临床应用的迅速发展。CRISPR 基因位点是在 1987 年首次被发现的：当时在大肠杆菌中发现了一种遗传结构，该结构包含 5 个高度同源的 29 个核苷酸的重复序列，这些重复序列被 32 个核苷酸的间隔序列所隔开 [1]。多年后人们对此逐渐有所了解，源自侵入性移动遗传元件（MGE）（包括噬菌体、质粒和转座子），构成了细菌和古菌中适应性免疫的基础 [2]。随后的 CRISPR-Cas 生物学研究发现，在 CRISPR RNA（crRNA）和反式激活 RNA（tracrRNA）复合物的引导下，Cas9 核酸酶诱导 DNA 双链发生钝性断裂 [3,4]。此后，CRISPR-Cas9 技术逐渐应用于基础科学和临床医学中的基因编辑领域。随着 CRISPR 技术的迅速应用，许多其他 CRISPR-Cas 系统的结构和功能也被揭示出来。

CRISPR-Cas 系统的主要特征是为原核生物提供了针对外来遗传元件的适应性免疫。CRISPR 基因位点作为记忆存储单元，其中隔离了来自入侵者的核酸间隔序列，该序列随后被用以引导 Cas 蛋白定向清除外来入侵者。在分子水平上，CRISPR-Cas 系统经过获取间隔序列、crRNA 生成和干扰过程，在整个基因编辑领域发挥了重要的作用 [5]。迄今为止，已报道了两类 CRISPR-Cas

系统，包括六种类型和多种亚型[6]。1 类 CRISPR-Cas 系统（细菌和古菌中发现的大多数 CRISPR-Cas 系统）包括 I、III 和IV型，它们是由多个 Cas 蛋白组成的大型干扰复合物，但是有一小部分细菌含有 2 类系统（包括II、V 和VI型），仅使用了一个 Cas 蛋白来裂解外来核酸。Cas9 是最常用的 Cas 核酸内切酶，利用向导 RNA 结合靶 DNA 序列，然后通过 Cas9 内切核酸酶活性将其切割[7]。

15.2.1　获取间隔序列

细菌的免疫记忆位于 CRISPR 阵列中，该阵列包含独特的 DNA 间隔序列（称为原间隔序列），其两边是短重复序列。在获取间隔序列的过程中，CRISPR-Cas 系统识别外来遗传元件，选择并处理原间隔序列，并将间隔序列整合到 CRISPR 中。检测外源 DNA 并将其整合到 CRISPR 阵列中是 CRISPR 介导免疫的第一步，此步骤可以使宿主记住入侵者[8]。为了使 CRISPR-Cas 机制避免自身免疫和破坏自己的 CRISPR 阵列，它必须可靠地区分外源 DNA 和自身 DNA。在众所周知的 CRISPR-Cas I 和II型系统中，对原间隔物相邻基序（PAM）的识别有助于将自身与外来遗传元件分开。如在 I -E 亚型系统中，Cas1-Cas2 复合物识别兼容的 PAM 序列，切割外源 DNA，并调整原型间隔序列的大小以整合到 CRISPR 中，新的间隔序列直接整合在 CRISPR 阵列富含 AT 的前导序列之后。在 I -E 亚型系统中，不依赖 CRISPR 的蛋白质——整合宿主因子（IHF）使 DNA 弯曲，以便 Cas1-Cas2 复合物可以识别 CRISPR 阵列中的前导序列并正确定位间隔子，作为整合酶复合物。但在II -A 亚型系统中，除了 Cas1-Cas2 外，还需要 Cas9、Csn2 和 tracrRNA 来获得间隔序列[9]。II -A 亚型系统中前导序列的识别是独立于 IHF 的，Cas1-Cas2 直接识别前导锚定位点（LAS）以正确定向间隔子。

15.2.2　crRNA 生成

要成功地防止 DNA 入侵，需要将 CRISPR 阵列转录为长的前体 CRISPR RNA（pre-crRNA），然后进一步加工为成熟的 CRISPR RNA（crRNA）[10,11]。成熟 crRNA 的产生始于前体 crRNA 的转录，该转录在 CRISPR 阵列上游的前导序列中启动，并形成多个含有重复和间隔的片段。这些片段被切割成单独的成熟 crRNA，将 Cas 蛋白引导至外源靶标。在 1 类（包括 I、III 和IV型）的 I 和III型系统中，Cas6 酶切割前体 crRNA 内的重复片段，产生成熟的 crRNA。Cas5d 在 I -C 亚型系统并可能在 III-C 和 III-D 亚型系统中代替 Cas6[12]。在 2 类系统（包括 II、V 和 VI 型）中，crRNA 加工是借助干扰中使用的相同 Cas 蛋白并在某些情况下使用非 Cas 蛋白完成的。在 II-A 和 B 型亚系统中，Cas9 与 crRNA-tracrRNA 复合物结合并募集宿主蛋白 RNase III，以切割前体 crRNA 重复片段[13]。tracrRNA 对于 II 型和 V-B 亚型系统中的 crRNA 成熟是必需的，但在 2 类系统其他型中则不需要。在 V 型和 VI 型 CRISPR-Cas 系统中，crRNA 加工和干扰分别通过 Cas12 和 Cas13 蛋白完成。

15.2.3 干扰

在防御的第三阶段，由 crRNA 引导的效应子复合体识别并切割入侵的 DNA（干扰）[14]。对 CRISPR-Cas 系统的干扰机制（包括 DNA 与 RNA 靶向以及特异性与非特异性核酸裂解）的深入了解，为 CRISPR 技术的新兴应用铺平了道路。

15.2.3.1 1 类系统的干扰机制

1 类 CRISPR-Cas 系统的干扰机制由多蛋白复合物介导。CRISPR-Cas I 型干扰机制发挥作用主要依靠称为抗病毒防御的 CRISPR 相关复合物（CRISPR-associated complex for antiviral defense, Cascade）[10]。虽 然 Cascade 的成分随 I 型中各亚型（ I -A 至 I -F 和 I -U）的不同而变化，但一些特征如对外源靶标的 PAM 识别、Cas6- 或 Cas5 介导的 crRNA 与靶标 DNA 的结合、Cas7 骨架、R 环稳定以及 Cas3 裂解靶标都保持恒定。干扰复合物 I -E 亚型已被很好地表征，主要由与 crRNA 的 5′ 和 3′ 重复序列结合的 Cas5 和 Cas6，6 个位于中心形成主链的 Cas7 蛋白，一个介导 PAM 识别并启动外源 DNA 解链的 Cas8 亚基，以及形成并稳定了 R 环结构的 2 个小 Cas11 亚基构成。Cas8 和 Cas11 亚基的构象变化允许 Cas3 募集和裂解 R 环内未结合的 DNA 链[15]。III 型干扰复合物类似于 Cascade，然而在该系统中外源 DNA 的切割取决于干扰复合物与外源 DNA 转录的 RNA 的结合。被称为 Csm 和 Cmr 的干扰复合物皆由 Cas10 和 Cas11 大小亚基分别与一个与成熟 crRNA 的 5′ 重复末端结合的 Cas5、Cas7 家族蛋白骨架组成。PAM 或 RNA PAM（存在于转录的 RNA 上）的识别是某些（但不是全部）III 型系统所必需的，在这些系统中，使用了其他用于自我和非自我区分的工具。一旦干扰复合物结合核酸后，Cas7 会切割

单链 RNA（ssRNA）转录本，Cas10 会切割目标 DNA[16,17]。最近观察到，Ⅲ-A
亚型 Csm 复合物中的 Cas10 切割 DNA 后触发了次级信使（环状腺苷酸）的
产生，这些信使激活了与 Cas 相关的 RNA 酶 Csm6 的非特异性 RNA 切割。

15.2.3.2　2 类系统的干扰机制

　　2 类 CRISPR-Cas 系统与 1 类系统的不同之处在于，干扰是通过单个核酸
酶（蛋白）而不是蛋白复合物进行的。Ⅱ型系统的特征是双叶 Cas9 蛋白以及
需要 tracrRNA 与 crRNA 来引导 Cas9 核酸酶[5]。tracrRNA 与 pre-crRNA 重复
区域的互补序列结合，形成的复合物募集 Cas9[4]。Cas9 识别目标 DNA 上的
PAM 序列，然后 crRNA-tracrRNA 复合物与 cDNA 配对，从而导致 Cas9 对
目标 DNA 进行双链切割形成平末端[3]。Ⅱ型系统的亚型包括Ⅱ-A，Ⅱ-B 和
Ⅱ-C，它们根据 Cas9 基因的大小和序列变异性进行区分。Cas12 是 Ⅴ型系统
的特征性蛋白，亚型Ⅴ-A、Ⅴ-B 和 Ⅴ-C 分别具有 12a（以前称为 Cpf1）、12b
和 12c 蛋白。tracrRNA 对于 12b 的活性必不可少，但对 12a 的活性却不是必需
的[18]。在 crRNA-Cas12 复合物识别 PAM 之后，靶标双链 DNA（dsDNA）以
交错方式被切割，留下 5 至 7 个核苷酸的突出端[18,19]。Ⅵ型 CRISPR-Cas 系统
不需要 tracrRNA，它们使用具有特征性高等真核和原核核苷酸（HEPN）结合
域的 Cas13 核酸酶。与Ⅲ型系统相似，Ⅵ型系统靶向 ssRNA。crRNA-Cas13
复合体识别与 ssRNA 的 3′末端互补的间隔序列相邻的原间隔序列侧翼位点
（PFS）（Cas13a）或原间隔序列的 5′和 3′末端上的 PFS（Cas13b）。Cas13 与
PFS 以及靶标的结合可诱导靶标 RNA 和非特异性 RNA 在蛋白的两个 HEPN
结合域内的裂解。Cas13 对 ssRNA 的随意切割类似于Ⅲ型 Csm6 活性[20]。

　　值得一提的是，Cas12a（Cpf1）和 Cas13a（以前称为 C2c2）分别为双链
DNA 和 RNA 靶向提供了工具[21]。但 Cas12a 和 Cas13a 与 Cas9a 相比序列及
其催化活性也有所不同，Cas13a 与靶 RNA 结合后还可转化为非特异性内切
核糖核酸酶，降解顺式或反式的靶标单链 RNA 序列[22]。这种所谓的附加切
割活性不同于 2 类 Cas 内切核酸酶的其他已知活性（仅在特定靶标位点切
割）。然而，一项新的研究表明 Cas12 靶向结合也触发了非特异性的附加切
割，但针对的是反式单链 DNA[23]。Cas12a 和 Cas13a 的这些意外活性彰显了
CRISPR-Cas 系统的多样性，并为开发基于 Cas 核酸内切酶的应用提供了新
的机会。

15.3 CRISPR-Cas9技术概述

CRISPR-Cas9 生物技术现已广泛应用于多个领域，包括基础科学、食品/作物开发、燃料生产、药物开发以及人类基因组工程[24]。Ⅱ型 CRISPR 系统中天然存在的 crRNA-tracrRNA 复合物可以组合成为向导 RNA（sgRNA），它们是可编辑的融合分子[25]。向导 RNA 的发展，无论是用作单个融合分子（通常称为 sgRNA），还是用作单个 crRNA 和 tracrRNA 组件，都使得 CRISPR-Cas9 能够用于各种细胞系中进行基因组编辑和基因组表型关系的高通量筛选。

15.3.1 CRISPR-Cas9 基因工程

自发现以来，CRISPR-Cas9 被迅速发展应用于基因编辑领域。不同于类转录激活因子效应物核酸酶（TALEN）和锌指核酸酶的需要蛋白质工程改造才能实现其所需的作用，CRISPR-Cas9 系统仅依靠编辑 sgRNA 就可指导 Cas 蛋白靶向 DNA 切割位点[26]。切割靶标 dsDNA 之后，通过宿主的非同源末端连接（NHEJ）或同源性定向修复（HDR）进行 DNA 修复。NHEJ 具有容错机制，引发随机的插入缺失和移码突变，通常会导致蛋白质功能丧失[26]。相比之下，HDR 可以进行精确的基因修饰，是 CRISPR-Cas9 介导的基因编辑的基础。在这种情况下，可以引入与 dsDNA 断裂区域具有同源性的供体修复模板，用作精确的基因编辑[26]。

15.3.2 sgRNA 文库用于筛选基因型 - 表型

CRISPR 技术已被广泛用于筛选，通过诱导遗传突变来评估基因功能。CRISPR 文库包含数千个质粒，每个质粒均包含多个靶向目标基因的 sgRNA。用合并的文库处理细胞，产生不同的突变细胞群[27]，可以通过阳性或阴性选择（通常为致死效应）来筛选这些细胞群的表型或感兴趣的基因。该技术已应用于不同的人类和非人类细胞系[28,29]。

15.3.3 使用失活的 Cas9 调节基因转录

失活的 Cas9（dCas9）已用于上调或下调基因转录[27]。当使用 dCas9 激活基因表达时，称为 CRISPR 激活。当它被用来抑制基因表达时，称为 CRISPR

干扰。CRISPR 激活的一种方法是将 dCas9 与转录激活因子 VP6 融合，当该复合物结合到基因的启动子区域时，转录被激活。基因转录的抑制或 CRISPR 干扰可通过 dCas9 自身与启动子区域的结合产生的空间位阻来实现，或者通过 dCas9 与 Krueppel 相关的盒结构域（一种转录阻遏物）的融合来实现 [27]。

15.4　在传染病中的应用

对 CRISPR-Cas 生物学的深入了解已导致其在传染病领域的广泛应用，CRISPR 技术提供的工具有望阐明宿主与微生物之间的基本相互作用，有助于开发快速而准确的诊断方法，并促进传染病的预防和治疗。

15.4.1　了解宿主与病原体的相互作用

了解细菌、病毒、真菌和寄生虫诱发人类疾病的机制对于指导临床护理、针对性治疗和疫苗的合理设计至关重要。基于 CRISPR-Cas9 的基因编辑已用于多种病原体，用于归结出基因和蛋白质对分子发病机制的作用 [30]。Winter 等使用 CRISPR-Cas9 sgRNA 文库阐明了金黄色葡萄球菌毒力因子溶血素诱导细胞毒性的机制 [31]。实验研究确定了三个基因（*SYS1*、*ARFRP1* 和 *TSPAN14*）能够转录后调节含有解离素和金属蛋白酶结构域的蛋白质 10（ADAM-10），从而下调了其在细胞表面的水平，进而降低了 α- 溶血素的结合和毒性。Ma 等在西尼罗河病毒（WNV）的全基因组筛选中使用了 CRISPR sgRNA 文库，鉴定出七个基因（*EMC2*、*EMC3*、*SEL1L*、*DERL2*、*UBE2G2*、*UBE2J1* 和 *HRD1*）在失活时可以防止 WNV 诱导的神经元细胞死亡 [32]。由于这些基因是内质网相关蛋白降解途径的一部分，因而作者得出结论，该途径介导了 WNV 诱导的细胞病理学，并为新药开发提供了潜在的靶点。丝状真菌由于基因组编辑效率低而难以进行 CRISPR 编辑 [33]，为了解决这一问题，Nodvig 等修改了化脓性链球菌的 Cas9 基因，使其包含 3′ 猿猴病毒 40 核定位序列，并修改了 sgRNA 启动子，使其与真菌更加相容。使用修改后的系统，作者在 6 个曲霉属的等位基因中引入了 RNA 引导的突变，从而使 CRISPR 技术在真菌生物学中得以应用 [34]。弓形虫和克氏锥虫分别是弓形虫病和南美锥虫病的病原体，也已有人使用 CRISPR 技术进行了科学研究。Sidik 等使用 CRISPR-Cas9 技术高通量分析了弓形虫基因的功能 [35]。Lander 等使用 CRISPR-Cas9 沉默了鞭毛附着和鞭毛旁杆（PFR）蛋白 1 和 2 所需的克鲁斯锥虫基因 *GP72*[36]。此实验中，作者证明了鞭毛附着到细胞体和寄生虫运动需要 PFR 蛋白 1 和 2。以上例子很好地展示了 CRISPR 在评估各种生物内宿主 - 病原体相互作用中的广泛应用。

15.4.2 在传染病诊断中的应用

快速准确地检测诊断有助于及早识别和治疗传染病，从而改善临床护理，及时实施感染控制以及采取其他公共卫生措施来限制疾病传播。理想的快速诊断检测应该灵敏、特异、易于操作和解读、携带方便以及价格合理，因而可以应用于各种临床环境中，包括一些条件有限的地区。CRISPR-Cas 方法为快速准确的传染病诊断学发展做出了重要的贡献。

15.4.2.1 使用 CRISPR-Cas9 进行诊断

CRISPR-Cas9 已被研究人员用来进行传染病诊断。Pardee 等将基于核酸序列的扩增（NASBA，一种等温扩增技术）与 CRISPR-Cas9 相结合，在体外和猕猴模型中准确区分了密切相关的寨卡病毒毒株[37]。研究人员将合成的触发序列附加到病毒 RNA 上，并使用 sgRNA-Cas9 复合物切割 NASBA 扩增的 dsDNA。株特异性 PAM 的存在与否会决定 Cas9 切割后产生截短还是全长的 DNA 片段。全长链而不是截短链激活了触发开关，导致了检测纸片上的颜色变化，从而实现了可靠的株差异性区分。在另一项应用中，Müller 等鉴定了细菌的抗生素抗性基因[38]。在此应用中，向导 RNA（gRNA）-Cas9 复合物结合并切割了含有抗性基因的质粒的特定核酸序列，而荧光染料（YOYO-1）和化合物 netropsin 则选择性地独立结合 DNA 中富含 AT 的区域，形成了每个 DNA 片段的特有发射强度，看上去像条形码。使用这种测定方法，作者能够区分出产生不同扩增谱的 β- 内酰胺酶（ESBLs）质粒，包括头孢噻肟 15（CTX-M-15）和 CTX-M-14，以及碳青霉烯酶如肺炎克雷伯菌碳青霉烯酶（KPC）和新德里金属内酰胺酶 1（NDM-1）。在同一反应中添加多个 crRNA 后可检测众多抗性基因。Guk 等将 CRISPR-Cas9 与 DNA 荧光原位杂交（FISH）结合来检测耐甲氧西林的金黄色葡萄球菌（MRSA）[39]。这一方法利用了 dCas9 系统，其中 sgRNA-dCas9 复合体与 SYBR green I 荧光探针偶联以识别 MRSA 的 *mecA* 基因。尽管复合物可识别目标 DNA 序列，但 dCas9 不会诱导 DNA 裂解，因此使其适用于进行 FISH 检测。这一测定法可以检测低至 10 CFU/mL 浓度的 MRSA，并且可以区分具有和不具有 *mecA* 基因的金黄色葡萄球菌分离株。

15.4.2.2　基于 CRISPR-Cas12 和 CRISPR-Cas13 的传染病检测

Cas12 和 Cas13 的非特异性核酸酶活性为宿主防御提供了强大的机制，因为 Cas 核酸内切酶可以首先通过特异性靶标识别来感知侵入性核酸，然后通过附加切割活性来放大信号[22]。因而即使样品中存在少量靶序列，信号也会随时间越来越强（确保其被检测到），在理论上奠定了 Cas 核酸内切酶的附加切割活性在核酸检测中的应用。

East-Seletsky 等在开发基于 Cas13a 的 RNA 检测工具的早期工作中证明，通过使用标记有荧光基团和淬灭剂的报告 RNA 可以检测出 Cas13a 对靶标的识别[20]。在 Cas13a- 靶标结合后，报告 RNA 的附加切割导致荧光基团从淬灭剂中释放出来，增强了荧光信号，可用于区分 RNA 混合物中低至皮摩尔（10^{-12}mol）范围浓度的靶序列，包括感知细胞总 RNA 中的内源转录本。基于 Cas13a 的 RNA 检测通过测量与病原体或疾病相关的核酸，开启了 CRISPR-Cas12 和 CRISPR-Cas13 用于诊断的新时代。但是，有用的诊断工具必须足够灵敏，以检测样品中非常少量的核酸，最好低至阿摩尔（10^{-18}mol）范围。为了克服最初的 RNA 检测工具的局限性，Gootenberg 等开发了 SHERLOCK（specific high-sensitivity enzymatic reporter unlocking，特异性高灵敏度酶报告基因解锁）[40]。这一方法将核酸序列等温扩增技术引入 Cas13a 检测平台（等温扩增技术在恒定的低温下工作，从而避免了标准的 PCR 方法所需的昂贵设备），这使得便携式诊断工具可以轻松地部署在现场无实验室设备的条件下。通过将等温扩增与 Cas13a 靶激活的报告分子切割相偶联，SHERLOCK 能够以阿摩尔灵敏度检测病毒和细菌核酸。重要的是，通过精心设计 Cas13a 向导 RNA，作者证明了 SHERLOCK 可以区分非常紧密相关至一个核苷酸差异的序列。Gootenberg 等使用 SHERLOCK 来区分密切相关的寨卡病毒株和登革热病毒，鉴定了大肠杆菌和铜绿假单胞菌，并区分具有不同抗性基因（KPC 和 NDM）的肺炎克雷伯菌[40]。另一项称为 DNA 核酸内切酶靶向的 CRISPR 反式报道子（DNA endonuclease targeted CRISPR trans reporter, DETECTR）的类似技术也将等温 RPA 与 Cas12a 酶促活性相结合进行检测[23]。在该方法中，crRNA-Cas12a 复合物与靶 DNA 的结合诱导了与荧光报道分子偶联的 ssDNA

被无差别地切割。Chen 等使用 DETECTR 来区分培养的人细胞和临床样品中的粗 DNA 提取物中的人乳头瘤病毒 16 型（HPV16）和 HPV18[23]。作者使用 DETECTR 检测了来自 25 个肛拭子样品的粗提取物，DETECTR 可在 1 小时内从临床标本中准确鉴定出 HPV16 和 HPV18，并得到了与 PCR 结果 25/25 和 23/25 一致的结果。

后来对 Cas 核酸内切酶活性的进一步研究也促进了 SHERLOCK 的实质性改进，Gootenberg 等对几个 Cas13a（以及相关的 Cas13b）直系同源酶进行了广泛的酶学分析，确定了它们附加切割的序列倾向性[41]。这种表征使得四通道样本多路复用成为改进版的 SHERLOCK（SHERLOCK v2）平台的关键功能之一，并实现了增强的灵敏度和便携性[41]。通过将多个预筛选的 Cas13 核酸酶和 Cas12 核酸酶与可提供不同波长信号的核酸 - 荧光报告复合物相结合，实现了多达四个靶标的检测。通过优化 RPA 引物浓度可以实现定量检测，从而使样品输入和信号强度在很大的样品浓度范围内紧密相关。通过添加 Csm6 来增加与荧光报告分子偶联的脱靶 ssRNA 的裂解，实现了灵敏度的提高。通过在侧流纸试纸条上用基于链霉亲和素的检测代替荧光读数，实现了测定的便携性。他们开发了一种病毒 RNA 含量检测试纸，将纸条浸入液体样品中，在不存在或存在 RNA 的情况下，条带会出现在不同位置。

在进一步的研究中，Myhrvold 等将 SHERLOCK 用于加热未提取的诊断样品以消除核酸酶（heating unextracted diagnostic samples to obliterate nucleases，HUDSON）[42]，无须提取核酸，就可以直接检测体液中的病原体。HUDSON 与 SHERLOCK 结合使用可在 2 小时内对患者全血、血清和唾液样本中的登革热病毒进行高灵敏度检测。作者还通过区分四种登革热病毒血清型证明了此检测方法的特异性和适应性，并开发了一种可在 1 周内检测 6 种常见 HIV 逆转录酶突变的检测方法。

15.4.3　CRISPR-Cas 在治疗中的应用

在美国，抗生素抗性细菌每年会引起约 200 万人的感染和 23000 例死亡，新抗生素的生产渠道也已枯竭。人类免疫缺陷病毒（HIV）的全球流行已造成约 3500 万人死亡，并且今天仍有相当数量的人持续受到感染。耐药细菌和包括 HIV、乙肝病毒（HBV）在内的持续性病毒感染是新兴的基于 CRISPR 的传染病治疗方法的主要目标。

15.4.3.1　使用 CRISPR-Cas 系统靶向细菌耐药性的原因

尽管并非所有细菌都有 CRISPR-Cas 系统，但越来越多的证据表明这一系统在防止细菌获得抗生素抗性的基因组元件方面的作用，从而增强了细菌自身防御作用并可能应用于治疗。Aydin 等的结果表明，在大肠杆菌中存在的 I-F CRISPR 系统与抗生素敏感性有关 [43]。Price 等的结果也表明，cas9 基因缺失的粪肠球菌菌株更容易通过接合获得抗性 [44]。此外，在小鼠模型中，与具有完整的 CRISPR-Cas 系统的粪肠球菌菌株相比，诱变破坏了 CRISPR-Cas 功能的菌株的质粒转移效率更高 [44]。在人类感染细菌的情况下，通常凭经验开始使用的广谱抗生素可以为耐药菌的发展提供压力。最近的体外研究表明，接触广谱抗生素可能会抑制 CRISPR-Cas 的活性，从而帮助细菌获得抗生素抗性元件。Lin 等观察到暴露于广谱抗生素亚胺培南的肺炎克雷伯菌通过产生转录阻遏物组蛋白样核苷结构蛋白（H-NS）抑制了 CRISPR-Cas 的活性 [45]。这些结果支持了细菌对外界刺激的生物学适应性，并验证了临床干预和微生物反应之间的相互作用的复杂性。进一步了解 CRISPR-Cas 系统在可变条件下的功能可以指导临床中合理使用药物。

15.4.3.2　靶向致病性和耐药性细菌

已经有人发现，CRISPR 技术可用于开发抗菌剂来消除病原菌。Gomaa 等使用 I-E 亚型 CRISPR-Cas 系统选择性杀死了纯培养和混合培养的大肠杆菌和肠沙门菌的特定菌株 [46]。Citorik 等用噬菌粒（包装在噬菌体衣壳中的质粒）递送的 RNA 引导 Cas9 消除肠出血性大肠杆菌（EHEC）的 eae 基因，该基因编码一种使细菌黏附在宿主上皮细胞上的致病因子 [47]。与脱靶和氯霉素治疗的对照相比，体外靶向 eae 导致细菌数量降至 1/20，而在 EHEC 感染的加勒梅尔幼虫体内靶向 eae 可以提高幼虫存活率。研究者还成功地靶向清除了大肠杆菌的 β- 内酰胺酶基因巯基变量 18（SHV-18）和 NDM-1。有人还在体外探索了用 CRISPR 技术消除耐药性遗传元素和恢复抗生素敏感性的同时如何保持细菌生存，以限制对正常菌群的破坏作用。为了去除抗性元件而不杀死宿主细菌，Yosef 等使用温和噬菌体来递送 I-E 亚型的 CRISPR-Cas，该系统清除了编码耐药的 NDM-1 和 CTM-X-15 质粒，同时又不杀死大肠杆菌宿主 [48]，从而富集了对抗生素敏感的细菌。同样，Kim 等也使用了一种基于 CRISPR-Cas9 的称为耐药菌恢复对抗生素重新敏感（resensitization to antibiotics from resistance, ReSAFR）的方法，以恢复 β- 内酰胺抗生素对产 ESBL 大肠杆菌的活性 [49]。作者研究中针对的是多个 TEM 和 SHV 型 ESBL 大肠杆菌菌株之间的独立保守序列，靶向这些序列可恢复其对氨苄西林和头孢他啶的敏感性。

这一概念也已应用于革兰阳性细菌。Bikard 等用噬菌粒递送的 RNA 引导的 Cas9 选择性杀死了有毒的金黄色葡萄球菌菌株，并在不杀死宿主细菌情况下消除了携带 mecA 甲氧西林抗性基因的质粒 [50]。这些研究提供了初步证据表明 CRISPR-Cas 系统可用于靶向特定细菌以治疗急性感染，去除抗性菌或以有益的方式重塑人体微生物组。

15.4.3.3　针对持续性病毒感染

初次感染后，许多病毒病原体通过将其基因组整合到人类染色体 DNA 中或在宿主细胞中保持其游离状态而建立持续性感染。引起持续性感染的病毒病原体包括但不限于 HIV、肝炎病毒、疱疹病毒和乳头瘤病毒。近年来，CRISPR 技术已被用于减少或消除体外和动物模型中的持续性病毒感染，从而为治愈潜在和慢性病毒感染带来了新的希望。在急性 HIV 感染后，尽管进行了抗逆转录病毒治疗，前病毒 DNA 仍然能整合到宿主细胞中，导致慢性感染。CRISPR 技术已用于预防或消除 HIV 感染，Hu 等报道 CRISPR 可以防止 TZM-bI 细胞中的全新 HIV-1 感染，该细胞表达了针对 HIV 的长末端重复（LTR）序列的 gRNA-Cas9 构建体 [51]。利用该构建体，研究者还使感染的小胶质细胞和 T 细胞中的 HIV 基因表达失活。利用相似的构建体靶向 HIV LTR、gag 和 env 基因已被用于从多个细胞系中清除 HIV 前病毒 DNA[52]。Yin 等使用腺相关病毒（AAV）载体递送的多个 sgRNA 和金黄色葡萄球菌 Cas9，从神经祖细胞中清除了 HIV 前病毒 DNA[53]。目前这项工作已扩展到慢性 HIV 感染的人源化骨髓 / 肝 / 胸腺小鼠模型中，四链体 sgRNA- 金葡菌 Cas9 系统被包装到 AAV 载体中并通过静脉输液施用，从动物的脾脏、肺、心脏、结肠和脑组织中清除了前病毒 DNA[53]。在类似的工作中，Bella 等使用慢病毒载体递送的 CRISPR 在转基因小鼠模型中消除了感染人外周血单核细胞的 HIV 前病毒 DNA[54]。类似于在 HIV 中的应用，CRISPR 已被用于预防和清除单纯疱疹病毒 1（HSV-1）的体外感染。van Diemen 等使用了针对 12 个必需基因和 2 个非必需基因的 gRNA，来减少 HSV-1 在 Vero 细胞中的复制。有趣的是，与靶向单个基因相比，靶向多个基因可提高 HSV-1 清除效率[55]。Roehm 等使用 CRISPR-Cas9 系统将缺失引入到对病毒复制很重要的基因靶标中，从而限制了人少突胶质细胞瘤细胞中的 HSV-1 感染并抑制了病毒复制[56]。CRISPR 体外靶向的其他疱疹病毒还包括使个体易患某些淋巴瘤和鼻咽癌的 EB 病毒（EBV）和人巨细胞病毒（CMV），当遇到先天获得或后天感染免疫受损的宿主时，它们会导致严重疾病。van Diemen 等使用慢病毒载体递送 CRISPR-Cas9 系统和两个靶向 EBV 核抗原 1（EBNA-1）的 gRNA，在潜伏感染的 Burkitt's 淋巴瘤细胞中对 EBV 基因组的清除率达到了 95%[55]。这些发现证明了 CRISPR 疗法的可行性，有一天可能被用来根除组织中持久性 EBV 感染并预防与 EBV 相关的恶性肿瘤进展。研究者还使用了靶向必需和非必需基因的 gRNA 来检验 CMV 复制，并且观察到靶向必需基因降低了复制，而靶向非必需基因却没有效果。然而值得注意的是，尽管多个 gRNA 导致了长达 11 天的 CMV 抑制，但随后病毒逃逸突变体出现了，这突显了存在于 CRISPR 疗法中的潜在挑战[55]。全世界有超过 2.5 亿人感染 HBV，估计每年导致 887000 例死亡。尽管存在有效的 HBV 疫苗，但仍难以治愈。Li 等使用 CRISPR-Cas9 去除了全长 3175bp 的 HBV DNA 片段，该片段原先通过染色体整合并游离于慢性感染的细胞中[57]，因而 CRISPR-Cas9 具备了彻底根除 HBV 的潜力。Scott 等使用单链 AAV 载体递送靶向 HBV 的 S 开放阅读框和金黄色葡萄球菌 Cas9 的 sgRNA。通过该系统，可以灭活被 HBV 感染的 hNTCP-HepG2 细胞的共价闭合环状 DNA（cccDNA）[58]。对于 JC 病毒（JCV）和 HPV 也有人使用 CRISPR 技术进行了体外靶向试验。Wollebo 等使用具有强力霉素诱导的 Cas9 基因的慢病毒载体递送带有针对 JCV T 抗原的 gRNA CRISPR-Cas9 系统，转导 HJC-2 细胞后成功消除了 T 抗原表达[59]。Kennedy 等用针对 *E6* 和 *E7* 癌基因的 gRNA 来靶向 HPV-16 和 HPV-18，以灭活 HPV 转化细胞中的这些癌基因[60]。有趣的是，结果显示 *E6* 失活导致 p53 表达增加，而 *E7* 失活导致 Rb 表达增加，二者都导致细胞死亡，增强了 CRISPR-Cas9 在治疗 HPV 相关恶变中的潜在功能。

15.5　结语

　　CRISPR-Cas 诊断工具的早期成功为该技术的未来应用提供了令人兴奋的前景。这些工具易于重新编辑，因此可以很容易地针对各种应用进行配置。

SHERLOCK 的纸色谱形式也证明了无需专业技术或昂贵设备即可轻松应用，简单得如同在家中验孕。但是，这些方法在临床上的有效性还有待观察，尤其是在野外条件下，所处环境可能与工具研发时的实验室大不相同。将 RNA 报告子用于 Cas13 检测可能存在潜在的局限性，因为 RNA 相对不稳定并且易于被细胞 RNA 酶降解。当使用非实验室环境制备的样品时，可能出现假阳性结果。由于 DNA 报告基因的相对稳定性，基于 Cas12a 的诊断程序（例如 DETECTR）不太可能受到此类潜在问题的影响。无论哪种情况，都将需要进行严格的临床测试，包括现有诊断工具的基准测试，以确保这些测试所获得的结果的可靠性。在过去的几年中，新的 CRISPR-Cas 系统的发现为创新提供了机会。毫无疑问，继续研究无疑会发现更多有用的酶，这些酶将被用于提高当前诊断工具的灵敏度和稳定性。但是，这些工具也可能已经足够成熟，可直接用于实施临床测试。将这些类型的测试用于快速诊断的潜力可能会对即时检测产生巨大影响，包括及早发现病毒爆发以确保公共卫生应对及时。这些新的 CRISPR-Cas 诊断工具有望彻底改变世界各地人们快速、灵敏和准确诊断传染性和遗传性疾病的现状。

原核生物具有多样的 CRISPR-Cas 系统，提供可遗传的适应性免疫。随着对这些系统的组成和功能的逐渐认识，CRISPR 技术的临床应用将继续扩展。传染病给全世界带来了沉重的负担，需要新的工具来研究潜在的机制，准确诊断并在所有环境中治疗感染。CRISPR-Cas9 技术正在增进人们对微生物 - 宿主相互作用的了解，并已被用于开发传染病的全新诊断方法。CRISPR 传染病诊断方法中最令人振奋的进展也许是在 CRISPR-Cas Ⅲ、Ⅴ 和 Ⅵ 型系统中观察到的非特异性核酸裂解，这可以被开发用来进行准确和便携式的诊断检测。这些新兴平台将需要用已批准的诊断方法和现场检测进行仔细验证，以确保准确性并满足终端用户的需求。基于 CRISPR 的疗法有望用于治疗癌症和遗传性疾病（例如镰状细胞病）以及预防和治疗传染病。目前尚无已批准的基于 CRISPR 的疗法，正在进行的早期临床试验数量也有限。CRISPR 在体内的靶向递送仍然是一个挑战，尽管仍然存在与潜在致癌性和免疫原性等担忧，但病毒载体（包括腺病毒和慢病毒）已经可以将 CRISPR 构建体递送至靶位。现在也有人正在研究非病毒载体（包括脂质和聚合物纳米载体），例如聚乙烯亚胺、聚（L- 赖氨酸）、聚酰胺 - 胺型胺树枝状聚合物和壳聚糖[61]。最近报道，CRISPR-Cas9 可以诱导对 *p53* 介导的 DNA 修复机制的破坏，这一结果由于 *p53*

突变与癌症之间的关联而引起了人们的关注[62]。

迄今为止，针对传染病的 CRISPR 疗法的早期研究集中于预防和治疗致病性耐药细菌和持续性病毒感染，因为这些感染（包括耐多药细菌、HIV 和 HBV 的感染）大大加剧了全球疾病负担。安全有效地递送 CRISPR 依然存在挑战。细菌和病毒的可塑性可能导致 gRNA 靶标的基因多态性，使基于 CRISPR 的疗法无效。PAM 序列突变也已被证明可以使噬菌体逃脱 CRISPR-Cas 系统[63,64]。是否可以通过包装和递送具有不同靶标的多个 gRNA 来解决这一问题尚待研究。将 CRISPR-Cas 系统作为传染病领域的新兴治疗手段将需要标准化的安全递送方法，可以想象如果成功的话，可以让植有产碳青霉烯酶肠肝菌的患者口服含有 CRISPR-Cas 系统的制剂，从而在患者胃肠道中去除抗性菌，从而积极地重组人类微生物组。用于持续病毒感染的 CRISPR 疗法将显著改变传染病的全球格局，实现这一目标尽管存在艰巨挑战，但并非不可克服，未来的传染病领域很可能会将 CRISPR 技术整合到常规医学实践中。

参考文献

[1] Ishino Y, et al. Nucleotide sequence of the iap gene, responsible for alkaline phosphatase isozyme conversion in Escherichia coli, and identification of the gene product. J Bacteriol, 1987, 169(12): 5429-5433.

[2] Ishino Y, Krupovic M, Forterre P. History of CRISPR-Cas from Encounter with a Mysterious Repeated Sequence to Genome Editing Technology. J Bacteriol, 2018, 200(7).

[3] Garneau J E, et al. The CRISPR/Cas bacterial immune system cleaves bacteriophage and plasmid DNA. Nature, 2010, 468(7320): 67-71.

[4] Deltcheva E, et al. CRISPR RNA maturation by trans-encoded small RNA and host factor RNase Ⅲ. Nature, 2011, 471(7340): 602-607.

[5] Hille F, et al. The biology of CRISPR-Cas: backward and forward. Cell, 2018, 172(6): 1239-1259.

[6] Koonin E V, Makarova K S, Zhang F. Diversity, classification and evolution of CRISPR-Cas systems. Curr Opin Microbiol, 2017, 37: 67-78.

[7] Jinek M, et al. A programmable dual-RNA-guided DNA endonuclease in adaptive bacterial immunity. Science, 2012, 337(6096): 816-821.

[8] Jackson S A, et al. CRISPR-Cas: Adapting to change. Science, 2017, 356(6333).

[9] Heler R, et al. Cas9 specifies functional viral targets during CRISPR-Cas adaptation. Nature, 2015, 519(7542): 199-202.

[10] Brouns S J, et al. Small CRISPR RNAs guide antiviral defense in prokaryotes. Science, 2008,

321(5891): 960-964.

[11] Haurwitz R E, et al. Sequence- and structure-specific RNA processing by a CRISPR endonuclease. Science, 2010, 329(5997): 1355-1358.

[12] Garside E L, et al. Cas5d processes pre-crRNA and is a member of a larger family of CRISPR RNA endonucleases. RNA, 2012, 18(11): 2020-2028.

[13] Deltcheva E, et al. CRISPR RNA maturation by trans-encoded small RNA and host factor RNase Ⅲ. Nature, 2011, 471(7340): 602-607.

[14] Gasiunas G, et al. Cas9-crRNA ribonucleoprotein complex mediates specific DNA cleavage for adaptive immunity in bacteria. Proc Natl Acad Sci U S A, 2012, 109(39): E2579-86.

[15] Xiao Y, et al. Structure Basis for Directional R-loop Formation and Substrate Handover Mechanisms in Type Ⅰ CRISPR-Cas System. Cell, 2017, 170(1): 48-60.e11.

[16] Staals R H, et al. RNA targeting by the type Ⅲ-A CRISPR-Cas Csm complex of Thermus thermophilus. Mol Cell, 2014, 56(4): 518-530.

[17] Samai P, et al. Co-transcriptional DNA and RNA Cleavage during Type Ⅲ CRISPR-Cas Immunity. Cell, 2015, 161(5): 1164-1174.

[18] Shmakov S, et al. Discovery and Functional Characterization of Diverse Class 2 CRISPR-Cas Systems. Mol Cell, 2015, 60(3): 385-397.

[19] Zetsche B, et al. Cpf1 is a single RNA-guided endonuclease of a class 2 CRISPR-Cas system. Cell, 2015, 163(3): 759-771.

[20] East-Seletsky A, et al. Two distinct RNase activities of CRISPR-C2c2 enable guide-RNA processing and RNA detection. Nature, 2016, 538(7624): 270-273.

[21] Murugan K, et al. The Revolution Continues: Newly Discovered Systems Expand the CRISPR-Cas Toolkit. Mol Cell, 2017, 68(1): 15-25.

[22] Abudayyeh O O, et al. C2c2 is a single-component programmable RNA-guided RNA-targeting CRISPR effector. Science, 2016, 353(6299): aaf5573.

[23] Chen J S, et al. CRISPR-Cas12a target binding unleashes indiscriminate single-stranded DNase activity. Science, 2018, 360(6387): 436-439.

[24] Hsu, P D, Lander E S, Zhang F. Development and applications of CRISPR-Cas9 for genome engineering. Cell, 2014, 157(6): 1262-1278.

[25] Jinek M, et al. A programmable dual-RNA-guided DNA endonuclease in adaptive bacterial immunity. Science, 2012, 337(6096): 816-821.

[26] Jiang F, Doudna J A. CRISPR-Cas9 Structures and Mechanisms. Annu Rev Biophys, 2017, 46: 505-529.

[27] Shalem O, Sanjana N E, Zhang F. High-throughput functional genomics using CRISPR-Cas9. Nat Rev Genet, 2015, 16(5): 299-311.

[28] Koike-Yusa H, et al. Genome-wide recessive genetic screening in mammalian cells with a lentiviral CRISPR-guide RNA library. Nat Biotechnol, 2014, 32(3): 267-273.

[29] Zhou Y, et al. High-throughput screening of a CRISPR/Cas9 library for functional genomics in human cells. Nature, 2014, 509(7501): 487-491.

[30] Doerflinger M, et al. CRISPR/Cas9-The ultimate weapon to battle infectious diseases? Cell Microbiol, 2017, 19(2).

[31] Virreira W S, Zychlinsky A, Bardoel B W. Genome-wide CRISPR screen reveals novel host factors required for Staphylococcus aureus alpha-hemolysin-mediated toxicity. Sci Rep, 2016, 6: 24242.

[32] Ma H, et al. A CRISPR-based screen identifies genes essential for west-nile-virus-induced cell death. Cell Rep, 2015, 12(4): 673-683.

[33] Shi T Q, et al. CRISPR/Cas9-based genome editing of the filamentous fungi: the state of the art. Appl Microbiol Biotechnol, 2017, 101(20): 7435-7443.

[34] Nodvig C S, et al. A CRISPR-Cas9 system for genetic engineering of *filamentous fungi*. PLoS One, 2015, 10(7): e0133085.

[35] Sidik S M, et al. Efficient genome engineering of *Toxoplasma gondii* using CRISPR/Cas9. PLoS One, 2014, 9(6): e100450.

[36] Lander N, et al. Endogenous C-terminal tagging by CRISPR/Cas9 in *Trypanosoma cruzi*. Bio Protoc, 2017, 7(10).

[37] Pardee K, et al. Rapid, low-cost detection of Zika virus using programmable biomolecular components. Cell, 2016, 165(5): 1255-1266.

[38] Müller V, et al. Direct identification of antibiotic resistance genes on single plasmid molecules using CRISPR/Cas9 in combination with optical DNA mapping. Sci Rep, 2016, 6: 37938.

[39] Guk K, et al. A facile, rapid and sensitive detection of MRSA using a CRISPR-mediated DNA FISH method, antibody-like dCas9/sgRNA complex. Biosens Bioelectron, 2017, 95: 67-71.

[40] Gootenberg J S, et al. Nucleic acid detection with CRISPR-Cas13a/C2c2. Science, 2017, 356(6336): 438-442.

[41] Gootenberg J S, et al. Multiplexed and portable nucleic acid detection platform with Cas13, Cas12a, and Csm6. Science, 2018, 360(6387): 439-444.

[42] Myhrvold C, et al. Field-deployable viral diagnostics using CRISPR-Cas13. Science, 2018, 360(6387): 444-448.

[43] Aydin S, et al. Presence of Type I-F CRISPR/Cas systems is associated with antimicrobial susceptibility in *Escherichia coli*. J Antimicrob Chemother, 2017, 72(8): 2213-2218.

[44] Price V J, et al. CRISPR-Cas and restriction-modification act additively against conjugative antibiotic resistance plasmid transfer in *Enterococcus faecalis*. mSphere, 2016, 1(3).

[45] Lin T L, et al. Imipenem represses CRISPR-Cas interference of DNA acquisition through H-NS stimulation in *Klebsiella pneumoniae*. Sci Rep, 2016, 6: 31644.

[46] Gomaa A A, et al. Programmable removal of bacterial strains by use of genome-targeting CRISPR-Cas systems. mBio, 2014, 5(1): e00928-13.

[47] Citorik R J, Mimee M, Lu T K. Sequence-specific antimicrobials using efficiently delivered RNA-guided nucleases. Nat Biotechnol, 2014, 32(11): 1141-1145.

[48] Yosef I, et al. Temperate and lytic bacteriophages programmed to sensitize and kill antibiotic-resistant bacteria. Proc Natl Acad Sci U S A, 2015, 112(23): 7267-7272.

[49] Kim J S, et al. CRISPR/Cas9-Mediated Re-Sensitization of Antibiotic-Resistant *Escherichia coli* Harboring Extended-Spectrum beta-Lactamases. J Microbiol Biotechnol, 2016, 26(2): 394-401.

[50] Bikard D, et al. Exploiting CRISPR-Cas nucleases to produce sequence-specific antimicrobials. Nat Biotechnol, 2014, 32(11): 1146-1150.

[51] Hu W, et al. RNA-directed gene editing specifically eradicates latent and prevents new HIV-1 infection. Proc Natl Acad Sci U S A, 2014, 111(31): 11461-11466.

[52] Wang G, et al. CRISPR-Cas based antiviral strategies against HIV-1. Virus Res, 2018, 244: 321-332.

[53] Yin C, et al. In vivo excision of HIV-1 provirus by saCas9 and multiplex single-guide RNAs in animal models. Mol Ther, 2017, 25(5): 1168-1186.

[54] Bella R, et al. Removal of HIV DNA by CRISPR from patient blood engrafts in humanized mice. Mol Ther Nucleic Acids, 2018, 12: 275-282.

[55] van Diemen F R, et al. CRISPR/Cas9-mediated genome editing of herpesviruses limits productive and latent infections. PLoS Pathog, 2016, 12(6): e1005701.

[56] Roehm P C, et al. Inhibition of HSV-1 replication by gene editing strategy. Sci Rep, 2016, 6: 23146.

[57] Li H, et al. Removal of integrated hepatitis B virus DNA using CRISPR-Cas9. Front Cell Infect Microbiol, 2017, 7: 91.

[58] Scott T, et al. ssAAVs containing cassettes encoding SaCas9 and guides targeting hepatitis B virus inactivate replication of the virus in cultured cells. Sci Rep, 2017, 7(1): 7401.

[59] Wollebo H S, et al., CRISPR/Cas9 System as an agent for eliminating polyomavirus JC infection. PLoS One, 2015, 10(9): e0136046.

[60] Kennedy E M, et al. Inactivation of the human papillomavirus E6 or E7 gene in cervical carcinoma cells by using a bacterial CRISPR/Cas RNA-guided endonuclease. J Virol, 2014, 88(20): 11965-11972.

[61] Li L, et al. Challenges in CRISPR/CAS9 delivery: potential roles of nonviral vectors. Hum Gene Ther, 2015, 26(7): 452-462.

[62] Haapaniemi E, et al. CRISPR-Cas9 genome editing induces a p53-mediated DNA damage response. Nat Med, 2018, 24(7): 927-930.

[63] Deveau H, et al. Phage response to CRISPR-encoded resistance in *Streptococcus thermophilus*. J Bacteriol, 2008, 190(4): 1390-1400.

[64] Bikard D, Barrangou R. Using CRISPR-Cas systems as antimicrobials. Curr Opin Microbiol, 2017, 37: 155-160.